(개정판)

수 치 해 석

-과학계산의 수학-

정상권 · 김영희 · 최홍원

KYOWOO

책 머리에

수학의 응용분야에서 컴퓨터의 사용을 전제로 한 계산과학은 수학에서뿐만 아니라, 이공학분야 또는 사회과학 분야에서도 널리 사용되는 학문이다.

이 책은 저자들이 지난 수년간 학부과정에서 강의해 온 계산과학의 수학(수치해석)을 기반으로 쓰여 졌으며, 기본적인 미분적분학, 선형대수와 미분방정식을 공부한 독자는 누구나 쉽게 접할 수 있도록 구성되어져 있다. 설령 이들을 잘 알지 못하더라도 필요한 곳에 설명을 해두었으므로 이 책을 읽는 데는 문제가 없을 것으로 본다.

책을 엮어감에 있어 심오한 이론을 전개하기보다는 지금까지 공부한 수학의 내용이 계산과학을 하는데 있어 어떻게 적용되는지 또 왜 새로운 효과적인 방법을 고안할 필요가 있는지를 기술하였다. 다시 말하면 단순히 여러 가지 알고리즘을 나열하기 보다는 수학의 의미를 느낄 수 있도록 하는데 역점을 두었다. 이를 통하여 전통적인 수학의 힘을 느낄 수 있도록 하였다.

특히 요즈음 여러 분야에서 자주 사용되는 Matlab을 이용한 기본적인 프로그램을 실어두어 문제를 풀 때 도움이 되도록 하였다. 그렇더라도 이 책을 읽으면서 문제가 되는 부분이 있으면 기탄없는 독자의 제안과 비평을 바라며 조금이나마 독자에게 수학을 느끼는데 도움이 된다면 저자로서는 더 없는 기쁨이 될 것이다.

어려운 여건 속에서도 개정판을 낼 수 있도록 도와주신 교우사에 감사를 드립니다. 또 묵묵히 우리들을 지원해 주는 가족들에게 고마움을 전합니다.

정상권 · 김영희 · 최홍원

Contents **차 례**

제 0 장

수치해석이란?

 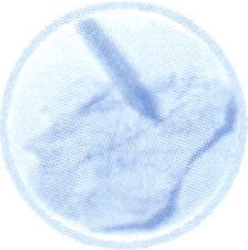 

학습내용

우리는 보통 수학을 순수수학(pure mathematics)과 응용수학(applied mathematics)으로 나눈다. 순수수학이라 함은 수학의 세계에 속한 것을 말하고, 응용수학이라 함은 수학의 개념이나 방법 또는 수학의 결과를 이용하여 생활 속의 문제를 수학적으로 다루는 것을 말한다. 물론 이 둘 사이에는 경계가 모호하기도 하고 시대에 따라서는 응용수학이 순수수학이 되기도 하고 순수수학이 응용수학이 되기도 한다. 어쨌든 응용수학은 수학의 응용이다. 이것은 실제 현상과 수학을 연결해 주는 연결고리이기도 하다.

여기서는 실생활의 문제를 수학을 통하여 어떻게 해결할 수 있을까에 대하여 알아보자.

제 0 장 수치해석이란?

우리는 수학을 통하여 문제를 해결한다. 이때 문제란 우리의 지식이나 도구 또는 알고리즘을 직접적으로 적용하여 간단히 해결할 수 있는 것을 말하지 않는다. 물론 우리가 보기에 문제가 되지 않는 문제도 다른 사람에게는 문제가 될 수 있기 때문에 문제는 사람의 지적 수준에 따라 달라진다.

그렇다면 문제해결(problem solving)이란 무엇인가? 문제해결이란 주어진 문제를 해결하기 위하여 문제를 다루는 모든 과정을 말한다. 그러나 수학에서의 문제해결은 문제를 해결하기 위하여 수학을 응용하는 수학적 활동을 의미한다. 이것이 일상용어로서의 문제해결과 수학에서의 문제해결의 차이점이다.

어떤 사건의 예측이나 올바른 결정과 행동을 하기 위한 실제 현상의 문제를 해결하기 위하여 우리는 실험이나 관찰을 통하여 자료(정보)를 모은다. 이러한 자료를 적당한 조건 아래에서 간단히 하거나 조직화하여 수학의 개념이나 관계 또는 조건을 이용하여 수학적인 것으로 변환시킨다. 이러한 과정을 우리는 수학화(mathematization)라고 한다. 이런 수학화를 통하여 주어진 현상을 수학적 식으로 나타낸 것을 수학적 모델(mathematical model)이라고 한다. 물론 이 수학적 모델은 주어진 현상, 사용되는 수학과 관계에 대한 함수이다.

이제 수학적 모델을 수학을 통하여 수학적 해를 구한다. 이 과정이 보통 우리들이 말하는 수학을 하는 것이다.

마지막으로 수학적인 해가 주어진 문제 상황과 잘 들어맞는지 비교를 한다. 만약에 잘 맞지 않으면 조건을 변화시켜 새로운 수학적 모델을 만들고, 이를 풀고 다시 비교하여 주어진 문제상황과 잘 맞을 때까지 반복 시행하여 문제를 해결한다. 이러한 전 과정을 문제해결이라고 한다.

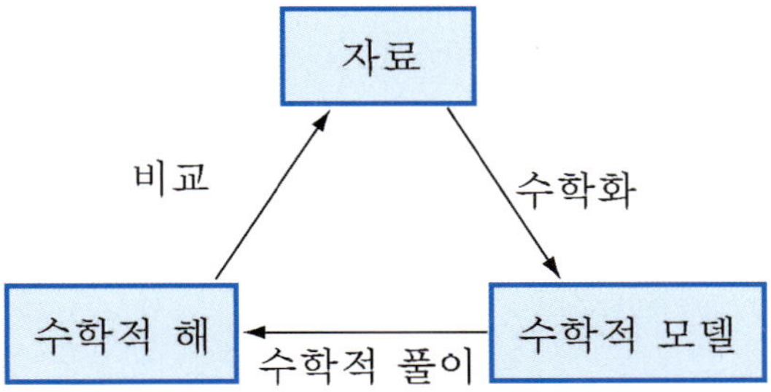

실제 문제를 해결하기 위하여 주어진 현상에 미치는 모든 요인을 고려하여 수학적 모델을 만들 수는 없다. 따라서 우리는 현상에 미치는 주요한 요인만을 고려하여 수학적 모델을 만든다. 그렇더라도 이 모델의 정확한 해를 순수하게 수학적으로 우리의 손과 머리를 이용하여 구하기에는 시간이 많이 소요될 뿐만 아니라 쉽지도 않거나 아예 불가능하기도 하다. 그렇다고 손을 놓고 있을 수만은 없지 않은가? 정확한 해는 구할 수 없을지 모르더라도 그 해에 근사한 해는 구할 수 있지 않을까? 이러한 목적으로 우리는 컴퓨터를 이용하게 된다. 컴퓨터를 이용하여 수치적으로 수학적 문제를 해결하려는 것을 계산과학(scientific computing)이라고 한다.

수치해석은 바로 컴퓨터를 이용하여 문제를 해결하려는 계산과학의 수학이다. 즉 수치해석은 수학을 바탕으로 수치적 해를 구하기 위한 알고리즘을 연구하고 발전시키며 분석하는 수학을 말한다. 대부분의 전통적인 수학에서는 해의 존재성이나 유일성은 모순을 이용하여 증명하는 것이 일반적이다. 따라서 전통적인 수학에서는 해를 구체적으로 어떻게 만들어 가는지를 보여 주지 못한다. 설령 해를 구하는 방법을 알려주더라도 근사해가 수렴하는 속도가 느리거나 긴 계산과정 때문에 실용적이지 못하다.

그러나 수치해석에서의 알고리즘은 수학에서의 해의 존재성을 구체적으로 구성하여 증명하는 방법이기도 하다. 더욱이 수치해석에서는 알고리즘의 수렴속도를 분석하고, 실용적인 알고리즘을 개발하고 그것의 안정성 등을 해석적으로 분석한다.

❖ 메모

01

제 1 장 방정식의 해

학습내용

수학과 수치해석에서 가장 기본적으로 또 빈번히 일어나는 문제는 방정식

$$f(x)=0$$

의 해를 구하는 것이다. 학교수학에서는 $f(x)$가 다항식인 경우 방정식의 해를 인수분해를 이용하여 구하거나 근의 공식을 이용하여 구하였다. 또 $f(x)$가 삼각함수이거나 지수함수 또는 로그함수인 경우에는 특수한 값인 경우가 아니면 근삿값의 표를 이용하여 근사해를 구하였다. 그렇다면 이때 근삿값은 어떻게 구하였을까? 또 일반적인 함수 $f(x)$에 대하여 방정식 $f(x)=0$의 해를 어떻게 구할까?

제 1 장 방정식

1-1 이분법

학교수학의 수학문제에서 한 변의 길이가 1인 정사각형의 대각선의 길이 x는 이차방정식

$$x^2 = 2$$

의 해이다. 이 방정식의 해를 구하기 위하여 근의 공식을 이용하면, 대각선의 길이가 대수적으로는 $x = \sqrt{2}$로 나타난다는 것을 알고 있다. 그러나 $\sqrt{2}$가 1과 2사이의 수라는 것 외에는 그 크기를 느끼기에는 충분하지 않다. 왜냐하면 우리는 수의 크기를 실수 그 자체로 느끼기 보다는 유리수로 느끼는 버릇이 있기 때문이다. 이런 이유로 $\sqrt{2}$를 유리수의 근삿값 1.4142로 나타내면 그 수의 크기를 훨씬 더 잘 짐작할 수 있다. 이러한 관점에서 보면 근삿값은 우리의 실생활과 밀접한 관계를 가지고 있는 매우 중요한 개념이다.

실제로 일상생활에서 우리의 몸무게를 말할 때 60kg이라고 하는 것은 몸무게의 참값을 이야기하기보다는 측정값(근삿값)을 말한다. 그럼에도 불구하고 우리는 이 값이 참값인 양 착각하기도 하지만 아무런 불편함이 없이 살아간다. 이와 같이 우리가 생활하는 데에는 참값을 모르더라도 적당한 근삿값만 알면 별로 불편한지를 모르고 충분히 살아갈 수 있다. 그러므로 방정식의 해의 정확한 값이 아니더라도 근삿값을 구하는 것은 의미가 있는 일이다.

이제 이를 구하는 방법을 알아보자.

학교수학에서는 수열

$$1.4,\ 1.41,\ 1.414,\ 1.4141,\ 1.41415,\ \ldots$$

이 무한히 가까이 가는 그 어떤 수를 $\sqrt{2}$ 라고 하였다. 물론 수열의 각 항을 제곱하여 2보다 작은 것을 보고 또 $\sqrt{2}$ 에 가까이 간다는 것을 알 수 있다. 이 과정을 들여다보면

$$(1.4)^2, (1.41)^2, (1.411)^2, (1.412)^2, (1.413)^2, (1.414)^2, (1.415)^2,\ \ldots$$

을 계산하여 2와의 크기를 비교하여야하는 복잡한 과정이 숨어 있다.

이런 복잡한 과정을 피하기 위하여 다른 방법으로 $\sqrt{2}$ 의 근삿값을 구하여 보자. 먼저

$$1^2 = 1 < 2 < 2^2 = 4$$

이므로 $\sqrt{2}$ 는 1과 2 사이의 수이다. 또

$$1^2 = 1 < 2 < (1.5)^2 = 2.25$$

이므로 $\sqrt{2}$ 는 다시 1과 1.5 사이의 수이다. 다시

$$(1.25)^2 < 2 < (1.5)^2$$

이므로 $\sqrt{2}$ 는 1.25와 1.5 사이의 수임을 알 수 있다.

이와 같은 방법을 계속하면 $\sqrt{2}$ 가 들어있는 구간을 반씩 좁혀가면서 $\sqrt{2}$ 의 근삿값을 구할 수 있다. 여기에는 $f(x) = x^2 - 2$가 연속함수이고

$$f(1)f(2) < 0,\quad f(1)f(1.5) < 0,\quad f(1.25)f(1.5) < 0,\ \ldots$$

이므로 $f(x) = x^2 - 2 = 0$인 해 x는 각 구간

$$(1,\ 2),\quad (1,\ 1.5),\quad (1.25,\ 1.5),\ \ldots$$

안에 존재한다는 사실이 숨어있다.

연속함수의 실수해의 존재성을 밝혀주는 것이 다음의 중간값의 정리이다.

정리 1.1 (중간값의 정리)

함수 $f : [a,\ b] \rightarrow \mathbb{R}$ 이 연속이고 $f(a)f(b) < 0$이면, $f(c) = 0$인 점 $c \in (a,\ b)$가 적어도 하나 존재한다.

예제 1-1

삼차방정식 $f(x)=x^3+4x^2-10=0$에 대하여

$$f(1)<0,\ f(2)>0$$

이고 함수 $f(x)$는 구간 $[1,\ 2]$에서 연속이므로, 중간값의 정리에 의하여 방정식 $f(x)=0$의 실근은 구간 $[1,\ 2]$ 안에 존재한다. 그런데 구간 $(1,\ 2)$에서 $f(x)$의 도함수가 항상 $f'(x)=3x^2+8x>0$이므로, 방정식 $f(x)=0$는 구간 $[1,\ 2]$ 안에 단 하나의 실근을 가지고 있다.

방정식 $x^2=2$의 실근을 구하는 과정을 다시 살펴보자. 방정식 $f(x)=x^2-2=0$의 해 p를 찾기 위하여 먼저 $f(a_0)f(b_0)<0$인 $a_0=1,\ b_0=2$를 택한다. 이제 이들의 중점

$$m_0=\frac{1+2}{2}=1.5$$

를 택하면, 점 m_0에서의 함숫값은

$$f(1.5)=0.25>0$$

이므로

$$f(1)f(1.5)<0$$

이다. 따라서 구하는 해는 구간 $[1,\ 1.5]$ 안에 있음을 알 수 있다. 다시 두 점 $a_1=1,\ b_1=1.5$의 중점

$$m_1=\frac{1+1.5}{2}=1.25$$

에서의 함숫값은

$$f(1.25)=-1.79687<0$$

이므로, $f(1.25)f(1.5)<0$이다. 그러므로 구하는 근은 구간 $[1.25,\ 1.5]$ 안에 존재하게 된다.

이와 같은 과정을 되풀이하면

$$f(a_n)f(b_n) < 0$$

이 되므로, 구하는 근은 구간 $[a_n, b_n]$ 안에 존재하게 된다.

위와 같은 방법으로 근이 존재하는 구간을 계속 반씩 잘라 가면서 근사해를 구하는 방법을 **이분법**(bisection method)이라고 한다.

이분법

1. $f(a_0)f(b_0) < 0$인 a_0, b_0를 택한다.
2. $m_0 = \dfrac{a_0 + b_0}{2}$
3. $f(a_0)f(m_0) < 0$이면 $a_1 = a_0, \quad b_1 = m_0$

   $f(m_0)f(b_0) < 0$이면 $a_1 = m_0, \quad b_1 = b_0$
4. 2-3의 과정을 $|b_n - a_n| < \mathrm{TOL}$ 또는 $|f(a_n)| < \mathrm{TOL}$까지 반복한다.

matlab프로그램(이분법)

```
function [x, iter] = bisection(f, a, b, TOL, MaxIter)
% 이분법에 의해 f(x) =0 의 해를 [a, b]에서 구함
% TOL : 오차한계
% MaxIter : 최대 반복횟수
% f : m파일로 주어질때는 반드시 문자열로. 예를 들어 식이
% testequation.m이라면 'testequation'으로 적어주어야 함.
% xm : 중간값

if nargin < 5
  MaxIter = 100;
end

if nargin < 4
  TOL = 1.e-5;
```

```
end


fa = feval(f, a);
fb = feval(f, b);

if (fa*fb>0)
  error('It must be f(a)*f(b)<0');
end

for k=1:MaxIter
  xm = (a+b)/2;
  fm = feval(f, xm);
  err = (b-a)/2;
  if(abs(fm)<TOL | abs(err)<TOL) break;
     elseif fm*fa >0 , a = xm ; fa = fm;
     else b = xm;
  end

end

x = xm;
iter = k;
% End of bisection

>> f = inline('x^2 -2','x')

f =
     Inline function:
     f(x) = x^2 -2

>> bisection(f, 0, 2)
ans =
    1.4142
```

이분법을 이용하면 직관적으로 방정식의 근을 구할 수 있을 것으로 보인다. 그러나 축소구간정리에 의하여 해의 존재성을 분명하게 보일 수 있다.

정리 1.2 (축소구간 정리)

폐구간의 수열 $\{[a_n, b_n] \mid n = 1, 2, 3, \dots\}$에 대하여 $[a_{n+1},\ b_{n+1}] \subset [a_n,\ b_n]$이면

$$\cap_{n=1}^{\infty}[a_n, b_n] \neq \varnothing$$

이다.

한편 이분법에 의하여 만들어지는 폐구간의 길이는 반씩 줄어들므로 다음 성질이 성립한다.

정리 1.3

함수 $f(x)$가 폐구간 $[a,\ b]$에서 연속이고 $f(a)f(b) < 0$이면, 이분법에 의하여 만들어진 수열 $\{m_n\}$은 해 p에 수렴한다. 이 때,

$$|m_n - p| \leq \frac{b-a}{2^n}$$

이 성립한다.

정리 1.2-1.3에 의하면 이분법에 의하여 만들어진 수열 $\{a_n\}$과 $\{b_n\}$은 각각 방정식 $f(x) = 0$의 해에 수렴한다. 이분법에서는 방정식의 한 실근이 위치해 있는 구간을 알려 주며 근사해는 실근에 항상 수렴하므로, 이분법은 근사해를 구하는 여러 가지 방법의 초기 단계에서 자주 쓰인다.

이분법을 사용하기 위하여 처음에는 $f(a)f(b) < 0$인 두 점 a와 b를 찾아야만 한다. 그러나 이러한 점을 찾는 것도 방정식이 복잡하면 조금은 번거롭다. 더욱이 실제 응용에서는 이분법에 의하여 만들어지는 수열의 수렴하는 속도가 느리므로 실용적이지 못하다. 그런데 시간(속도)은 매우 중요한 삶의 요소이기 때문에 이분법의 단점을 극복할 수 있는 새로운 알고리즘의 개발이 필요하다.

문제 1

연속함수 $f:[a_0, b_0]\to\mathbb{R}$ 에 대하여 이분법을 적용할 때

$$m_n=\frac{1}{2}(a_n+b_n),\quad p=\lim_{n\to\infty}m_n,\quad e_n=p-m_n$$

이라 하자.

(1) $|e_n|\le 2^{-n}(b_1-a_1)$임을 보여라.

(2) $|e_0|\ge|e_1|\ge\cdots$ 인가?

(3) $|m_n-m_{n+1}|=2^{-n-2}(b_0-a_0)$임을 보여라.

(4) 임의의 자연수 n, k에 대하여 $a_k\le b_n$임을 보여라.

(5) $\cap_{n=0}^{\infty}[a_n, b_n]=\{p\}$임을 보여라.

(6) 임의의 자연수 n에 대하여 $[a_n, b_n]\supset[a_{n+1}, b_{n+1}]$임을 보여라.

문제 2

구간 $[1, 2]$에서 다음 방정식 $f(x)=0$의 해를 구하여라.

(1) $f(x)=x-\tan x$ (2) $f(x)=x^2-3$

문제 3

이분법을 이용하여 다음 방정식 $f(x)=0$의 해를 구하여라.

(1) $f(x)=x^3-3x+1$ (2) $f(x)=x^3-2\sin x$

문제 4

방정식 $f(x)=0$의 해가 $f(a)f(b)<0$인 구간 $[a, b]$에서 두 개 이상의 실근을 가지는 경우에도 이분법을 사용하여 근을 구할 수 있는가?

1-2 Newton 방법

이분법을 적용하기 위하여 $f(a)f(b)<0$인 두 점 a와 b를 찾는 번거로움에서 자유로워지는 방법은 임의의 두 점을 택하여도 근삿값을 구할 수 있는 방법을 이용하는 것이다.

함수 $y=f(x)$의 그래프 위의 임의의 두 점 $(x_0,\ f(x_0))$, $(x_1,\ f(x_1))$을 택하고 두 점을 잇는 직선을 그으면, 직선의 방정식은

$$y-f(x_1)=\frac{f(x_1)-f(x_0)}{x_1-x_0}(x-x_1)$$

이다. 물론 여기서 $f(x_0)f(x_1)<0$일 필요는 없다.

이제 이 직선이 x축과 만나는 점의 x좌표를 x_2라고 하면

$$x_2=x_1-\frac{x_1-x_0}{f(x_1)-f(x_0)}f(x_1)$$

이 된다.

이와 같은 방법을 되풀이하면 수열

$$x_{n+1}=x_n-\frac{x_n-x_{n-1}}{f(x_n)-f(x_{n-1})}f(x_n)$$

을 얻는다. 이 때 수열 $\{x_n\}$의 극한 x^*가 방정식 $f(x)=0$의 해가 된다.

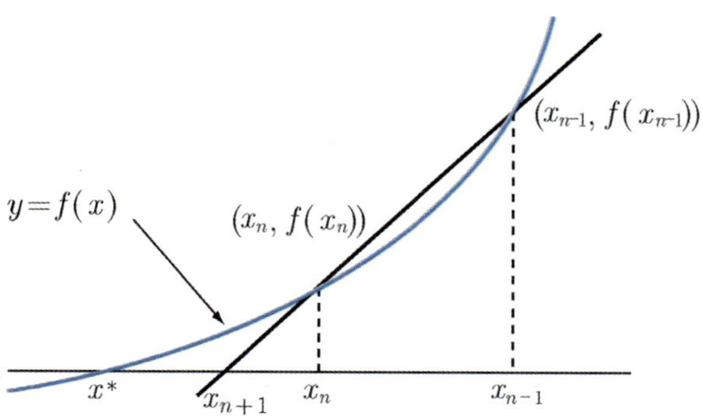

〈그림 1-1〉 secant 방법

이와 같은 방법으로 $f(x)=0$의 해를 구하는 것을 시컨트(secant method) 방법이라고 한다.

secant 방법

1. 임의의 두 점 $(x_0, f(x_0))$, $(x_1, f(x_1))$을 택한다.
2. 위의 두 점을 잇는 직선의 방정식으로부터 수열

$$x_{n+1} = x_n - \frac{x_n - x_{n-1}}{f(x_n) - f(x_{n-1})} f(x_n)$$

   을 얻는다.
3. $|x_n - x_{n-1}| < \mathrm{TOL}$까지 수열 $\{x_n\}$을 구한다.

matlab프로그램(secant 방법)

```
function [x, iter] = secant(f, x0, x1, TOL, MaxIter)
% secant 방법 의해 f(x) =0 의 해를 구함
% x0, x1 : 초기 추측값
% TOL : 오차한계
% MaxIter : 최대 반복횟수
% f : m파일로 주어질때는 반드시 문자열로. 예를 들어 식이
% testequation.m이라면 'testequation'으로 적어주어야 함.

if nargin < 5
  MaxIter = 100;
end

if nargin < 4
  TOL = 1.e-5;
end

x = x1;

for k=1:MaxIter
  f0 = feval(f, x0);
```

```
  f1 = feval(f, x1);

  x = x - (x1-x0)/(f1-f0)*f1;
  err=abs(x1-x0);
  if(err<TOL) break;
    else x0 = x1;, x1=x;
  end

end

iter = k;
% End of secant

>> f = inline('x^2 -2','x')
f =
     Inline function:
     f(x) = x^2 -2
>> secant(f, 1, 2)
ans =
    1.4142
```

일반적으로 secant 방법은 이분법보다 수열의 수렴하는 속도가 빠르고 시작하는 점을 택하는 데에는 자유로우나, 해가 존재하는 범위를 알 수가 없다. 더욱이 함숫값의 차 $f(x_n)-f(x_{n-1})\approx 0$인 경우에는 분모의 값이 작아져 계산할 수가 없는 단점이 있다. secant 방법의 수열을 변형하면

$$x_{n+1}=x_n-\frac{f(x_n)}{\dfrac{f(x_n)-f(x_{n-1})}{x_n-x_{n-1}}}$$

을 얻는다. 만약 함수 $f(x)$가 미분 가능하면

$$\frac{f(x_n)-f(x_{n-1})}{x_n-x_{n-1}}\approx f'(x_n)$$

이다.

따라서 $f'(x_n) \neq 0$이면 우리는 새로운 점화수열

$$x_{n+1} = x_n - \frac{f(x_n)}{f'(x_n)}$$

을 얻는다.

사실 이것은 학교수학에서 다룬 미분 가능한 함수의 접선의 방정식을 응용한 것이다. 즉 함수 $f(x)$가 $x = x_0$에서 미분 가능하면 점 $(x_0, f(x_0))$에서의 접선의 방정식은

$$y - f(x_0) = f'(x_0)(x - x_0)$$

이다. 이 접선이 x축과 만나는 점의 x좌표를 x_1이라 하고 $f'(x_0) \neq 0$이면

$$x_1 = x_0 - \frac{f(x_0)}{f'(x_0)}$$

이다.

다시 $(x_1, f(x_1))$에서의 접선을 긋고 이 접선이 x축과 만나는 점의 x좌표를 x_2라 하면

$$x_2 = x_1 - \frac{f(x_1)}{f'(x_1)}$$

이다.

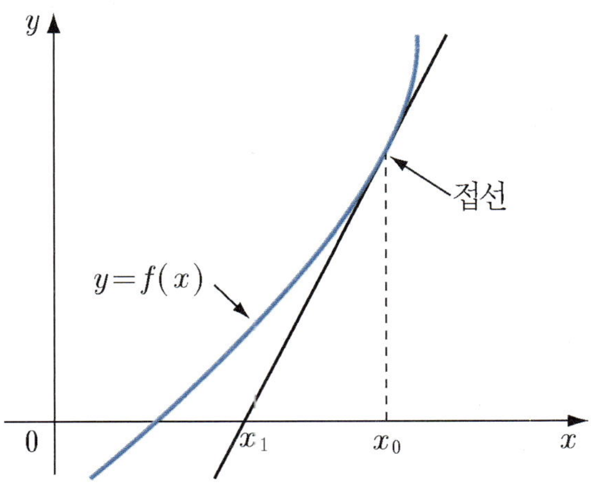

〈그림 1-2〉 Newton 방법

이와 같은 방법을 되풀이 하면 우리는 수열

$$x_{n+1} = x_n - \frac{f(x_n)}{f'(x_n)}$$

을 얻는다. 이 때 수열 $\{x_n\}$이 수렴하면 이 극한은 방정식 $f(x)=0$의 해가 된다.

이러한 방법으로 해의 근삿값을 얻는 방법을 **뉴턴 방법**(Newton's method)이라고 한다.

Newton 방법

1. 임의의 점 x_0을 택한다.
2. 반복적으로 수열 $x_{n+1} = x_n - \dfrac{f(x_n)}{f'(x_n)}$을 구한다.
3. $|x_n - x_{n-1}| < \mathrm{TOL}$까지 수열 $\{x_n\}$을 구한다.

matlab프로그램(Newton 방법)

```
function [x, iter] = newton(f, df, x0, TOL, MaxIter)
% Newton 방법 의해 f(x) = 0의 해를 구함
% x0 : 초기 추측값
% TOL : 오차한계
% MaxIter : 최대 반복횟수
% f : m파일로 주어질 때는 반드시 문자열로. 예를 들어 식이
% testequation.m이라면 'testequation'으로 적어야 함.
% df : f의 도함수

if nargin < 5
  MaxIter = 100;
end

if nargin < 4
  TOL = 1.e-5;
end
```

```
x = x0

for k=1:MaxIter
  fval = feval(f, x0);
  dfval = feval(df, x0);

  x = x0 - fval/dfval;
  err=abs(x-x0);
  if(err<TOL) break;
    else x0 = x;
  end

end

iter = k;
% End of Newton
```

예제 1-2

Secant 방법과 Newton 방법을 각각 이용하여 방정식

$$f(x) = x^3 + 4x^2 - 10 = 0$$

의 구간 [1, 2]에 있는 실근의 근삿값을 구해보자. 먼저 secant 방법의 matlab 프로그램에 $x0=0$, $x1=1$을 입력하면 5번 반복하여 1.3652를 얻는다. 이때 (근사)오차는 $e_n = |x_n - x_{n-1}|$으로 계산했고, 오차한계는 TOL=1.e−5이었다. 같은 오차한계에 대해 Newton 방법의 matlab 프로그램에 $x0=1$을 대입하면 4번 반복해서 1.3652를 얻는다. 이를 표로 나타내면 다음과 같다.

n	secant 방법		Newton 방법	
	근사해 x_n	오차 e_n	근사해 x_n	오차 e_n
0	0.0000		1.0000	
1	1.0000		1.4545	0.4545
2	1.2632	0.7368	1.3689	0.0856
3	1.3388	0.0757	1.3652	0.0037
4	1.3666	0.0278	1.3652	6.5868e−06
5	1.3652	0.0014		
6	1.3652	1.8098e−05		

연속함수 $f(x)$에 대하여 방정식 $f(x)=0$의 해를 구하기 위하여 이분법이나 secant 방법과 달리, Newton 방법은 초기 시작점을 택하는 데는 아무런 제약점이 없이 자유로운 것 같다. 그러나 Newton 방법을 사용하기 위해서는 함수가 연속일 뿐만 아니라 미분 가능하여야 하고 $f'(x) \neq 0$이어야 한다는 강한 조건이 있다. 그러나 Newton 방법은 이분법이나 secant 방법보다 간편하고 더 빨리 수렴하기 때문에 방정식의 근삿값을 구하는 방법으로 가장 널리 사용되는 방법이다. 그렇다고 해서 Newton 방법이 만능열쇠처럼 모든 문제에 다 잘 적용되는 것은 아니다.

근삿값을 구하는 초기에는 이분법을 사용하여 방정식의 근이 있는 범위를 좁힌 다음 Newton 방법을 이용하여 근사해를 구하면 좋다. 왜냐하면, 직관적으로 함수 $y=f(x)$의 그래프가 <그림 1-3>과 같은 경우, 시작점 x_0을 그림과 같이 택하면 방정식의 근에 도달하기 전 $f'(x_n) \approx 0$이 되어 Newton 방법에 의한 수열 $\{x_n\}$이 발산하기 때문이다. 실제로 Newton 방법의 수렴성에 대하여 다음의 정리가 성립하기 때문이다.

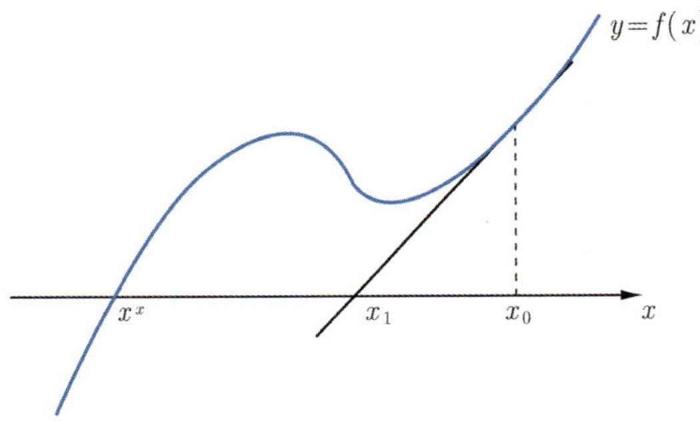

〈그림 1-3〉 Newton 방법과 초깃값

정리 1.4

함수 $f \in C^2[a,b]$에 대하여, x^*이 $f(x^*)=0$, $f'(x^*) \neq 0$라 하자. 그러면 시작점 x_0를 x^*의 적당한 근방에서 택했을 때, Newton 방법으로 만들어진 수열 $\{x_n\}$은 x^*에 수렴한다.

그러나 어떤 경우에는 Newton 방법에 의한 수열은 임의의 시작점에 대하여 수렴한다.

정리 1.5

증가하는 함수 $f \in C^2[a,b]$이 convex이고 $f(x^*)=0$인 근 x^*이 존재하면, 그 근은 유일하고 임의의 시작점 x_0으로부터 Newton 방법으로 만들어진 수열 $\{x_n\}$은 수렴한다.

참고 1.1

구간 I의 임의의 두 원소 $\alpha, \beta(\alpha < \beta)$에 대해 $f(x)$가 부등식

$$f(\alpha)+\frac{f(\beta)-f(\alpha)}{\beta-\alpha}(x-\alpha) \geq f(x),\ (\alpha < x < \beta)$$

을 만족시키면 곡선 $y=f(x)$는 I에서 **아래로 볼록**(convex downward) 혹은 간단히 convex라고 한다.

문제 5

방정식 $x^3-2x-1=0$은 구간 [1, 2]에서 실근을 가진다. secant 방법을 이용하여 근사해를 구하여라.

문제 6

Newton 방법을 이용하여 다음 방정식의 해를 구하여라.

(1) $x-e^{-x}=0$ (2) $100x-150=\sin x$

문제 7

Newton 방법의 반복수열

$$x_{n+1}=x_n-\frac{f(x_n)}{f'(x_n)}$$

에서 시작점 x_0을 구간 안에서 임의로 택하여도 수열 $\{x_n\}$은 수렴하는가? 만약 $f(x_n) \gg 0$이지만 $f'(x_n) \approx 0$인 경우에는 어떻게 하여야 하는가? 그렇다면 x_0를 어떻게 택하여야 하는가?

문제 8

Newton 방법을 이용하여 $\sqrt{a}\,(a>0)$를 구하려고 한다. 함수 $f(x)=x^2-a$의 근을 찾기 위한 Newton 반복수열을 찾아라. 또 초깃값 $x_0=1$일 때 $\sqrt{3}$의 처음 두 번의 근삿값을 구하여라.

1-3 고정점 반복법

Newton 방법을 좀 더 생각해보자. Newton 방법의 반복수열

$$x_{n+1} = x_n - \frac{f(x_n)}{f'(x_n)}$$

의 좌변과 우변을 살펴보면, 좌변은 x_{n+1}이고 우변은 x_n에 대한 함수이다. 따라서

$$g(x) = x - \frac{f(x)}{f'(x)}$$

라 놓으면, Newton 방법은

$$x_{n+1} = g(x_n)$$

으로 나타난다. 이렇게 얻어진 수열 $\{x_n\}$이 x에 수렴하고 함수 $g(x)$가 연속이면, n이 충분히 클 때

$$x = g(x)$$

를 얻는다. 이때, 점 x를 함수 $g(x)$의 **고정점**(fixed point)이라 부르고, $g(x)$를 고정점 반복함수라고 부른다. 또, 이와 같이 방정식 $f(x)=0$의 근사해를 구하는 방법을 **고정점 반복법**(fixed point iterative method)이라고 부른다. 즉 고정점 반복법은 방정식 $f(x)=0$의 해를 $x=g(x)$의 형태로 바꾸고 고정점 반복법을 이용하여 근사해를 구하는 것이다.

그런데 방정식 $f(x)=0$의 근과 같게 되는 고정점 반복함수 $g(x)$를 어떻게 선택하여야 하는가? 예를 들어 방정식 $f(x)=x^2-x-2=0$의 반복함수 $g(x)$는 $f(x)$의 수식을 변형하면

① $x = x^2-2$이므로 $g(x) = x^2-2$

② $x^2 = x+2$이므로 $g(x) = \sqrt{2+x}$

③ $x^2 = x+2$이므로 $g(x) = -\sqrt{2+x}$

④ $\frac{x^2}{x} = \frac{x+2}{x}$이므로 $g(x) = 1+\frac{2}{x}$

와 같이 $g(x)$를 여러 가지로 택할 수 있을 것이다.

그러면 여러 가지의 함수 $g(x)$는 모두 반복법

$$x_{n+1} = g(x_n)$$

으로부터 $f(x)=0$인 고정점

$$x = g(x)$$

를 얻을 수 있는 함수인가?

방정식 $f(x)=x^2-x-2=0$의 해를 구하기 위하여 반복함수를 위의 ③과 같이

$$g(x) = -\sqrt{2+x}$$

로 택하여 보자. 함수 $g(x)$의 정의역은 $x \geq -2$이므로 시작점 x_0을 $x_0 \geq 2$ 되도록 택하면

$$x_1 = g(x_0) = -\sqrt{2+x_0} < 0$$

이 되고

$$x_2 = g(x_1) = -\sqrt{2-\sqrt{2+x_0}}$$

이 되므로 근호 안의 값이 음수가 되어 실수인 x_2의 값을 구할 수가 없다. 따라서 우리는 반복수열이 정의되도록 반복함수 $g(x)$를 조심스럽게 택하여야 한다.

그렇다면 고정점을 얻기 위한 함수 $g(x)$는 어떤 조건을 만족해야 하는가? 고정점 반복법으로부터 고정점을 얻기 위하여 함수 $g(x)$가 다음의 세 가지 조건을 만족해야함을 알 수 있다.

(1) 시작점 x_0으로부터 수열 $x_1,\ x_2,\ x_3,\ \dots,\ x_n,\ \dots$을 계산할 수 있어야 한다. 다시 말하면, 수열 $\{x_n\}$을 얻기 위하여 x_n이 함수 $g(x)$의 정의역에 다시 속하여야 한다.

(2) 고정점 반복법으로부터 얻어진 수열 $\{x_n\}$이 수렴하여야 한다.

(3) 수열 $\{x_n\}$의 극한이 x에 수렴하여야 하고

$$x = \lim_{n\to\infty} x_n = \lim_{n\to\infty} g(x_n) = g(\lim_{n\to\infty} x_n)$$

가 되어야 한다.

위의 조건 (1)과 (3)을 다시 수학적 기호를 사용하여 정리하면 고정점 반복함수 $g(x)$가 다음과 같은 조건을 만족하여야 한다.

(H1) 고정점 반복함수 $g(x)$는 어떤 구간 $I=[a, b]$에 대하여 I에서 I로의 함수이어야 한다. 즉, $g: I \to I$인 함수이다.
(H2) 반복함수 $g(x)$는 연속함수이어야 한다.

이제 반복수열 $\{x_n\}$이 수렴하기 위한 조건 (2)가 성립하기 위한 함수 $g(x)$의 성질을 알아보자.

고정점 반복법에서 고정점 x^*는

$$x^* = g(x^*)$$

를 만족하므로, 이것은 두 함수

$$\begin{cases} y = x \\ y = g(x) \end{cases}$$

의 그래프가 만나는 점의 x좌표이다. 다시 말하면, 직선 $y=x$와 곡선 $y=g(x)$는 점 (x^*, x^*)에서 만난다.

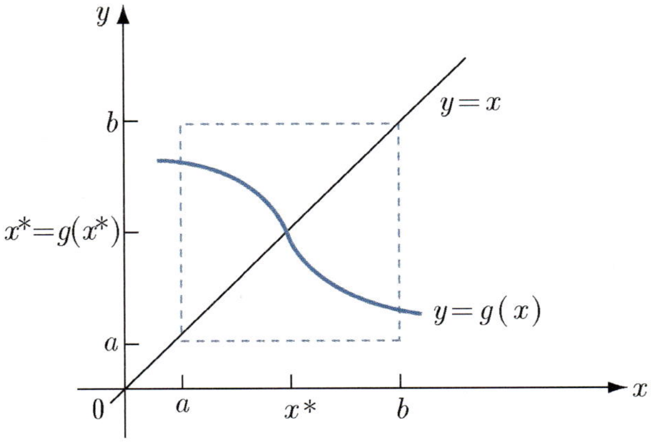

〈그림 1-4〉 고정점

고정점 반복법에서

$$x_n = g(x_{n-1})$$

이므로, 점 $(x_{n-1},\ x_n)$은 함수 $y = g(x)$의 그래프 위의 점이다. 점 $(x_n,\ x_{n+1})$을 얻기 위하여 아래 <그림 1-5>와 같이, 점 $(x_{n-1},\ x_n)$에서 x축과 평행한 직선을 그으면, 그 직선이 직선 $y = x$와 만나는 점의 좌표는 $(x_n,\ x_n)$이 된다. 다시 점 $(x_n,\ x_n)$에서 y축과 평행한 직선을 그으면 곡선 $y = g(x)$와 점 $(x_n,\ x_{n+1})$에서 만난다.

이와 같은 경우를 그림으로 나타내면 다음과 같은 여러 가지 경우가 있다.

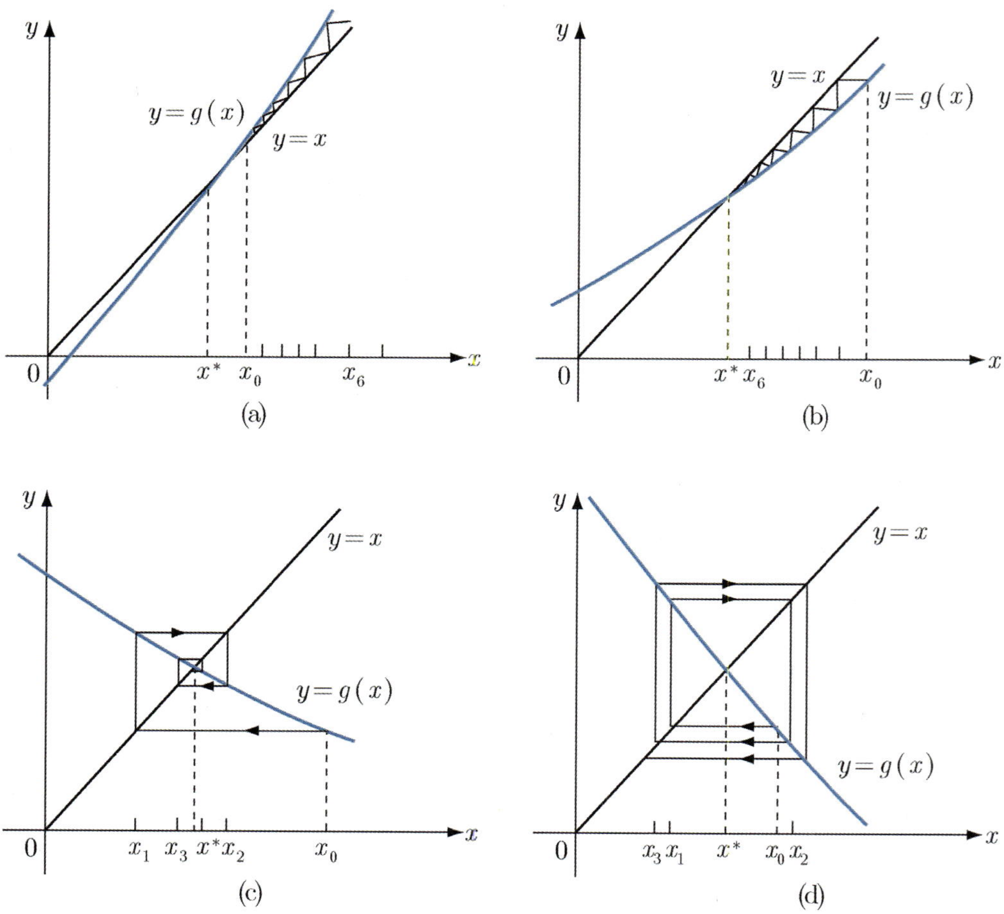

〈그림 1-5〉 고정점 반복법

앞의 <그림 1-5>에서 볼 때, 고정점 반복수열 $\{x_n\}$은 함수 $g(x)$가 어떤 함수이냐에 따라 고정점에 수렴하기도 하고 고정점으로부터 멀어져 가기도 한다. 이런 경우의 함수 $g(x)$는 어떻게 분류되는가?

앞의 그림에서 알 수 있듯이, 고정점 반복수열 $\{x_n\}$의 고정점에로의 수렴은 함수 $g(x)$의 고정점 x^*의 근방에서의 접선의 기울기와 관계가 깊은 것을 발견할 수 있을 것이다. 즉 고정점 x^*의 근방에서 함수 $g(x)$의 기울기의 절댓값이 크면 수열 $\{x_n\}$은 고정점으로부터 멀어져 가고(발산하고), 기울기의 절댓값이 작으면 수열 $\{x_n\}$은 고정점으로 수렴할 것으로 기대된다.

따라서 반복수열 $\{x_n\}$이 고정점에 수렴하기 위하여 다음 조건이 필요하다.

(H3) 고정점 반복함수 $g:[a,\ b]\to[a,\ b]$가 미분가능하고, 모든 점 $x\in[a,\ b]$에 대하여 $|g'(x)|\le K<1$인 실수 K가 존재한다.

이제 반복함수 $g(x)$가 조건 (H1) – (H3)을 만족할 때 고정점이 유일하게 존재함을 보이자. 이것을 증명하기 위해서는 먼저 평균값 정리가 필요하다.

정리 1.6 (평균값 정리)

함수 $f:[a,\ b]\to[a,\ b]$이 연속이고 미분가능하면

$$\frac{f(b)-f(a)}{b-a}=f'(x_0)$$

인 점 $x_0\in(a,\ b)$가 존재한다.

정리 1.7 (고정점 반복정리)

함수 $g:[a,\ b] \to [a,\ b]$가 연속이고 미분가능하며 모든 점 $x \in I$에 대하여

$$|g'(x)| \le K < 1$$

인 실수 K가 존재한다고 하자. 그러면 고정점 반복수열

$$x_{n+1} = g(x_n)$$

은 임의의 시작점 $x_0 \in [a,\ b]$에 대하여 유일한 고정점 x^*에 수렴한다.

증명

(존재성) 함수 $h(x) = g(x) - x$라고 놓으면, $h(x)$는 $[a,\ b]$에서 연속이고

$$h(a) = g(a) - a > 0,\ \ h(b) = g(b) - b < 0$$

이다. 따라서 중간값의 정리에 의하여 $h(x) = 0$을 만족하는 점 x^*가 $(a,\ b)$ 안에 존재한다. 그러면 $g(x^*) - x^* = 0$이므로 x^*가 함수 $g(x)$의 고정점이다.

(유일성) 두 점 x^*와 y^*가 $g(x)$의 서로 다른 고정점이라고 가정하자. 모든 $x \epsilon [a,\ b]$에 대하여 $|g'(x)| \le K < 1$이므로, 평균값 정리에 의하여 적당한 $s \in (a, b)$가 존재하여 다음 식을 만족시킨다.

$$|x^* - y^*| = |g(x^*) - g(y^*)| = |g'(s)||x^* - y^*| < |x^* - y^*|$$

이 된다. 그러나 이것은 모순이다. 따라서 $x^* = y^*$ 즉, $g(x)$의 고정점은 유일하게 존재한다.

(수열의 수렴성) 이제 고정점 반복수열이 수렴함을 보이자. 점 $x_0 \in [a,\ b]$가 임의의 시작점이라고 하면, 고정점 반복수열 $x_0,\ x_1,\ x_2, \ldots$ 은 모두 $[a,\ b]$ 위의 점이다. 이제 n번째 오차를

$$e_n = x^* - x_n$$

이라고 하자. 그러면 $x^* = g(x^*),\ x_n = g(x_{n-1})$이므로 평균값 정리에 의하여

$$e_n = x^* - x_n = g(x^*) - g(x_{n-1}) = g'(s_n)(x^* - x_{n-1}) = g'(s_n)e_{n-1}$$

인 점 s_n이 x^*와 x_{n-1} 사이에 존재한다.

그런데 주어진 조건에 의하여, 임의의 $x \epsilon [a, b]$에 대해 $|g'(x)| \le K < 1$이므로

$$|e_n| \le K\,|e_{n-1}|$$

이다.

이러한 과정을 되풀이하면

$$|e_n| \le K\,|e_{n-1}| \le K^2|e_{n-2}| \le \dots \le K^n\,|e_0|$$

을 얻는다. 그런데 $K < 1$이므로 $\lim_{n\to\infty} K^n = 0$이다. 따라서

$$\lim_{n\to\infty}|e_n| = \lim_{n\to\infty}K^n|e_0| = 0$$

그러므로 수열 $\{x_n\}$은 고정점 x^*에 수렴한다. ▨

참고 1.2

고정점 반복정리의 증명과정에서 극한과 미분, 도함수의 크기에 관한 평균값 정리가 유용하게 쓰였음을 알 수 있다. 이와 같이 평균값 정리는

$$g(x) - g(x_n) = g'(s_n)(x - x_n)$$

이 되는 점 s_n의 존재성만 알면, 그 점을 구체적으로 구하지 않더라도 $g(x) - g(x_n)$의 근사 정도를 계산할 수 있게 해준다.

고정점 반복법

1. 방정식 $f(x) = 0$을 적절한 $g(x)$를 택하여 $x = g(x)$의 꼴로 바꾼다.
2. 시작점 x_0을 함수 $g(x)$의 정의역에서 임의로 택한다.
3. 수열 $x_{n+1} = g(x_n)$을 구한다.
4. $|x_{n+1} - x_n| < \text{TOL}$까지 구한다.

matlab프로그램(고정점 반복법)

```
function [x, iter] = fixedpointiteration(g, x0, TOL, MaxIter)
% 고정점 반복법에 의해 f(x) = 0의 해를 구함
% 먼저 f(x) =0을 g(x) = x꼴로 바꾸어야 함.
% x0 : 초기 추측값


if nargin < 4
  MaxIter = 100;
end

if nargin < 3
  TOL = 1.e-5;
end

for k = 1: MaxIter
  x = x0;
  x = feval(g, x);
  err=abs(x-x0);
  if(err<TOL) break;
    else x0 = x;
  end
end

iter = k;
```

참고 1.3

고정점 반복정리에서는 시작점의 위치에 관계없이 반복수열이 고정점에 수렴하였다. 따라서 이 정리의 조건을 만족하는 함수에 대하여는 시작점을 어떻게 택하느냐를 고민할 필요가 없다. 그러나 Newton 방법을 이용하여 풀 때에는 시작점에 따라 수렴성이 달라진다.

문제 9

고정점 반복법을 이용하여 방정식

$$2\sin\pi x + x = 0$$

의 해를 구하여라. 단, $x_0 = 1$로 택하여라.

문제 10

다음 방정식의 해를 고정점 반복법으로 구하기 위한 반복함수를 구하여라.

(1) $x^3 - x - 1 = 0$

(2) $e^{-x} - \cos x = 0$

문제 11

임의의 $x_0 > 0$에 대하여 고정점 반복수열

$$x_{n+1} = \frac{1}{2}\left(x_n + \frac{2}{x_n}\right)$$

은 $\sqrt{2}$에 수렴함을 보여라.

문제 12

방정식 $e^x - 4x^2 = 0$은 0과 1 사이에서 실근을 가진다. 고정점 반복법을 이용하여 근사해를 구하여라.

문제 13

방정식 $f(x)=x^2+1=0$의 해를 구하기 위하여 Newton 방법을 적용하면, 반복수열 $\{x_n\}$은

$$x_{n+1}=x_n-\frac{x_n^2+1}{2x_n}=\frac{1}{2}(x_n-\frac{1}{x_n})$$

이다. 이것은 반복함수가 $g(x)=\frac{1}{2}(x-\frac{1}{x})$인 고정점 반복법과 같다.

이제, 반복법이 시작점의 위치에 따라 어떻게 되는가를 알아보자.

(1) 시작점을 $x_0=1$로 택하면 $x_1=0$이 된다. 반복법을 이용하여 x_2를 구하여라.

(2) 시작점을 $x_0=\frac{1}{\sqrt{3}}$으로 택하고 대수적으로 $x_1,\ x_2, x_3, \cdots$ 을 구하여라.

(3) 시작점을 $x_0=-\frac{1}{\sqrt{3}}$으로 택하고 $x_1, x_2, x_3, \cdots$ 을 대수적으로 구하여라.

(4) 시작점을 $x_0=\frac{1}{\sqrt{3}}$ 또는 $x_0=-\frac{1}{\sqrt{3}}$로 택하고, Newton 방법에 의하여 컴퓨터를 이용하여 구하여라. 반복하는 수열이 어떤 규칙성을 가지고 나타나는지를 확인하여라.

수열이 불규칙성을 가지고 나타나는 현상을 혼돈(chaos)이라고 부른다.

문제 14

방정식 $\cos x-x=0$의 근사해를 고정점 반복법으로 구하기 위한 반복함수와 구간을 정하고 그 이유를 보여라.

1-4 수렴속도

앞에서 이분법보다 secant방법이 빨리 수렴하고, secant방법보다는 Newton방법에 의한 수열이 더 빨리 수렴한다고 하였다. 이러한 것을 경험적으로 같은 정도로 수렴할 때까지 반복 횟수를 계산하여보지 않고 논리적으로 알아볼 수 있는 방법은 없을까?

수열 $\{x_n\}$이 x^*에 수렴하면 n이 충분히 큰 경우에 오차

$$e_n = x^* - x_n$$

의 값은 0에 아주 가까운 작은 값이 된다. 따라서 $(n+1)-$번째의 오차 e_{n+1}과 $(n)-$번째의 오차 e_n과의 관계를 가지고 비교하는 것이 하나의 방법이다.

정의 1.1

수열 $\{x_n\}$이 x^*에 수렴할 때 $e_n = x^* - x_n$이라 하자. 이 때

$$\lim_{n\to\infty} \frac{|e_{n+1}|}{|e_n|^p} = C$$

인 상수 p와 0인 아닌 상수 C가 존재 할 때, 상수 p를 수열 $\{x_n\}$의 수렴차수(order of convergence)라 하고 C를 점근 오차 상수(asymptotic error constant)라고 한다.

오차 $e_n = x^* - x_n$은 0에 가까운 값이므로

$$|e_{n+1}| \approx C\,|e_n|^p$$

에서 p가 클수록 e_n은 더 빨리 0에 가까워진다. 특히 $p=1$이면 수열은 선형적으로 수렴한다고 하고, $p=2$이면 수열은 2차적으로 수렴한다고 한다.

이제 고정점 반복법, Newton 방법, secant 방법의 수렴차수를 구하여 보자. 먼저 수렴차수를 계산하는데 함수의 부드러운 정도가 필요하다.

이를 위하여 구간 $[a,\ b]$에 대하여

$$C^n[a,b] = \{f: [a,b] \to \mathbb{R} \mid f^{(n)}(x)\text{가 연속이다}\}$$

라고 나타내자.

먼저 고정점 반복법의 수렴차수를 알아보자. 고정점 반복함수 $g(x)$가 C^1-함수이고, 시작점 x_0로부터 고정점 반복법에 의하여 얻어진 수열 $\{x_n\}$이 x^*에 수렴한다고 하면, 평균값의 정리에 의하여

$$e_{n+1} = x^* - x_{n+1} = g(x^*) - g(x_n) = g'(\xi_n)(x^* - x_n) = g'(\xi_n)e_n$$

인 ξ_n이 x^*와 x_n 사이에 존재한다. 그런데 $\lim_{n\to\infty} x_n = x^*$이므로 $\lim_{n\to\infty} \xi_n = x^*$이다. 또 도함수 $g'(x)$는 연속이므로

$$\lim_{n\to\infty} g'(\xi_n) = g'(x^*)$$

가 된다. 그러므로 만약 $g'(x^*) \neq 0$이면

$$\lim_{n\to\infty} \frac{|e_{n+1}|}{|e_n|} = |g'(x^*)| \neq 0$$

이다. 즉 고정점 반복수열 $\{x_n\}$의 수렴차수는 1이다.

고정점 반복법에서 고정점 반복함수 $g(x)$가 C^1-함수이고 n이 충분히 크면

$$e_{n+1} \approx g'(x^*)e_n$$

임을 알아보았다. 따라서 $|g'(x^*)|$의 값이 0에 가까우면 가까울수록 e_{n+1}은 0에 더욱 빨리 접근한다. 물론 $|g'(x^*)|$의 값이 0인 경우이면 고정점 반복법이 가장 빨리 수렴하는 경우이다. 이 경우의 수렴속도를 구하여 보자.

함수 $g(x)$의 이계도함수가 존재하고 연속이면, Taylor정리에 의하여

$$\begin{aligned} e_{n+1} &= x^* - x_{n+1} = g(x^*) - g(x_n) \\ &= g(x^*) - \left\{ g(x^*) - g'(x^*)(x^* - x_n) + \frac{1}{2} g''(\zeta_n)(x^* - x_n)^2 \right\} \end{aligned}$$

인 ζ_n이 x^*와 x_n 사이에 존재한다.

즉

$$e_{n+1} = g'(x^*)e_n - \frac{1}{2}g''(\zeta_n)e_n^2$$

이 성립한다. 그런데 $g'(x^*) = 0$이므로

$$e_{n+1} \simeq -\frac{1}{2}g''(x^*)e_n^2$$

이다. 따라서 $g'(x^*) = 0$이고 $g''(x^*) \neq 0$이면 고정점 반복법 수열 $\{x_n\}$은 이차적으로 수렴한다.

일반적으로 $g(x)$가 C^n-함수이고, $g'(x^*) = g''(x^*) = \cdots = g^{(n-1)}(x^*) = 0$, $g^{(n)}(x^*) \neq 0$이면, 고정점 반복법 수열 $\{x_n\}$은 n차적으로 수렴한다.

이제 Newton 방법과 secant 방법의 수렴차수를 구하여 보자. 먼저 논의의 편의를 위하여 분할차분(divided difference)을

$$f[x_0] = f(x_0)$$

$$f[x_0,\ x_1] = \frac{f(x_1) - f(x_0)}{x_1 - x_0}$$

....

$$f[x_0, ,x_1, \ldots, x_k] = \frac{f[x_1, x_2, \ldots, x_k] - f[x_0, x_1, \ldots, x_{k-1}]}{x_k - x_0}$$

와 같이 정의하자.

그러면 구간 $[a, b]$에 있는 $(n+1)$개의 서로 다른 점 $x_0,\ x_1,\ \ldots,\ x_n$에 대하여 점 $(x_0,\ f(x_0)),\ (x_1,\ f(x_1)),\ \ldots,\ (x_n,\ f(x_n))$을 지나는 n차의 다항식 $p_n(x)$는

$$p_n(x) = \sum_{i=0}^{n} f[x_0, x_1, \ldots, x_i] \prod_{j=0}^{i-1} (x - x_j)$$

로 나타난다. 특히 $x_0 = x_1$인 경우에는

$$f[x_0, x_1] = f'(x_0)$$

로 정의한다.

일반적으로 다음 정리가 성립한다.

정리 1.8

구간 $[a,\ b]$에서 정의된 함수 f가 $(a,\ b)$에서 k번 미분가능하다고 하자. 그러면 구간 $[a,\ b]$에 있는 $(k+1)$개의 서로 다른 점 $x_0,\ x_1,\ \dots,\ x_k$에 대하여

$$f[x_0,\ x_1,\ \dots,\ x_k] = \frac{f^{(k)}(\xi)}{k!}$$

인 $\xi \in (a,\ b)$가 존재한다.

특히 $k=1$인 경우에는 정리 1.8은 평균값 정리와 같다. 일반적으로

$$e_k(x) = f(x) - p_k(x)$$

는 구간 $[a,\ b]$에서 적어도 $(k+1)$개의 서로 다른 근 $x_0,\ x_1,\ \cdots,\ x_k$를 가진다.

그런데 두 점 $(\alpha,\ f(\alpha))$, $(\beta,\ f(\beta))$를 잇는 직선의 방정식은

$$y = f(\alpha) + \frac{f(\beta)-f(\alpha)}{\beta-\alpha}(x-\alpha)$$

로 나타나고, 이 직선이 x축과 만나는 점의 x좌표를 ξ라 하면

$$\xi = \alpha - \frac{f(\alpha)}{\dfrac{f(\beta)-f(\alpha)}{\beta-\alpha}}, \quad \text{즉} \quad \xi = \alpha - \frac{f(\alpha)}{f[\alpha,\beta]}$$

로 나타난다.

만약 $\alpha = x_n$, $\beta = x_{n-1}$로 택하면 ξ는 secant 방법으로 구했을 때의 다음 접근점 $x_{n+1} = \xi$이 되며, $\alpha = x_n$, $\beta = x_n$이면 Newton 방법으로 구했을 때의 다음 접근점 $x_{n+1} = \xi$이 된다.

따라서 Newton 방법이나 secant 방법을 모두

$$f(x) = f(\alpha) + f[\alpha,\ \beta](x-\alpha) + f[\alpha,\ \beta,\ x](x-\alpha)(x-\beta)$$

로 나타낼 수 있다.

여기서 $x=x^*$라 놓으면

$$0=f(x^*)=f(\alpha)+f[\alpha,\ \beta](x^*-\alpha)+f[\alpha,\ \beta,\ x^*](x^*-\alpha)(x^*-\beta)$$

이므로

$$f[\alpha,\ \beta](x^*-\alpha)=-f(\alpha)-f[\alpha,\ \beta,\ x^*](x^*-\alpha)(x^*-\beta)$$

가 성립한다.

다시 x^*에 대해서 풀면

$$\begin{aligned} x^* &= \alpha-\frac{f(\alpha)}{f[\alpha,\ \beta]}-\frac{f[\alpha,\ \beta,\ x^*]}{f[\alpha,\ \beta]}(x^*-\alpha)(x^*-\beta) \\ &= \xi-\frac{f[\alpha,\ \beta,\ x^*]}{f[\alpha,\ \beta]}(x^*-\alpha)(x^*-\beta) \end{aligned}$$

를 얻는다.

Newton 방법의 경우는 $\alpha=\beta=x_n$, $\xi=x_{n+1}$이므로

$$e_{n+1}=-\frac{f[x_n,\ x_n,\ x^*]}{f[x_n,\ x_n]}e_n^2$$

이 성립한다. 그런데 x_n과 x^* 사이의 적당한 ζ_n에 대하여

$$f[x_n,\ x_n]=f'(x_n),\quad f[x_n,\ x_n,\ x^*]=\frac{1}{2}f''(\zeta_n)$$

이 성립한다. 따라서

$$e_{n+1}=-\frac{1}{2}\frac{f''(\zeta_n)}{f'(x_n)}e_n^2$$

이다. 그러므로 $f(x^*)=0,\ f'(x^*)\neq 0,\ f''(x^*)\neq 0$인 경우

$$\lim_{n\to\infty}\frac{|e_{n+1}|}{|e_n|^2}=\frac{1}{2}\left|\frac{f''(x^*)}{f'(x^*)}\right|\neq 0$$

이다. 따라서 이 경우 Newton 방법은 이차적으로 수렴한다.

그러나 $f(x^*)=0, f'(x^*)=0, f''(x^*)\neq 0$인 경우, 즉 x^*가 방정식 $f(x)=0$의 중근인 경우에는 Newton 방법은 이차적으로 수렴하지 않을 수 있다.

예제 1-3

함수 $f(x)=e^x-x-1$에 대하여

$$f(0)=e^0-0-1=0, \quad f'(0)=e^0-1=0, \quad f''(0)=e^0=1$$

이므로, $x^*=0$은 방정식 $f(x)=0$의 이중근이다. 그런데

$$f(x)=(x-0)^2\frac{e^x-x-1}{x^2}$$

이므로, L'Hospital의 공식에 의하여

$$\lim_{x\to 0}\frac{e^x-x-1}{x^2}=\lim_{x\to 0}\frac{e^x-1}{2x}=\lim_{x\to 0}\frac{e^x}{2}=\frac{1}{2}\neq 0$$

이다.

시작점을 $x_0=1$로 택하고 Newton 방법을 이용하여 반복수열을 계산하면 다음과 같다. 아래 표에서 반복 수열은 0에 수렴하지만 수렴차수가 2가 아니라는 것을 알 수 있다.

n	x_n
0	1.0
1	0.581977
2	0.319055
3	0.167996
4	0.086349
5	0.043796
6	0.022058
7	0.011069
8	0.005545
9	0.002775
10	0.001388

일반적으로 x^*가 방정식 $f(x)=0$의 m중근이면

$$f(x)=(x-x^*)^m q(x)$$

로 나타난다.

따라서

$$\mu(x)=\frac{f(x)}{f'(x)}$$

라 하면

$$\begin{aligned}\mu(x)&=\frac{(x-x^*)^m q(x)}{m(x-x^*)^{m-1}q(x)+(x-x^*)^m q'(x)}\\&=(x-x^*)\frac{q(x)}{mq(x)+(x-x^*)q'(x)}\end{aligned}$$

이므로 $\mu(x)=0$도 x^*를 근으로 갖는다. 그런데 $q(x^*)\neq 0$이므로

$$\frac{q(x^*)}{mq(x^*)+(x^*-x^*)q'(x^*)}=\frac{1}{m}\neq 0$$

이다. 그러므로 x^*은 방정식 $\mu(x)=0$의 단순근(simple root)이다. 이제 $\mu(x)=0$에 Newton 방법을 적용하면

$$g(x)=x-\frac{\mu(x)}{\mu'(x)}=x-\frac{f(x)f'(x)}{[f'(x)]^2-f(x)f''(x)}$$

가 된다. 함수 $g(x)$가 적당한 연속성을 가지면, $g(x)$에 적용한 고정점 반복법은 근의 중복도에 관계없이 이차적으로 수렴한다. 그러나 이 방법도 실제로는 중근인 경우에는 심각한 반올림오차를 유발할 수 있어 그리 효과적이지는 않다.

Secant 방법의 경우 $\alpha=x_n$, $\beta=x_{n-1}$로 택하면

$$e_{n+1}=-\frac{f[x_n,\ x_{n-1},\ x^*]}{f[x_n,\ x_{n-1}]}e_n e_{n-1}$$

을 얻는다. 그런데

$$f[x_n,\ x_{n-1},\ x^*]=\frac{1}{2}f''(\zeta_n),\quad f[x_n,\ x_{n-1}]=f'(\eta_n)$$

이 성립하는 점 x_{n-1}과 x_n 사이의 적당한 점 η_n과 x_n과 x^* 사이의 적당한 점 ζ_n을 택하면

$$e_{n+1}=-\frac{1}{2}\frac{f''(\zeta_n)}{f'(\eta_n)}e_n e_{n-1}$$

을 얻는다.

따라서 n이 충분히 크면

$$e_{n+1} \approx -\frac{1}{2}\frac{f''(x^*)}{f'(x^*)}e_n e_{n-1}$$

이다.

Secant 방법의 수렴차수를 구체적으로 구하기 위하여

$$|e_{n+1}| = c_n|e_n e_{n-1}|, \quad \lim_{n\to\infty} c_n = c_\infty = \frac{1}{2}\left|\frac{f''(x^*)}{f'(x^*)}\right|$$

라 할 때

$$\lim_{n\to\infty}\frac{|e_{n+1}|}{|e_n|^p} = C \neq 0$$

인 상수 p를 구하여 보자.

이제 $\alpha = 1-p$, $\alpha p = -1$이라 놓으면 $p - p^2 = \alpha p = -1$이므로

$$\frac{|e_{n+1}|}{|e_n|^p} = c_n|e_n|^{1-p}|e_{n-1}| = c_n\left(\frac{|e_n|}{|e_{n-1}|^p}\right)^\alpha$$

이다.

따라서 $p^2 - p - 1 = 0$인 상수 p를 택하고

$$y_{n+1} = \frac{|e_{n+1}|}{|e_n|^p}$$

로 놓으면, $\alpha = -\frac{1}{p}$이므로 secant 방법은 거의 고정점 반복법

$$y_{n+1} = c_n y_n^{-1/p}$$

을 따르게 된다. 그런데 $1 + \frac{1}{p} = p$이고 $\lim_{n\to\infty} c_n = c_\infty$이므로 y_n은

$$x = c_\infty x^{-1/p}$$

의 고정점에 수렴한다.

따라서 secant 방법은 n이 충분히 크면

$$\frac{|e_{n+1}|}{|e_n|^p} \approx \left|\frac{f''(x^*)}{2f'(x^*)}\right|^{1/p}$$

이다. 즉 secant 방법의 수렴 차수는 $p = \dfrac{1+\sqrt{5}}{2}$ 이다.

문제 15

Newton 방법에서 $f(x^*)=0$, $f'(x^*) \neq 0$이고 $f(x)$가 C^2-함수이면, 반복함수

$$g(x) = x - \frac{f(x)}{f'(x)}$$

에 대하여 $g'(x^*)=0$임을 보여라. 또

$$g''(x^*) = \frac{f''(x^*)}{f'(x^*)}$$

임을 보여라.

문제 16

고정점 반복법에서 $g'(x^*)=0$이고 $g''(x)$가 $x=x^*$에서 연속이면 고정점반복법은 이차적으로 수렴한다. 함수 $g(x)$가 어떤 조건을 가지면 삼차로 수렴하는가?

문제 17

$x=x^*$가 방정식 $f(x)=0$의 중근이면

$$f'(x^*)=0, \quad f''(x^*) \neq 0$$

이다. 이 경우 Newton 방법은 이차적으로 수렴하지 않음을 보여라.

문제 18

함수 $f(x)$에 대하여 $f'(x^*)=0$, $f''(x^*)\neq 0$이고 $f'''(x)$가 $x=x^*$의 근방에서 연속이면

$$x_{n+1}=x_n-2\frac{f(x_n)}{f'(x_n)}=g(x_n)$$

은 이차적으로 수렴함을 보여라.

문제 19

x^*가 $f(x)=0$의 m 중근이면 Newton 방법

$$x_{n+1}=x_n-m\frac{f(x_n)}{f'(x_n)}$$

은 적당한 조건 아래에서 이차적으로 수렴함을 보여라.

1-5 수렴 가속화 방법

앞에서 일반적으로 고정점 반복법의 수렴차수는 1, secant 방법의 수렴차수는 1.618, Newton 방법의 수렴차수는 2라는 것을 살펴보았다. 그러나 2차적으로 수렴하는 경우는 흔치 않다. 여기서는 1차적으로 수렴하는 수열의 수렴속도를 가속화하는 Aitken의 Δ^2 방법에 대하여 알아보자.

수열 $\{x_n\}$이 x^*에 1차적으로 수렴한다고 할 때, 먼저 충분히 큰 n에 대하여 $x_n - x^*, x_{n+1} - x^*$의 부호가 $x_{n+1} - x^*$ 같다고 가정하자. 그러면

$$\frac{x_{n+1} - x^*}{x_n - x^*} \approx \frac{x_{n+2} - x^*}{x_{n+1} - x^*}$$

이므로

$$(x_{n+1} - x^*)^2 \approx (x_{n+2} - x^*)(x_n - x^*)$$

이다. 이것을 x^*에 대하여 풀면

$$x^* \approx \frac{x_n + 2x_n - x_{n+1}^2}{x_{n+2} - 2x_{n+1} + x_n}$$

을 얻는다.

이제 분자에 x_n^2을 더하고 $2x_n x_{n+1}$빼면

$$\begin{aligned} x^* &\approx \frac{x_n^2 - x_n x_{n+2} - 2x_n x_{n+1} - 2x_n x_{n+1} - x_n^2 - x_{n+1}^2}{x_{n+2} - 2x_{n+1} + x_n} \\ &= x_n - \frac{(x_{n+1} - x_n)^2}{x_{n+2} - 2x_{n+1} + x_n} \end{aligned}$$

을 얻는다.

Aitken의 Δ^2 방법은 수열 $\{x_n\}$으로부터 새로운 수열 $\{\hat{x}_n\}$을

$$\hat{x}_n = x_n - \frac{(x_{n+1} - x_n)^2}{x_{n+2} - 2x_{n+1} + x_n}$$

와 같이 만들면, $\{\hat{x}_n\}$은 $\{x_n\}$ 보다 '더 빨리' x^*에 수렴할 것이라는 생각에 기인한

다. 왜냐하면

$$\Delta x_n = x_{n+1} - x_n$$

이라 할 때

$$\Delta^2 x_n = \Delta(\Delta x_n) = x_{n+2} - 2x_{n+1} + x_n$$

이므로, $\{\hat{x}_n\}$은 마치 Newton 반복법의 꼴

$$\hat{x}_n = x_n - \frac{(\Delta x_n)^2}{\Delta^2 x_n}, \qquad n \geq 0$$

로 나타나기 때문이다.

실제로 다음의 정리가 성립한다.

정리 1.9

수열 $\{x_n\}$이 x^*에 1차적으로 수렴하고 충분히 큰 n에 대하여 $x_n - x^*, x_{n+1} - x^*$의 부호가 $x_{n+1} - x^*$ 같다고 가정하자. 그러면

$$\lim_{n \to \infty} \frac{\hat{x}_n - x^*}{x_n - x^*} = 0$$

인 의미에서 수열 $\{\hat{x}_n\}$은 $\{x_n\}$ 보다 더 빨리 x^*에 수렴한다.

Aitken의 Δ^2 방법을 변형하면 고정점 반복법에 의해 얻어진 1차적으로 수렴하는 수열을 2차적으로 수렴하도록 할 수 있다. 이 방법을 Steffensen 방법이라고 하는데, 이것은 Aitken의 Δ^2 방법과 약간 다르다. Aitken의 Δ^2 방법은

$$x_0, \quad x_1 = g(x_0),$$

$$x_2 = g(x_1), \qquad \hat{x}_0 = \Delta^2(x_0),$$

$$x_3 = g(x_2), \qquad \hat{x}_1 = \Delta^2(x_1),$$

$$\cdots\cdots\cdots\cdots$$

와 같이 얻어진다.

그런데 Steffensen 방법은 먼저 Aitken의 Δ^2 방법과 같이 처음 네 항

$$x_0, \quad x_1 = g(x_0), \quad x_2 = g(x_1), \quad \hat{x}_0 = \Delta^2(x_0)$$

을 구하고, $\hat{x}_0$가 x_2 보다 x^*에 더 가깝다는 가정아래 x_2 대신 $\hat{x_0}$에 고정점 반복함수를 적용한다. 이 과정을

$$x_0^{(0)},$$

$$x_1^{(0)} = g(x_0^{(0)}),$$

$$x_2^{(0)} = g(x_1^{(0)}),$$

$$x_0^{(1)} = \Delta^2(x_0^{(0)}),\ x_1^{(1)} = g(x_0^{(1)}),$$

$$\cdots$$

과 같이 나타낼 수 있다. 여기서 매 3번째 항마다

$$\hat{x}_n = x_n - \frac{(\Delta x_n)^2}{\Delta^2 x_n}, \qquad n \ge 0$$

으로 계산하고 나머지 항들은 앞의 항에 고정점 반복법을 적용한 것과 같다.

secant 방법

1. 방정식 f(x) = 0을 적절한 g(x)를 택하여 x = g(x)의 꼴로 바꾼다.
2. 시작점 x_0을 함수 g(x)의 정의역에서 임의로 택한다.
3.
   (i) $x_0, x_1 = g(x_0), x_2 = g(x_1)$ 을 구한다.

   (ii) $x = x_0 - \dfrac{(x_1 - x_0)^2}{x_2 - 2x_1 + x_0}$을 구한다.

   (iii) $|x - x_0| > $ TOL 이면 $x_0 = x$로 두고 (i) – (iii)의 과정을 반복한다.

예제 1-4

방정식 $x^3 + 4x^2 - 10 = 0$의 근을 Steffensen 방법으로 구하여라.

matlab프로그램(Steffensen 방법)

```
function [x, iter] = steffesenfor1_5(x0, TOL, MaxIter)
% Steffensen 방법 의해 f(x) = x^3 +4 x^2 -10 = 0 의 해를 구함
% x = g(x) = (10-x^3)/4x 꼴로 변환
% x0 : 초기 추측값
% TOL : 오차한계
% MaxIter : 최대 반복횟수

if nargin < 3
  MaxIter = 100;
end

if nargin < 2
  TOL = 1.e-5;
end

x = x0;

for k=1:MaxIter
% x1 = g(x0)
  x1 = (10-x0^3)/(4*x0);
% x2 = g(x1)
  x2 = (10-x1^3)/(4*x1);
% x = x0- (x1 - x0)^2/(x2 - 2x1 + x0)
  x = x0- (x1 - x0)^2/(x2 - 2*x1 + x0);
  err=abs(x-x0);
  if(err<TOL) break
    else x0 = x;
  end
end

iter = k;
%End of steffensenfor1_5

>> [x, iter] = steffensenfor1_5(1)
```

```
x =
    1.3652


iter =
     4
```

문제 20

방정식 $x - \cos x = 0$의 근을 고정점 반복방법과 Steffensen 방법으로 구하고, 근사해를 비교하여라.

문제 21

방정식 $x^3 - x - 1 = 0$의 근을 Steffensen 방법으로 구하여라.

1-6 다항식의 근과 Müller의 방법

지금까지는 방정식의 한 실근을 구하는 방법과 수렴속도에 대하여 알아보았다. 여기서는 다항식의 근을 구하는 방법에 대하여 알아보자. 우리가 잘 알고 있듯이 대수학의 기본정리에 의하면 n차의 다항식

$$P(x) = a_n x^n + a_{n-1}x^{n-1} + \cdots + a_1 x + a_0, \quad (a_n \neq 0)$$

에 대하여 방정식

$$P(x) = 0$$

는 복소수 근을 포함하여 n개의 근을 가지고 있다. 또 $x_1, x_2, \cdots, x_k$가 서로 다른 근이면

$$P(x) = a_n(x - x_1)^{m_1}(x - x_2)^{m_2} \cdots (x - x_k)^{m_k}, \ (m_1 + m_2 + \cdots + m_k = n)$$

으로 나타난다.

방정식 $P(x) = 0$의 근을 Newton 방법으로 구할 때 x_N이 근의 근삿값이면

$$P(x) = (x - x_N)Q(x) + P_N(x) \approx (x - x_N)Q(x)$$

이므로, $x - x_N$은 $P(x)$의 인자에 가깝다. 이제 $\hat{x}_1 = x_N$을 방정식 $P(x) = 0$의 근의 근삿값이라 하고 $Q_1(x) = Q(x)$를 인자의 근삿값이라고 하면

$$P(x) \approx (x - \hat{x}_1)Q_1(x)$$

이다. 다시 $Q(x) = 0$의 근을 구하기 위하여 Newton 방법을 적용하기를 반복하면

$$P(x) \approx (x - \hat{x}_1)(x - \hat{x}_2) \cdots (x - \hat{x}_k)Q_k(x)$$

이므로 다항식의 근을 구할 수 있다.

계수가 실수인 다항식이더라도 다항방정식의 근이 복소수인 경우가 있다. 그런데 Newton 방법을 적용하여 근을 구할 때, 시작점이 실수이면 Newton 방법에 의하여 얻어지는 수열은 모두 실수이므로, 이런 방법으로는 복소수의 근을 구할 수가 없다. 이런 어려움을 극복하는 방법에 대하여 알아보자.

이 방법은 다음 정리에 근거하고 있다.

정리 1.10

만약 $z=a+bi$가 계수가 실수인 다항방정식 $P(x)=0$의 m중근이면, $\bar{z}=a-bi$도 m중근이고 $(x^2-2ax+a^2+b^2)^m$은 $P(x)$의 인자이다.

이차식을 포함하는 조립제법을 통하여 방정식의 복소수 근을 구할 수는 있지만, Müller의 방법을 이용하여 방정식의 근을 구하여 보자.

Müller의 방법은 secant 방법의 연장선에 있는데, <그림 1-6>과 같이 secant방법은 두 점 $(x_0, f(x_0)), (x_1, f(x_1))$로부터 시작하는데 반하여 Müller의 방법은 세 점 $(x_0, f(x_0)), (x_1, f(x_1)), (x_2, f(x_2))$을 지나는 포물선을 이용하여 x_3을 구한다.

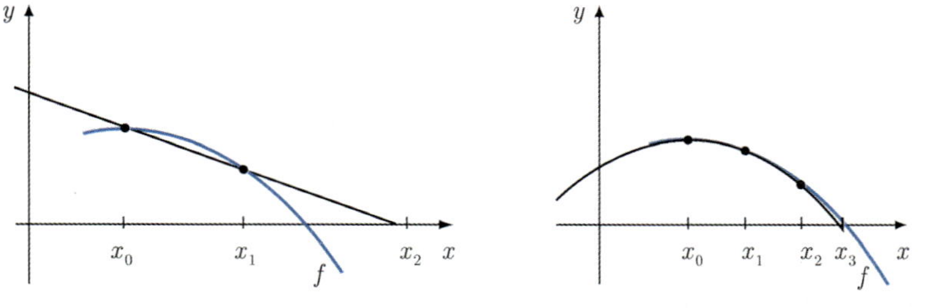

〈그림 1-6〉 secant 방법과 Müller의 방법

세 점 $(x_0, f(x_0)), (x_1, f(x_1)), (x_2, f(x_2))$을 지나는 이차다항식을

$$P(x)=a(x-x_2)^2+b(x-x_2)+c$$

라 두면, 관계식

$$f(x_0)=a(x_0-x_2)^2+b(x_0-x_2)+c$$

$$f(x_1)=a(x_1-x_2)^2+b(x_1-x_2)+c$$

$$f(x_2)=a\cdot 0^2+b\cdot 0+c=c$$

로부터 다음을 얻는다.

$$c = f(x_2)$$

$$b = \frac{(x_0 - x_2)^2[f(x_1) - f(x_2)] - (x_1 - x_2)^2[f(x_0) - f(x_2)]}{(x_0 - x_2)(x_1 - x_2)(x_0 - x_1)}$$

$$a = \frac{(x_1 - x_2)[f(x_0) - f(x_2)] - (x_0 - x_2)^2[f(x_1) - f(x_2)]}{(x_0 - x_2)(x_1 - x_2)(x_0 - x_1)}.$$

이제 방정식 $P(x) = 0$의 근 x_3을 구하기 위하여 근의 공식을 이용하면

$$x_3 = x_2 - \frac{2c}{b + \operatorname{sgn}(b)\sqrt{b^2 - 4ac}}$$

을 얻는다.

이렇게 x_3를 구하고 나면 x_0, x_1, x_2 대신 다시 x_1, x_2, x_3을 이용하여 x_4를 구해 나간다.

Mulller의 방법

1. x_0, x_1, x_2 를 택한다.
2. 계수 a, b, c를 구한다.
3. $x_3 = x_2 - \dfrac{2c}{b + \operatorname{sgn}(b)\sqrt{b^2 - 4ac}}$를 구한다.
4. $x_0 = x_1, x_1 = x_2, x_2 = x_3$이라 놓고 1-3의 과정을 반복한다.

예제 1-5

방정식

$$f(x) = 16x^4 - 40x^3 + 5x^2 + 20x + 6$$

의 근을 구하여라.

matlab프로그램

```
function[z, iter] = mullerfor1_6(x0, x1, x2, TOL, MaxIter)
% Muller 방법 의해 f(x) =16x^4 - 40x^3 + 5x^2 + 20x + 6 = 0 의 해
를 구함
% x0, x1, x2 : 초기 추측값
% TOL : 오차한계
% MaxIter : 최대 반복횟수

if nargin < 5
  MaxIter = 100;
end
if nargin < 4
  TOL = 1.e-5;
end

% 다항함수의 경우 polyval 함수를 이용하여 함숫값을 구할 수 있다.
% f(x)= 16x^4 - 40x^3 + 5x^2 + 20x + 6
f = [16 -4 5 20 6];

for k = 1:MaxIter
% 계수 x0, x1, x2 에서의 함숫값
  y0 = polyval(f, x0);
  y1 = polyval(f, x1);
  y2 = polyval(f, x2);
% x = [ x1 x2 x3]
% y = polyval(f,x)와 같이 계산할 수도 있다.

%계수 a, b, c를 구한다.
  c = y2;
  b                                                                   =
((x0-x2)^2*(y1-y2)-(x1-x2)^2*(y0-y2))/((x0-x2)*(x1-x2)*(x0-x
1));
  a                                                                   =
((x1-x2)^2*(y0-y2)-(x0-x2)^2*(y1-y2))/((x0-x2)*(x1-x2)*(x0-x
1));
```

```
  x3 = x2 - 2*c/(b + sign(b)*sqrt(b^2 - 4*a*c));

  err=abs(x2-x3);
  if(err<TOL) break
    else x0 = x1; x1=x2;, x2 =x3;
  end
end
z = x3;
iter = k;
%End of mullerfor1_6

>> [z, iter] = mullerfor1_6(0, 1, 2)
z =
   0.6614 - 1.0200i
iter =
    18
>>
```

문제 22

방정식

$$f(x) = x^5 - x^4 + 2x^3 - 3x^2 + x - 4 = 0$$

의 근을 모두 구하여라.

02

제 2 장

연립방정식의 해

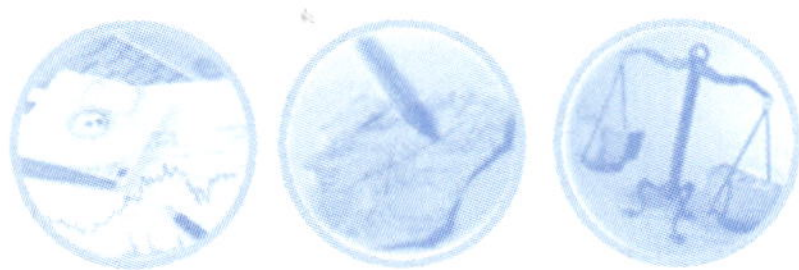

학습내용

앞 장에서는 방정식이 하나인 경우의 근사해를 구하는 방법에 대하여 알아보았다. 그러나 실생활의 문제는 여러 가지의 변인을 가지고 있기 때문에 변수가 여러 개인 방정식으로 나타나는 경우가 많이 있다. 이러한 것 중 간단한 것은 선형인 연립방정식이다. 여기에서는 연립방정식의 근사해를 구하는 방법에 대하여 알아보고자 한다.

실제로 연립방정식의 해를 구하는 것은 앞으로 다룰 곡선그리기, 상미분방정식의 근사해, 편미분 방정식의 근사해를 구하는 기본이 된다.

제 2 장 연립방정식의 해

2-1 Gauss 소거법

중학교 수학에서는 미지수가 2개인 연립일차방정식

$$a_1x + b_1y = c_1$$

$$a_2x + b_2y = c_2$$

의 해를 먼저 하나의 미지수를 소거한 다음, 다른 방정식에 대입하여 해를 순차적으로 구하였다. 더욱이 이러한 소거법(Gauss 소거법)은 고등학교 과정에서 3개인 연립일차방정식

$$a_{11}x_1 + a_{12}x_2 + a_{13}x_3 = b_1$$

$$a_{21}x_1 + a_{22}x_2 + a_{23}x_3 = b_2$$

$$a_{31}x_1 + a_{32}x_2 + a_{33}x_3 = b_3$$

의 해를 구하는 방법으로 확장된다.

예를 들어 연립방정식

$$\begin{cases} x - \ \ y + 3z = 4 \\ x + 2y - 2z = 10 \\ 3x - \ \ y + 5z = 14 \end{cases}$$

의 해를 구하여 보자.

주어진 연립방정식을 풀기 위하여 우리는

(1) 방정식의 순서를 바꾸거나

(2) 방정식을 더하거나

(3) 한 방정식에 적당한 수를 곱한 다음 다른 방정식을 더하거나

하여 미지수를 소거하여 풀었다. 즉 처음 주어진 방정식과 (1) - (3)의 과정에 의해 변형된 방정식의 해가 같아진다는 사실을 이용하여 해를 구하였다.

이제 위의 연립방정식을 풀기 위하여 미지수를 소거하는 연립방정식의 변형 과정과 이에 따른 행렬의 변형에 대하여 알아보자.

연립방정식	행렬표현
$\begin{cases} x - y + 3z = 4 \\ x + 2y - 2z = 10 \\ 3x - y + 5z = 14 \end{cases}$	$\begin{bmatrix} 1 & -1 & 3 & 4 \\ 1 & 2 & -2 & 10 \\ 3 & -1 & 5 & 14 \end{bmatrix}$

첫 번째 방정식에 -1을 곱한 다음 두 번째 방정식에 더하면

$$\begin{cases} x - y + 3z = 4 \\ 3y - 5z = 6 \\ 3x - y + 5z = 14 \end{cases} \qquad \begin{bmatrix} 1 & -1 & 3 & 4 \\ 0 & 3 & -5 & 6 \\ 3 & -1 & 5 & 14 \end{bmatrix}$$

첫 번째 방정식에 -3을 곱한 다음 세 번째 방정식에 더하면

$$\begin{cases} x - y + 3z = 4 \\ 3y - 5z = 6 \\ 2y - 4z = 2 \end{cases} \qquad \begin{bmatrix} 1 & -1 & 3 & 4 \\ 0 & 3 & -5 & 6 \\ 0 & 2 & -4 & 2 \end{bmatrix}$$

세 번째 방정식을 2로 나누면($\frac{1}{2}$을 곱하면)

$$\begin{cases} x - y + 3z = 4 \\ 3y - 5z = 6 \\ y - 2z = 1 \end{cases} \qquad \begin{bmatrix} 1 & -1 & 3 & 4 \\ 0 & 3 & -5 & 6 \\ 0 & 1 & -2 & 1 \end{bmatrix}$$

세 번째 방정식에 -3을 곱한 다음 두 번째 방정식에 더하면

$$\begin{cases} x - y + 3z = 4 \\ z = 3 \\ y - 2z = 1 \end{cases} \qquad \begin{bmatrix} 1 & -1 & 3 & 4 \\ 0 & 0 & 1 & 3 \\ 0 & 1 & -2 & 1 \end{bmatrix}$$

이제 두 번째 방정식과 세 번째 방정식을 서로 바꾸면

$$\begin{cases} x-y+3z=4 \\ \quad\ \ y-2z=1 \\ \qquad\quad z=3 \end{cases} \qquad \begin{bmatrix} 1 & -1 & 3 & 4 \\ 0 & 0 & -2 & 1 \\ 0 & 0 & 1 & 3 \end{bmatrix}$$

따라서 $z=3$부터 거꾸로 대입하면 연립방정식의 해

$$x=2,\ y=7,\ z=3$$

을 얻는다.

위와 같이 연립방정식을 풀 때 연립방정식의 미지수의 계수로 만들어진 **계수행렬**(coefficient matrix)에 우변이 첨가된 **첨가행렬**(augmented matrix)을 만들고 행의 변환을 통하여 적당한 삼각행렬(triangular matrix)을 만들면 된다. 다시 말하면 아래 (i)-(iii)의 과정을 거쳐 삼각행렬로 변환한다.

(i) 각 행의 왼쪽부터 0이 아닌 첫 번째 수는 1이다. 이 때 1을 **선도원소**(leading entry)라고 한다.

(ii) 각 행의 선도원소는 바로 윗 행의 선도원소의 바로 오른쪽에 위치한다.

(iii) 계수행렬의 모든 원소가 0인 행은 제일 아래에 오도록 한다.

그 다음으로는 대입하여 방정식의 해를 구하면 된다. 이와 같이 첨가행렬을 만들어 연립방정식의 해를 구하는 것을 **Gauss 소거법**(Gaussian elimination method)이라고 한다.

한편 위의 (i)-(iii)의 과정을 거친 후에, 아래의 (iv)의 과정을 거쳐 행렬을 변환시킬 수 있다.

(iv) 모든 선도 원소의 아래와 위에 있는 원소는 모두 0이 되도록 한다.

예를 들어 다음과 같은 과정으로 행렬을 다시 변형시켜 **기약 행사다리꼴**(reduced row-echelon form) 행렬을 만든다.

$$\begin{bmatrix} 1 & -1 & 3 & 4 \\ 0 & 1 & -2 & 1 \\ 0 & 0 & 1 & 3 \end{bmatrix} \rightarrow \begin{bmatrix} 1 & -1 & 3 & 4 \\ 0 & 1 & 0 & 7 \\ 0 & 0 & 1 & 3 \end{bmatrix} \rightarrow \begin{bmatrix} 1 & -1 & 0 & -5 \\ 0 & 1 & 0 & 7 \\ 0 & 0 & 1 & 3 \end{bmatrix} \rightarrow \begin{bmatrix} 1 & 0 & 0 & 2 \\ 0 & 1 & 0 & 7 \\ 0 & 0 & 1 & 3 \end{bmatrix}$$

이와 같이 (i)-(iv)의 과정을 거쳐 방정식을 푸는 방법을 **가우스-조르당**(Gauss-Jordan) 방법이라고 한다.

Gauss 소거법은 일반적으로 미지수가 n개인 일차연립방정식

$$
\begin{aligned}
&a_{11}x_1 + a_{12}x_2 + \cdots + a_{1n}x_n = b_1 \\
&\quad \cdots\cdots\cdots\cdots\cdots\cdots \\
&a_{i1}x_1 + a_{i2}x_2 + \cdots + a_{\in}x_n = b_i \\
&\quad \cdots\cdots\cdots\cdots\cdots\cdots \\
&a_{n1}x_1 + a_{n2}x_2 + \cdots + a_{nn}x_n = b_n
\end{aligned}
$$

의 해를 구하는데도 그대로 적용된다. 즉 적당히 행과 계수를 변화시켜 계수행렬이 **상삼각행렬**(upper triangular matrix)

$$
\begin{aligned}
a_{11}x_1 + a_{12}x_2 + \quad \cdots \quad + a_{1n}x_n &= b_1 \\
a_{21}x_2 + \quad \cdots \quad + a_{2n}x_n &= b_2 \\
\cdots\cdots\cdots\cdots\cdots\cdots\cdots\cdots\cdots\cdots\cdots \\
a_{n-1n-1}x_{n-1} + a_{n-1n}x_n &= b_{n-1} \\
a_{nn}x_n &= b_n
\end{aligned}
$$

의 꼴이 되도록 한다.

만약 대각 원소가 모두 0이 아니면 마지막 방정식으로부터

$$x_n = \frac{b_n}{a_{nn}}$$

을 얻는다. 이것을 그 위의 방정식에 대입하여

$$x_{n-1} = \frac{b_{n-1} - a_{n-1n}x_n}{a_{n-1n-1}}$$

을 얻는다. 이와 같은 과정을 되풀이 하면

$$x_k = \frac{b_k - \sum_{j=k+1}^{n} a_{kj}x_j}{a_{kk}}$$

을 얻는다.

이와 같이 뒤에서부터 대입하는 것을 **후진대입법**(backward substitution)이라고 한다.

Gauss 소거법(후진대입법)

1. $a_{11} \neq 0$이면 적당한 수를 곱하여 $2 \sim n$번째 방정식에서 x_1을 소거한다.
   $a_{11} = 0$이면 $a_{k1} \neq 0$인 방정식과 순서를 바꾼다.
2. 1의 과정을 되풀이 하여 계수행렬이 상삼각행렬이 되도록 만든다.
3. 상삼각행렬의 대각원소가 모두 0이 아니면 후진대입법에 의하여 해를 구한다.
   적어도 하나의 대각원소가 0이면 계산을 중단한다.

예제 2-1

다음 연립방정식을 Gauss 소거법과 가우스-조르당 방법을 이용하여 풀어라.

$$\begin{aligned} x_1 + 2x_2 + 3x_3 &= 11 \\ 3x_1 - x_2 + 2x_3 &= 12 \\ 2x_1 - 2x_2 + x_3 &= 2 \end{aligned}$$

풀이 첨가행렬을 만들면

$$\begin{bmatrix} 1 & 2 & 3 & 11 \\ 3 & -1 & 2 & 12 \\ 2 & -2 & 1 & 2 \end{bmatrix}$$

이다. Gauss 소거법을 이용하기 위해 위의 첨가행렬을 (i) - (iii)의 과정을 거쳐 변형하면 다음과 같다.

$$\begin{bmatrix} 1 & 2 & 3 & 11 \\ 3 & -1 & 2 & 12 \\ 2 & -2 & 1 & 2 \end{bmatrix} \to \begin{bmatrix} 1 & 2 & 3 & 11 \\ 0 & -7 & -7 & -21 \\ 0 & -6 & -5 & -20 \end{bmatrix} \to \begin{bmatrix} 1 & 2 & 3 & 11 \\ 0 & -7 & -7 & -21 \\ 0 & 0 & 1 & -2 \end{bmatrix}$$

마지막 행렬을 연립방정식으로 나타내면

$$\begin{aligned} x_1 + 2x_2 + 3x_3 &= 11 \\ -7x_2 - 7x_3 &= -21 \\ x_3 &= -2 \end{aligned}$$

이므로 후진대입법으로 $x_3 = -2$, $x_2 = (-21 + 7x_3)/(-7) = 5$, $x_1 = 11 - 2x_2 - 3x_3 = 7$을 차례로 구할 수 있다.

가우스-조르당 방법에서는 (iv)의 과정을 거쳐 위의 행렬을 다음과 같이 변형한다.

$$\begin{bmatrix} 1 & 2 & 3 & 11 \\ 0 & 1 & 1 & 3 \\ 0 & 0 & 1 & -2 \end{bmatrix} \rightarrow \begin{bmatrix} 1 & 2 & 3 & 11 \\ 0 & 1 & 0 & 5 \\ 0 & 0 & 1 & -2 \end{bmatrix} \rightarrow \begin{bmatrix} 1 & 2 & 0 & 17 \\ 0 & 1 & 0 & 5 \\ 0 & 0 & 1 & -2 \end{bmatrix} \rightarrow \begin{bmatrix} 1 & 0 & 0 & 7 \\ 0 & 1 & 0 & 5 \\ 0 & 0 & 1 & -2 \end{bmatrix}$$

따라서 구하는 방정식의 해는

$$x_1 = 7, \quad x_2 = 5, \quad x_3 = -2$$

이다. ▨

matlab프로그램(Gauss 소거법)

```
function x = gaussel(A, b)
% 가우스 소거법 : Ax = b
% A : nXn 행렬
% b : nX1 벡터

N = size(A,1);
M = size(b,1);

x = zeros(N,1);
if(M~=N)
  error('error');
end

W= zeros(N, N+1);
W(1:N,1:N)= A(:,:);
W(:, N+1) = b;

for k = 1:N-1

% a_kk 가 0인지 아닌지 조사하여 0인 경우 행을 바꾼다.
  for i = k:N
    if(W(i,k) ~=0)
    break;
```

```
    end
  end

  if(i~= k) % 행 바꾸기
  temprow = W(k,:);
  W(k,:) = W(i,:);
  W(i,:) = temprow;
  end

% 행을 바꾼 후에도 a_kk =0이면 해가 없는 경우이다.
  if(W(k,k)==0)
    error('Singular system');
  else
    for i = k+1:N
      m = W(i,k)/W(k,k);

    for j = k+1:N+1
      W(i,j) = W(i,j)- m*W(k,j);
    end
    end
  end
end


if(W(N,N) ==0)
  error('Singular system');
else

% 후진대입법
  x(N) = W(N,N+1)/W(N,N);
  for k = N-1:-1:1
    x(k) = (W(k, N+1) - W(k, k+1:N)*x(k+1:N))/W(k,k);
  end
end
% end of gaussel
```

```
>> A = [1 2 3 6; 4 3 2 3; 9 9 1 -2; 4 2 2 1]
>> b = [1 2 1 4]'
>> x = gaussel(A,b)

x =

    0.6809
   -0.8936
    1.8085
   -0.5532
>> A\b

ans =

    0.6809
   -0.8936
    1.8085
   -0.5532
```

컴퓨터에서의 덧셈, 빼셈, 곱셈, 나눗셈은 우리가 대수적으로 실수 체계에서 했던 계산 결과와는 다를 수 있다. 컴퓨터의 계산은 유한체 위에서의 계산이므로 반올림오차를 가져올 수 있다. 그런데 컴퓨터 계산에서의 반올림오차는 연산의 횟수가 많으면 많을수록 커진다. 그러므로 컴퓨터를 이용하여 문제를 해결하는 방법을 비교할 때는 자료를 저장해야하는 자료의 크기뿐만 아니라 계산 과정을 끝낼 때까지의 연산의 수도 비교하여야 한다.

실제로 컴퓨터에서 계산하는 과정은 주로 덧셈/빼셈과 곱셈/나눗셈의 네 가지 연산이 주이다. 그런데 컴퓨터의 성능에 따라 이들 연산을 계산하는 속력은 다르지만, 한 컴퓨터 안에서는 덧셈과 빼셈의 계산 속력은 비슷하고 곱셈과 나눗셈의 속력도 비슷하다. 이러한 이유로 덧셈(빼셈)과 곱셈(나눗셈)을 각 한번 씩 계산하는 것을 1 flop이라고 하고, 이 flop수를 가지고 알고리즘의 성능을 비교하는 것이 보통이다.

이제 보통의 Gauss 소거법에서는 몇 번의 연산이 필요한지 알아보자(피봇팅에 대해서는 2.2절에서 설명한다).

연립방정식

$$Ax = b$$

에서 행렬 $A = (a_{ij})_{n \times n}$라 하자. 먼저 첨가행렬의 제 2행의 첫 번째 항을 0으로 만들기 위하여 n번의 곱셈과 n번의 덧셈 즉 n flop의 연산이 필요하다. 이와 같은 방법으로 a_{11}을 제외한 나머지 첫 열을 0으로 만들기 위해서는 $n(n-1)$ flop이 필요하다.

이런 과정을 되풀이하면, 행렬 A를 상삼각행렬로 만들기 위하여

$$\sum_{k=1}^{n-1}(n-k)(n-k+1)$$

의 flop이 필요하다.

이제 후진대입법으로 방정식의 해

$$x_k = \frac{b_k - \sum_{j=k+1}^{n} a_{kj}x_j}{a_{kk}}$$

를 구하기 위해서는 $n-k+1$ flop이 필요하므로, 후진대입법의 전 과정에서

$$\sum_{k=1}^{n}(n-k+1)$$

의 flop이 필요하다.

따라서 Gauss 소거법에서는

$$\sum_{k=1}^{n-1}(n-k)(n-k+1) + \sum_{k=1}^{n}(n-k+1) \approx \frac{1}{3}n^3$$

의 flop이 필요하다. 즉 행렬의 크기가 큰 경우에는 flop 수가 n^3에 비례하므로 연산에 의한 반올림오차를 주의하여야 한다.

문제 1

다음 연립방정식을 Gauss 소거법을 이용하여 해를 구하여라.

(1)
$$\begin{aligned} 2x_1+5x_2+2x_3 &= 3 \\ 4x_1+x_2-x_3 &= 6 \\ x_1+2x_2+4x_3 &= 11 \end{aligned}$$

(2)
$$\begin{aligned} -2x_1+x_2 &= 5 \\ x_1-2x_2+x_3 &= 4 \\ x_{i-1}-2x_i+x_{i+1} &= 3, \qquad i=3,\ 4,\ 5,\ \dots,\ 98 \\ x_{98}-2x_{99}+x_{100} &= -8 \\ x_{99}-2x_{100} &= 13 \end{aligned}$$

문제 2

다음 연립방정식을 Gauss 소거법과 가우스-조르당 방법을 각각 이용하여 해를 구하여라.

$$\begin{aligned} 2x_1+5x_2+2x_3 &= 3 \\ 4x_1+\ x_2-\ x_3 &= 6 \\ x_1+2x_2+4x_3 &= 11 \end{aligned}$$

2-2 피봇팅 전략

연립방정식

$$\epsilon x_1 + x_2 = 1$$
$$x_1 + x_2 = 2$$

의 두 번째 방정식에서 x_1을 먼저 소거하면

$$\epsilon x_1 + x_2 = 1, \quad (1 - \frac{1}{\epsilon})x_2 = 2 - \frac{1}{\epsilon}$$

을 얻는다. 따라서 후진대입하면

$$x_2 = \frac{2 - \frac{1}{\epsilon}}{1 - \frac{1}{\epsilon}}, \quad x_1 = \frac{1 - x_2}{\epsilon}$$

을 얻는다.

위의 문제를 완전한 실수체 위에서 필산으로 풀면 아무런 문제가 없으나, 일정한 자릿수를 갖는 컴퓨터를 이용하여 푸는 경우에는 ϵ의 값이 작은 경우에는 문제가 될 수 있다. 예를 들어 16자리까지 계산하는 컴퓨터에서 소수점 아래 8자리의 유효숫자를 택한다면

$$\epsilon = 10^{-9} \text{이면 } \frac{1}{\epsilon} = 10^9$$

이다. 따라서 $2 - \frac{1}{\epsilon}$을 계산하기 위하여 컴퓨터는 먼저

$$\frac{1}{\epsilon} = 10^9 = 0.1000\ 0000\ 0000\ 0000 \times 10^{10}$$
$$2 = 0.0000\ 0000\ 0200\ 0000 \times 10^{10}$$

을 계산하고

$$2 - \frac{1}{\epsilon} = -0.0999\ 9999\ 9800\ 0000 \times 10^{10}$$

을 계산한다.

이것을 반올림하면

$$2-\frac{1}{\epsilon}= -0.1000\ 0000\ 0000\ 0000\times 10^{9} = -\frac{1}{\epsilon}$$

이므로

$$x_2 = 1, \quad x_1 = 0$$

을 얻는다. 그러나 이것은 주어진 연립방정식의 해가 아니다.

이와 같은 문제는 왜 발생하는가? 위의 예에서 알아보았듯이 대수적으로 필산을 하는 경우에는 완전한 실수체계 위에서 계산하기 때문에 방정식의 순서에 관계없이 Gauss 소거법으로 구한 해는 항상 같다. 그러나 컴퓨터에서 계산하는 덧셈, 뺄셈, 곱셈, 나눗셈은 우리가 알고 있는 완전한 실수체와는 달리 유한체(finite field) 위에서 계산하기 때문에 정확한 연산에 비하여 반올림오차(round-off error)를 수반할 수 있다. 따라서 우리가 컴퓨터로 얻는 값은 정확한 값이 아니라 근삿값이다. 물론 연산의 수가 많으면 많을수록 컴퓨터에 의한 연산에 따르는 반올림 오차가 커진다.

그렇다면 Gauss 소거법에서 이와 같은 현상을 제거하는 방법은 없을까? 위의 현상은 단순히 첫 번째 방정식에서 x_1의 계수가 작기 때문일까? 그런지를 알아보기 위하여 첫 번째 주어진 방정식을 변형하여 다음과 같은 연립방정식

$$\begin{aligned} x_1 + \frac{1}{\epsilon}x_2 &= \frac{1}{\epsilon} \\ x_1 + \quad x_2 &= 2 \end{aligned}$$

의 해를 구하여 보자. Gauss 소거법을 사용하여 두 번째 방정식에서 x_1을 소거하면

$$\begin{aligned} x_1 + \frac{1}{\epsilon}x_2 &= \frac{1}{\epsilon} \\ (1-\frac{1}{\epsilon})x_2 &= 2-\frac{1}{\epsilon} \end{aligned}$$

을 얻는다. 따라서 후진대입법에 의하여

$$x_2 = 1, \quad x_1 = 0$$

을 얻는다. 물론 이것은 주어진 연립방정식의 해가 아니다.

한편 위의 연립방정식의 순서를 바꾸어

$$x_1 + x_2 = 2$$
$$\epsilon x_1 + x_2 = 1$$

로 놓고, 다시 두 번째 방정식에서 x_1을 먼저 소거하면

$$x_1 + \quad x_2 = 2$$
$$(1-\epsilon)x_2 = 1 - 2\epsilon$$

을 얻는다. 따라서

$$x_2 = \frac{1-2\epsilon}{1-\epsilon}, \qquad x_1 = 2 - x_2$$

를 얻는다. 이 경우 위와 같은 컴퓨터의 조건에서

$$x_2 = 1, \qquad x_1 = 1$$

을 얻는다. 이것은 주어진 연립방정식의 해이다.

그러므로 연립방정식의 해를 컴퓨터를 이용하여 Gauss 소거법으로 구할 때 위와 같은 현상이 나타나지 않도록 하려면, 단순히 기준이 되는 방정식의 첫 번째 계수가 큰 것이 아니라 다른 계수보다 상대적으로 큰 계수의 비가 큰 것이 기준이 되도록 하여야 한다.

즉 계수행렬을 $A = (a_{ij})_{n \times n}$라고 할 때, 각 i번째 행의 원소 중 절댓값이 가장 큰 것을

$$s_i = \max_{1 \le j \le n} |a_{ij}|, \qquad 1 \le i \le n$$

라 하면

$$\frac{|a_{i1}|}{s_i}, \quad 1 \le i \le n$$

중에서 가장 큰 방정식을 기준으로 삼고 다른 방정식에서 미지수 x_1을 소거하는 것이다.

이와 같이 Gauss 소거법을 적용하는 것을 **최대열 피봇팅**(maximal column pivoting)이라고 한다. 이와 같이 기준이 되는 방정식을 정해서 Gauss 소거법을 적용하는 것을 일반적으로 피봇팅 전략(pivoting strategy)이라 하고, 이때 기준이 되는 방정식을 피봇(pivot) 방정식이라 한다.

최대열 피봇팅 방법

1. 모든 $i=1,\ 2,\ \ldots,\ n$에 대하여 $s_i = \max_{1 \le j \le n}|a_{ij}|$를 구한다.
2. $\dfrac{|a_{i1}|}{s_i}$이 최대가 되는 행을 찾는다.
3. 2에서 찾은 행을 기준방정식으로 하여(첫 번째 방정식으로 놓고) 다른 방정식의 x_1의 계수를 소거한다.
4. 1-3의 과정을 되풀이하여 상삼각행렬을 만든다.
5. 후진대입법으로 해를 구한다.

예제 2-2

연립방정식

$$2x_1 + 3x_2 - 6x_3 = -1$$

$$x_1 - 6x_2 + 8x_3 = 3$$

$$3x_1 - 2x_2 + x_3 = 2$$

에서,

$$s_1 = |-6| = 6, \quad s_2 = 8, \quad s_3 = 3$$

이고

$$\frac{|a_{11}|}{s_1} = \frac{2}{6}, \quad \frac{|a_{21}|}{s_2} = \frac{1}{8}, \quad \frac{|a_{31}|}{s_3} = \frac{3}{3}$$

이므로 세 번째 방정식이 기준이 된다.

따라서 위의 연립방정식의 순서를 바꾸어

$$3x_1 - 2x_2 + x_3 = 2$$

$$2x_1 + 3x_2 - 6x_3 = -1$$

$$x_1 - 6x_2 + 8x_3 = 3$$

에 Gauss 소거법을 적용한다.

그러면

$$3x_1 - 2x_2 + \quad x_3 = 2$$

$$\frac{13}{3}x_2 - \frac{20}{3}x_3 = -\frac{7}{3}$$

$$-\frac{16}{3}x_2 + \frac{23}{3}x_3 = \frac{7}{3}$$

을 얻는다.

다시

$$s_2 = \left|-\frac{20}{3}\right| = \frac{20}{3}, \qquad s_3 = \left|-\frac{23}{3}\right| = \frac{23}{3}$$

이고

$$\frac{|a_{22}|}{s_2} = \frac{13}{20}, \qquad \frac{|a_{23}|}{s_3} = \frac{16}{23}$$

이므로, 위 방정식의 순서를 바꾸어

$$3x_1 - 2x_2 + \quad x_3 = 2$$

$$-\frac{16}{3}x_2 + \frac{23}{3}x_3 = \frac{7}{3}$$

$$\frac{13}{3}x_2 - \frac{20}{3}x_3 = -\frac{7}{3}$$

으로 놓는다.

그리고 세 번째 방정식에서 x_2를 소거하여 구한

$$3x_1 - 2x_2 + \quad x_3 = 2$$

$$-\frac{16}{3}x_2 + \frac{23}{3}x_3 = \frac{7}{3}$$

$$-\frac{21}{48}x_3 = -\frac{21}{48}$$

로부터 방정식의 해를 후진대입법으로 구한다.

그러면 $x_1 = 1,\ x_2 = 1,\ x_3 = 1$을 얻는다.

문제 3

Hilbert 행렬 $H=(h_{ij})_{n\times n}$의 원소는

$$h_{ij}=\frac{1}{i+j-1}, \qquad 1\le i,\ j\le n$$

으로 주어진다. 벡터 $b=(b_1,\ b_2,\ \ldots,\ b_n)^T$가 $b_i=\sum_{j=1}^{n}h_{ij}\quad(1\le i\le n)$ 로 주어질 때, 방정식

$$Hx=b$$

의 해는 $x=(1,\ 1,\ \ldots,\ 1)^T$이다. $n=15$일 때의 해를 최대열 피봇팅 전략을 이용한 Gauss 소거법으로 구하여라.

문제 4

다음 연립방정식의 해를 최대열 피봇팅 전략을 이용하여 구하여라.

$$\begin{bmatrix} 0.4096 & 0.1234 & 0.3678 & 0.2943 \\ 0.2246 & 0.3876 & 0.4015 & 0.1129 \\ 0.3645 & 0.1920 & 0.3781 & 0.0643 \\ 0.1784 & 0.4002 & 0.2786 & 0.3927 \end{bmatrix}\begin{bmatrix} x_1 \\ x_2 \\ x_3 \\ x_4 \end{bmatrix}=\begin{bmatrix} 0.4043 \\ 0.1550 \\ 0.4240 \\ 0.2557 \end{bmatrix}$$

문제 5

다음 연립방정식의 해를 최대열 피봇팅 Gauss 소거법을 이용하여 구하여라.

(1)
$$\begin{aligned} 2x_1+5x_2+2x_3&=3 \\ 4x_1+x_2-x_3&=6 \\ x_1+2x_2+4x_3&=11 \end{aligned}$$

(2)
$$\begin{aligned} x_1-x_2+2x_3&=-2 \\ -2x_1+x_2-x_3&=2 \\ 4x_1-x_2+2x_3&=-1 \end{aligned}$$

(3)
$$\begin{aligned} x_1-x_2+2x_3&=2 \\ 2x_1-2x_2+3x_3&=3 \\ x_1+x_2+x_3&=3 \end{aligned}$$

2-3 3-대각행렬의 해

연립방정식 $Ax = b$에서 행렬 A가 다음과 같이 3 - 대각행렬인 경우는 더욱 간단한 알고리즘으로 해를 구할 수 있다.

정의 2.1

행렬 $A = (a_{ij})_{n \times n}$의 원소 a_{ij}에 대하여

$$a_{ij} = 0, \quad |i-j| > 1$$

일 때, 행렬 A를 **3-대각행렬**(tridiagonal matrix)이라고 한다.

연립방정식

$$\begin{aligned}
&d_1x_1 + c_1x_2 &&= b_1 \\
&a_1x_1 + d_2x_2 + c_2x_3 &&= b_2 \\
&\qquad a_3x_2 + d_3x_3 + c_3x_4 &&= b_3 \\
&\qquad\qquad \cdots\cdots\cdots\cdots\cdots\cdots \\
&\qquad\qquad a_{n-1}x_{n-2} + d_{n-1}x_{n-1} + c_{n-1}x_n &&= b_{n-1} \\
&\qquad\qquad\qquad a_nx_{n-1} + d_nx_n &&= b_n
\end{aligned}$$

에서, $d_1 \neq 0$이면 두 번째 방정식에서 x_1을 소거하여

$$d_2{}'x_2 + c_2x_3 = b_2{}'$$

을 얻는다. 여기서

$$d_2{}' = d_2 - \frac{a_2}{d_1}c_1,$$

$$b_2{}' = b_2 - \frac{a_2}{d_1}b_1$$

이다.

다음으로 $d_2' \neq 0$이면 두 번째 방정식에서 x_2를 소거하여

$$d_3'x_2 + c_3x_3 = b_3'$$

$$d_3' = d_3 - \frac{a_3}{d_2'}c_2, \qquad b_3' = b_3 - \frac{a_3}{d_2'}b_2'$$

을 얻는다.

이와 같은 방법을 되풀이하면

$$d_{k+1}'x_{k+1} + c_{k+1}x_{k+2} = b_{k+1}', \qquad k=1,\ 2,\ \ldots,\ n-1$$

을 얻는다. 여기서

$$d_{k+1}' = d_k - \frac{a_{k+1}}{d_k'}c_k, \qquad b_{k+1}' = b_{k+1} - \frac{a_{k+1}}{d_k'}b_k'$$

을 얻는다. 이제 후진대입법을 적용하면

$$x_n = \frac{b_n'}{d_n'}, \qquad x_k = \frac{b_k' - c_kx_{k+1}}{d_k'}, \qquad k=n-1,\ n-2,\ \ldots,\ 1$$

을 얻는다.

3-대각행렬의 Gauss 소거법

1. $k=2,\ 3,\ \ldots,\ n$에 대하여
   $d_{k-1}=0$이면 계산을 멈춘다.
   $d_{k-1} \neq 0$이면

   $$d_k = d_k - \frac{a_k}{d_{k-1}}c_{k-1}, \qquad b_k = b_k - \frac{a_k}{d_{k-1}}b_{k-1}$$

   을 계산한다.
2. $d_n = 0$이면 계산을 멈춘다.
   $d_n \neq 0$이면 $x_n = \dfrac{b_n}{d_n}$을 계산한다.
3. $k=n-1,\ n-2,\ \ldots,\ 1$에 대하여

   $$x_k = \frac{b_k - c_kx_{k+1}}{d_k}$$

   을 계산한다.

matlab프로그램(3-대각행렬의 Gauss 소거법)

```
function x = triad(a, d, c, b)
% 3-대각행렬의 소거법
% a_i x_{i-1} + d_i x_i + c_i x_{i+1} = b_i , i = 1, 2, \cdots, n)
% a_1 = c_n = 0, x_0, x_{n+1} = 0
% a, d, c, b : nX1 벡터
N = size(d, 1);
x = zeros(N,1);
for k = 2 : N
  if(d(k) ==0)
    error('error');
    break;
  else
    m =a(k)/d(k-1);
    d(k) = d(k) - m*c(k-1);
    b(k) = b(k) - m*b(k-1);
  end
end

if(d(N) ==0)
  error('error');
else
  x(N) = b(N)/d(N);
end

for k = N-1:-1:1
  x(k) = (b(k)- c(k)*x(k+1))/d(k);
end
```

Gauss 소거법은 연립일차방정식 $Ax=b$을 푸는데 사용되는 좋은 방법이다. 하지만, 동일한 계수행렬 A를 갖고 우변 상수 b만 다를 경우 이 방법은 비효율적이다. 왜냐하면, 소거법의 소거 단계는 많은 계산을 해야 하는 노력을 요구하기 때문이다.

특별히 연립방정식 $Ax=b$에서 행렬 A가 상삼각행렬 U와 하삼각행렬 L의 곱

$$A=LU$$

로 나타나면, 주어진 연립방정식은

$$LUx=b$$

로 나타나게 된다. 여기서 $Ux=z$, $Lz=b$로 놓으면 먼저 $Lz=b$에서 전진대입법으로 z를 구하고 다시 $Ux=z$로부터 후진대입법으로 연립방정식의 해 x를 구하면 된다. 이렇게 해를 구하는 방법을 LU 분해방법(LU decompositon method)이라고 한다. 그러므로 행렬 A를 상삼각행렬 U와 하삼각행렬 L의 곱 $A=LU$로 나타내는 것이 필요하다. 이 때 행렬 A를 $A=LU$로 나타내는 것을 **LU 분해**라고 한다.

연립방정식 $Ax=b$에서 Gauss 소거법을 적용할 때 소거단계에서 행교환이 없으면 Gauss 소거법을 이용하여 LU분해를 얻을 수 있다. Gauss 소거단계에서 행교환 없이 기본 행연산을 써서 얻은 상삼각행렬이 U이다. 이때 하삼각행렬 L의 대각원소는 1이고, 소거법에서 $a_{ij}(i>j)$성분을 0으로 만들기 위해서 기준 방정식에 곱하는 곱인수(multiplier)를 대각성분 아래의 성분으로 놓으면 된다.

(예제 2.1)의 다음 연립방정식을 예로 들어보자.

$$x_1+2x_2+3x_3=11$$
$$3x_1-x_2+2x_3=12$$
$$2x_1-2x_2+x_3=2$$

Gauss 소거법에서 계수 행렬에 기본 행연산을 쓰면 마지막 삼상각행렬을 얻을 수 있다.

$$\begin{bmatrix}1&2&3\\3&-1&2\\2&-2&1\end{bmatrix}\rightarrow\begin{bmatrix}1&2&3\\0&-7&-7\\0&-6&-5\end{bmatrix}\rightarrow\begin{bmatrix}1&2&3\\0&-7&-7\\0&0&1\end{bmatrix}$$

이때 첫 번째 행렬의 (2,1) 성분을 0으로 만들기 위해 1행에 3을, (3,1) 성분을 0으로 만들기 위해 1행에 2를 곱해서 각각 2행과 3행에서 빼면 두 번째 행렬을 얻는다. 다시 두 번째 행렬 (3,2) 성분을 0으로 만들기 위해 2행에 $\frac{6}{7}$을 곱해서 3행에서 빼면 세 번째 행렬이 된다. 그러므로 행렬 A는 다음과 같은 하삼각행렬 L과 상삼각행렬 U로 분해된다.

$$L=\begin{bmatrix}1 & 0 & 0\\ 3 & 1 & 0\\ 2 & 6/7 & 1\end{bmatrix},\quad U=\begin{bmatrix}1 & 2 & 3\\ 0 & -7 & -7\\ 0 & 0 & 1\end{bmatrix}$$

$Lz=b$에서 전진대입법으로 z를 구하면 $z_1=11$, $z_2=-21$, $z_3=-2$ 이고, 다시 $Ux=z$로부터 후진대입법으로 연립방정식의 해 x를 구하면 $x_1=7$, $x_2=5$, $x_3=-2$ 이다.

행렬 A를 LU분해하는 것은 일반적으로 쉽지는 않으나 행렬 A가 특수한 행렬, 특히 행렬 A가

$$A=\begin{bmatrix}a_{11} & a_{12} & & & & \\ a_{21} & a_{22} & a_{23} & & & \\ 0 & a_{32} & a_{33} & a_{34} & & \\ \cdot & \cdot & \cdot & \cdot & \cdot & \cdot \\ \cdot & \cdot & \cdot & a_{n-1n-2} & a_{n-1n-1} & a_{n-1n} \\ & & & & a_{nn-1} & a_{nn}\end{bmatrix}$$

인 3-대각행렬인 경우에는 간단히 행렬 L과 U를 구할 수 있다. 행렬 L과 U를 각각

$$L=\begin{bmatrix}p_1 & 0 & & & & \\ a_{21} & p_2 & & & & \\ 0 & a_{32} & p_3 & & & \\ \cdot & \cdot & \cdot & \cdot & \cdot & \cdot \\ \cdot & \cdot & \cdot & a_{n-1n-2} & p_{n-1} & 0 \\ & & & & a_{nn-1} & p_n\end{bmatrix},\quad U=\begin{bmatrix}1 & q_1 & & & & \\ 0 & 1 & q_2 & & & \\ 0 & 0 & 1 & q_3 & & \\ \cdot & \cdot & \cdot & \cdot & \cdot & \cdot \\ \cdot & \cdot & \cdot & \cdot & 1 & q_{n-1} \\ & & & & 0 & 1\end{bmatrix}$$

라 하자. 그러면

$$LU=\begin{bmatrix}p_1 & p_1q_1 & & & & \\ a_{21} & a_{21}q_1+p_2 & p_2q_2 & & & \\ 0 & a_{32} & a_{32}q_2+p_3 & p_3q_3 & & \\ \cdot & \cdot & \cdot & \cdot & \cdot & \cdot \\ \cdot & \cdot & \cdot & \cdot & \cdot & p_{n-1}\,q_{n-1} \\ & & & & a_{nn-1} & a_{nn-1}q_{n-1}+p_n\end{bmatrix}$$

이다.

그런데 $A=LU$이므로

$$p_1=a_{11}$$

$$q_j=\frac{a_{jj+1}}{p_j},\quad j=1,\ 2,\ \ldots,\ n-1$$

$$p_j = a_{jj} - a_{jj-1}q_{j-1}, \quad j = 2, 3, \dots, n$$

을 얻는다.

그러므로 $Lz = b$를 전진대입법으로 풀면

$$z_1 = \frac{b_1}{p_1}$$

$$z_j = \frac{b_j - a_{jj-1}z_{j-1}}{p_j}, \quad j = 2, 3, \dots, n$$

이고, $Ux = z$를 후진대입법으로 풀면

$$x_n = z_n$$

$$x_j = z_j - x_{j+1}q_j, \quad j = n-1, n-2, \dots, 2, 1$$

이 된다.

LU 분해방법

1. 행렬 A를 상삼각행렬 U와 하삼각행렬 L로 분해한다. 즉 $A = LU$로 나타낸다.

$$p_1 = a_{11}, \ q_{j-1} = \frac{a_{j-1j}}{p_{j-1}}, \ p_j = a_{jj} - a_{jj-1}q_{j-1} \ (j = 2, 3, \dots, n)$$

2. $Lz = b$를 전진대입법으로 푼다.

$$z_1 = \frac{b_1}{p_1}, \quad z_j = \frac{b_j - a_{jj-1}z_{j-1}}{p_j} \ (j = 2, 3, \dots, n)$$

3. $Ux = z$를 후진대입법으로 푼다.

$$x_n = z_n, \quad x_j = z_j - x_{j+1}q_j \ (j = n-1, n-2, \dots, 2, 1)$$

matlab프로그램(LU 분해방법)

```
function x = lutrid(A, b)
%A 가 3-대각행렬일 때 Ax=b를 LU 분해방법을 이용하여 풀기


N = size(A,1);
```

```
%A =LU로 분해하기
p = zeros(N);
q = zeros(N);
z = zeros(N);
x = zeros(N,1);

p(1) = A(1,1);
for j = 2:N
  q(j-1) = (A(j-1,j))/p(j-1);
  p(j) = A(j,j) - A(j, j-1)*q(j-1);
end

%후진대입법으로 Lz=b 풀기
z(1) = b(1)/p(1);
for j = 2:N
  z(j) = (b(j) - A(j, j-1)*z(j-1))/p(j);
end
%전진대입법으로 Ux=z 풀기

x(N) = z(N);
for j = N-1:-1:1
  x(j) = z(j) - x(j+1)*q(j);
end
```

문제 6

다음을 3-대각행렬의 Gauss 소거법으로 풀어라.

$$\begin{aligned} 5x_1 - 2x_2 \qquad\qquad\qquad\qquad &= 1 \\ -2x_1 + 5x_2 - 2x_3 \qquad\qquad &= 2 \\ -2x_2 + 5x_3 - 2x_4 \qquad &= 3 \\ -2x_3 + 5x_4 - 2x_5 &= 4 \\ -2x_4 + 5x_5 &= 17 \end{aligned}$$

문제 7

다음 연립방정식을 3-대각행렬의 Gauss 소거법과 LU분해방법을 이용하여 풀어라.

$$
\begin{aligned}
3x_1 + x_2 &= 2 \\
x_1 + 3x_2 - x_3 &= -3 \\
-x_2 + 3x_3 + x_4 &= 3 \\
x_3 + 3x_4 + x_5 &= -1 \\
x_4 + 3x_5 + x_6 &= 1 \\
x_5 + 3x_6 &= -2
\end{aligned}
$$

문제 8

다음 연립방정식을 3-대각행렬의 Gauss 소거법으로 풀어라.

$$
\begin{aligned}
-2x_1 + x_2 &= 5 \\
x_1 - 2x_2 + x_3 &= -4 \\
x_{i-1} - 2x_i + x_{i+1} &= 0, \quad i = 3,\ 4,\ \cdots,\ 98 \\
x_{98} + 2x_{99} + x_{100} &= -8 \\
x_{99} - 2x_{100} &= 13
\end{aligned}
$$

문제 9

다음 연립방정식을 3-대각행렬의 LU 분해방법으로 풀어라.

$$
\begin{aligned}
2x_1 - x_2 &= 0 \\
x_1 + 2x_2 - x_3 &= 3 \\
2x_2 + 3x_3 - x_4 &= 9 \\
x_3 + 2x_4 &= 4
\end{aligned}
$$

답 : $x_1 = 1, x_2 = 2, x_3 = 1, x_4 = 2$

2-4 Cramer 공식과 역행렬

지금까지는 연립방정식의 해가 유일하게 존재하는지에 관계없이 알고리즘을 적용하였다. 그러나 해가 유일하게 존재하지 않는 데에도 불구하고 방정식의 해를 구하려고 노력하는 것은 바보 같은 일이다. 여기서는 연립방정식의 해의 유일성에 대하여 알아보자.

Gauss 소거법에서는 미지수가 2개인 연립일차방정식

$$a_{11}x+a_{12}y=b_1$$

$$a_{21}x+a_{22}y=b_2$$

은 한 미지수를 소거한 다음 방정식의 해를 순차적으로 구하였다. 이때 하나의 미지수를 소거하면

$$(a_{11}a_{22}-a_{12}a_{21})x=b_1a_{22}-b_2a_{12}$$

$$(a_{11}a_{22}-a_{12}a_{21})y=b_2a_{11}-b_1a_{21}$$

을 얻는다. 따라서 $a_{11}a_{22}-a_{12}a_{21}\neq 0$이면 연립방정식은 유일한 해를 가진다. 그런데 $a_{11}a_{22}-a_{12}a_{21}=0$인 경우에는 어떠한가?

소거법으로 연립방정식의 해를 대수적으로 구하기도 하지만, 미지수가 2개인 일차방정식은 직선의 방정식임을 이용하여 두 직선이 만나는 점의 좌표와 연립방정식의 해 사이의 관계를 이용하여 해를 구할 수 있다.

실제로 미지수가 2개인 일차방정식의 해는 두 직선의 그래프가 만나는 점의 좌표라는 사실을 이용하면, 두 직선의 위치관계로부터 연립방정식이 유일한 해를 가지기 위한 계수 사이의 관계를 쉽게 알 수 있다. 즉 연립방정식이 유일한 해를 가지기 위한 필요충분조건은 계수 사이의 관계가

$$a_{11}a_{22}-a_{12}a_{21}\neq 0$$

임을 알 수 있다.

따라서 연립방정식의 해가 유일하게 존재하는 지를 판별하는 데에는 계수 사이의 관계가 중요하다.

같은 방법으로 미지수가 3개인 일차연립방정식

$$a_{11}x_1 + a_{12}x_2 + a_{13}x_3 = b_1$$
$$a_{21}x_1 + a_{22}x_2 + a_{23}x_3 = b_2$$
$$a_{31}x_1 + a_{32}x_2 + a_{33}x_3 = b_3$$

이 하나의 해를 가질 경우, 즉 세 직선이 한 점에서 만날 조건은

$$a_{11}a_{22}a_{33} + a_{12}a_{23}a_{31} + a_{13}a_{32}a_{21} - a_{13}a_{22}a_{31} - a_{12}a_{21}a_{33} - a_{11}a_{32}a_{23} \neq 0$$

이다. 따라서 계수행렬 A의 행렬식을

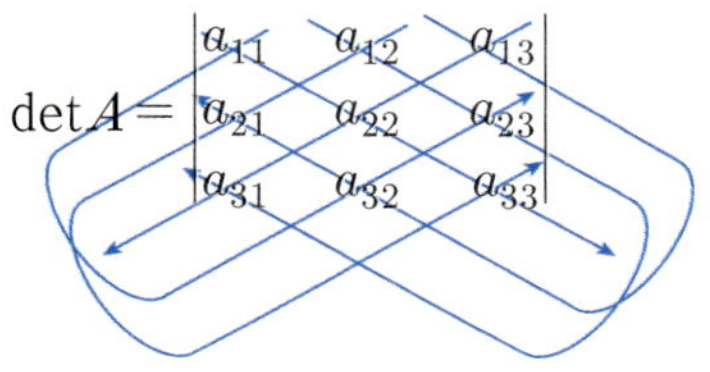

$$= a_{11}a_{22}a_{33} + a_{12}a_{23}a_{31} + a_{13}a_{32}a_{21} - a_{13}a_{22}a_{31} - a_{12}a_{21}a_{33} - a_{11}a_{32}a_{23}$$

으로 정의하면, $\det A \neq 0$인 경우 3개의 연립일차방정식은 하나의 해를 가진다.

이와 같이 화살표 방향의 곱셈을 일반화하여 행렬식을 정의할 수 있을까? 불행하게도 $n=4$인 경우에 $n=3$인 경우와 같이 화살표 방향의 곱셈을 가지고서는 연립방정식의 해와 행렬식의 관계를 알 수가 없다.

그러므로 행렬식을 조심스럽게 정의할 필요가 있다. 그런데 $n=3$인 경우를 다시 살펴보면

$$\det A = \begin{vmatrix} a_{11} & a_{12} & a_{13} \\ a_{21} & a_{22} & a_{23} \\ a_{31} & a_{32} & a_{33} \end{vmatrix} = a_{11}\begin{vmatrix} a_{22} & a_{23} \\ a_{32} & a_{33} \end{vmatrix} - a_{12}\begin{vmatrix} a_{21} & a_{23} \\ a_{31} & a_{33} \end{vmatrix} + a_{31}\begin{vmatrix} a_{21} & a_{22} \\ a_{31} & a_{32} \end{vmatrix}$$

임을 알 수 있다.

이 경우 $\det A$의 값을 살펴보면, 3개의 a_{ij}의 곱의 합과 차인데, 3개의 a_{ij}의 곱에서 처음 첨자 i는 1, 2, 3의 순서를 지키나 다음 첨자 j는 순서가 바뀌되 한번만 나타난다. 또 부호는 1, 2, 3의 순서가 몇 번 바뀌느냐에 따라 부호가 결정된다는 것을 알 수 있다.

예를 들어 $a_{12}a_{23}a_{31}$에서 윗첨자 (2, 3, 1)은 (1, 2, 3)의 순서를 두 번 바꾼 것과 같으므로 양의 부호를 갖는다. 그러나 $-a_{13}a_{22}a_{31}$에서 (3, 2, 1)은 (1, 2, 3)의 순서가 한번 바뀐 것과 같으므로 음의 값을 가진다.

이 관계를 일반화하여 행렬식에 대한 다음 정의를 얻는다.

정의 2.2

n차의 정사각행렬 $A=(a_{ij})$의 행렬식 $\det A$를 다음과 같이 정의한다.

$$\det A = \sum_{(j)} s(j) a_{1j_1} a_{2j_2} \cdots a_{nj_n}$$

여기서 (j)는 $(1,\ 2,\ 3,\ \ldots,\ n)$의 치환 $(j_1, j_2, j_3, \ldots, j_n)$을 말하며 $s(j)$는

$$s(j) = s(j_1, j_2, j_3, \ldots, j_n) = \operatorname{sgn} \prod_{1 \le p < q \le n} (j_q - j_p)$$

이다. 여기서 $\operatorname{sgn} f(x)$는 $f(x)$의 부호(signum)를 말한다.

예를 들어, 위와 같이 치환을 정의하면

$$s(5,\ 1,\ 3,\ 2,\ 4) = \operatorname{sgn}\{(5-1)(5-3)(5-2)(5-4)(1-3)(1-2)(1-4)(3-2)(3-4)(2-4)\}$$
$$s(5,\ 4,\ 3,\ 2,\ 1) = \operatorname{sgn}\{(5-4)(5-3)(5-2)(5-1)(4-3)(4-2)(4-1)(3-2)(3-1)(2-1)\}$$

이므로 $s(5,\ 1,\ 3,\ 2,\ 4) = -s(5,\ 4,\ 3,\ 2,\ 1)$이다.

일반적으로 다음 성질이 성립함을 보일 수 있다.

정리 2.1

치환 $(j_1, j_2, j_3, \ldots, j_n)$의 두 수의 위치가 바뀌면 치환의 부호는 반대가 된다.

정리 2.2

미지수가 n개인 일차연립방정식이 유일한 해를 가질 필요충분조건은 계수행렬의 행렬식이 0이 아닌 것이다.

예제 2-3

연립방정식

$$\begin{cases} x-2y+3z=1 \\ x+2y-z=13 \\ 3x+2y-5z=3 \end{cases}$$

의 계수행렬은

$$\begin{bmatrix} 1 & -2 & 3 \\ 1 & 2 & -1 \\ 3 & 2 & -5 \end{bmatrix}$$

이고, 이 행렬의 행렬식은

$$\begin{vmatrix} 1 & -2 & 3 \\ 1 & 2 & -1 \\ 3 & 2 & -5 \end{vmatrix} = 1 \cdot \begin{vmatrix} 2 & -1 \\ 2 & -5 \end{vmatrix} - (-2) \cdot \begin{vmatrix} 1 & -1 \\ 3 & -5 \end{vmatrix} + 3 \cdot \begin{vmatrix} 1 & 2 \\ 3 & 2 \end{vmatrix} = -24 \neq 0$$

이므로, 위 연립방정식은 유일한 해를 갖는다.

이제 행렬식을 이용하여 연립방정식의 해를 구하는 방법을 알아보자. 예를 들어 미지수가 3개인 연립일차방정식

$$a_{11}x_1 + a_{12}x_2 + a_{13}x_3 = b_1$$

$$a_{21}x_1 + a_{22}x_2 + a_{23}x_3 = b_2$$

$$a_{31}x_1 + a_{32}x_2 + a_{33}x_3 = b_3$$

의 경우 $\det A \neq 0$이면

$$x_1 = \frac{\begin{vmatrix} b_1 & a_{12} & a_{13} \\ b_2 & a_{22} & a_{23} \\ b_3 & a_{32} & a_{33} \end{vmatrix}}{\det A}, \quad x_2 = \frac{\begin{vmatrix} a_{11} & b_1 & a_{13} \\ a_{21} & b_2 & a_{23} \\ a_{31} & b_3 & a_{33} \end{vmatrix}}{\det A}, \quad x_3 = \frac{\begin{vmatrix} a_{11} & a_{12} & b_1 \\ a_{21} & a_{22} & b_2 \\ a_{31} & a_{32} & b_3 \end{vmatrix}}{\det A}$$

와 같이 간단히 구할 수 있다.

행렬식을 이용하여 위와 같은 방법으로 해를 구하는 방법을 **크래머 공식**(Cramer's rule)이라고 한다.

그러나 이와 같은 Cramer 공식은 n의 값이 크면 행렬식을 계산하는 데 필요한 계산량이 많아져 실용적으로 사용할 수가 없다.

예를 들어 $n=5$인 경우, Cramer 공식을 이용하여 연립방정식의 해를 구하기 위해서는 120개의 3×3 행렬의 행렬식을 구하여야 한다.

따라서 행렬의 크기가 큰 경우에는 필산을 하여 연립방정식의 해를 구하는 데에는 많은 시간과 노력을 요구하므로, Cramer 공식을 이용하여 연립방정식을 구하는 것은 거의 불가능하다. 물론 이것은 컴퓨터를 이용하여도 많은 시간이 필요하다.

한편 미지수가 n개인 연립일차방정식

$$\begin{aligned}
a_{11}x_1+a_{12}x_2+\cdots+a_{1n}x_n &= b_1\\
a_{21}x_1+a_{22}x_2+\cdots+a_{2n}x_n &= b_2\\
&\cdots\cdots\\
a_{i1}x_1+a_{i2}x_2+\cdots+a_{in}x_n &= b_i\\
&\cdots\cdots\\
a_{n1}x_1+a_{n2}x_2+\cdots+a_{nn}x_n &= b_n
\end{aligned}$$

의 계수행렬을 A, 방정식의 우변과 미지수를 각각

$$b=(b_1,\ b_2,\ \ldots,\ b_n)^T,$$

$$x=(x_1,\ x_2,\ \cdots,\ x_n)^T$$

으로 나타내면, 위의 연립방정식을

$$Ax=b$$

로 나타낼 수 있다.

만약 행렬 A에 대하여

$$AB=BA=I$$

인 행렬 B가 존재하면 연립방정식 $Ax=b$를 풀 수 있다. 이 때

$$Bb=B(Ax)=(BA)x=Ix=x$$

이므로, 해는

$$x=Bb$$

가 된다.

정의 2.3

행렬 A에 대하여 $AB=BA=I$인 행렬 B가 존재하면 이를 A의 **역행렬**(inverse matrix)이라 하고, 역행렬을

$$A^{-1}$$

로 나타낸다.

예를 들면 행렬

$$A=\begin{bmatrix} a_1 & b_1 \\ a_2 & b_2 \end{bmatrix}$$

인 경우 A의 역행렬 A^{-1}은

$$A^{-1}=\frac{1}{\det A}\begin{bmatrix} b_2 & -b_1 \\ -a_2 & a_1 \end{bmatrix}$$

이므로, 미지수가 2개인 연립방정식의 해를 역행렬을 이용하여 쉽게 구할 수 있다.

일반적으로 역행렬은 다음과 같이 구한다.

정리 2.3

$n\times n$인 행렬 A에서 i번째 행과 j번째 열(a_{ij}를 포함하고 있는 행과 열)을 뺀 나머지로 만들어진 $(n-1)\times(n-1)$행렬을 A_{ij}라 하고

$$C=((-1)^{i+j}\det A_{ij})_{n\times n}$$

라고 하면

$$AC^T=C^TA=\det A$$

이다. 즉

$$A^{-1}=\frac{1}{\det A}C^T \text{이다.}$$

예제 2-4

행렬 $A=\begin{bmatrix}2&4&3\\1&2&0\\1&0&2\end{bmatrix}$ 에 대하여

$$A_{11}=(-1)^{1+1}\begin{vmatrix}2&0\\0&2\end{vmatrix}=4,\qquad A_{12}=(-1)^{1+2}\begin{vmatrix}1&0\\1&2\end{vmatrix}=-2$$

$$A_{13}=(-1)^{1+3}\begin{vmatrix}1&2\\1&0\end{vmatrix}=-2,\qquad A_{21}=(-1)^{2+1}\begin{vmatrix}4&3\\0&2\end{vmatrix}=-8$$

$$A_{22}=(-1)^{2+2}\begin{vmatrix}2&3\\1&2\end{vmatrix}=1,\qquad A_{23}=(-1)^{2+3}\begin{vmatrix}2&4\\1&0\end{vmatrix}=-4$$

$$A_{31}=(-1)^{3+1}\begin{vmatrix}4&3\\2&0\end{vmatrix}=-6,\qquad A_{32}=(-1)^{3+2}\begin{vmatrix}2&3\\1&0\end{vmatrix}=3$$

$$A_{33}=(-1)^{3+3}\begin{vmatrix}2&4\\1&2\end{vmatrix}=0$$

이다. 따라서

$$A^{-1}=-\frac{1}{6}\begin{bmatrix}4&-8&-6\\-2&1&3\\-2&4&0\end{bmatrix}$$

이다.

위의 예에서 알아보았듯이 역행렬을 구하기 위하여 여러 개의 소행렬의 행렬식을 구하여야 한다. 그러나 행렬식을 구하는 것은 Cramer 공식을 이용하여 해를 구하는 것과 마찬가지로 많은 양의 계산과 시간을 필요로 한다. 더욱이 n의 값이 큰 경우 역행렬을 구하기 위해서는 먼저 $\det A$가 0인지 아닌지를 알아야하고, 이것을 확인하기 위하여 $\frac{n!}{3!}$개의 3×3 행렬의 행렬식을 구하여야 한다.

따라서 연립방정식

$$Ax=b$$

에서 역행렬을 이용하면 이론적으로

$$x=A^{-1}b$$

로 간단히 나타나지만, 실제로 역행렬을 구하는 것이 쉽지 않으므로 역행렬을 이용하여 연립방정식의 해를 구하는 것은 실용적이지 못하다.

하지만 Gauss 소거법을 이용하면 n이 큰 $n\times n$ 행렬 A의 역행렬을 찾을 수 있다. n개의 연립방정식 $Ax=e_i$ $(i=1,2,...,n)$을 한꺼번에 가우스-조르당 방법을 이용해서 푸는 과정으로부터 역행렬을 얻을 수 있다. 여기서 e_i는 i번째가 1이고, 나머지는 0인 열벡터이다.

$n\times 2n$ 확대행렬 $[A|\mathrm{I}]$ 에 가우스-조르당 방법을 적용하면 $[\mathrm{I}|\mathrm{B}]$ 를 얻는데, 이때 행렬 B가 바로 A의 역행렬이다.

(예제 2.4)의 행렬 A의 역행렬을 찾아보자. $[A|\mathrm{I}]$ 에 기본 행연산을 적용하면 다음을 얻는다.

$$\begin{bmatrix} 2&4&3&\vdots&1&0&0 \\ 1&2&0&\vdots&0&1&0 \\ 1&0&2&\vdots&0&0&1 \end{bmatrix} \to \begin{bmatrix} 2&4&3&\vdots&1&0&0 \\ 0&0&-\frac{3}{2}&\vdots&-\frac{1}{2}&1&0 \\ 0&-2&\frac{1}{2}&\vdots&-\frac{1}{2}&0&1 \end{bmatrix} \to \begin{bmatrix} 1&2&\frac{3}{2}&\vdots&\frac{1}{2}&0&0 \\ 0&0&1&\vdots&\frac{1}{3}&-\frac{2}{3}&0 \\ 0&1&-\frac{1}{4}&\vdots&\frac{1}{4}&0&-\frac{1}{2} \end{bmatrix} \to \begin{bmatrix} 1&2&\frac{3}{2}&\vdots&\frac{1}{2}&0&0 \\ 0&1&-\frac{1}{4}&\vdots&\frac{1}{4}&0&-\frac{1}{2} \\ 0&0&1&\vdots&\frac{1}{3}&-\frac{2}{3}&0 \end{bmatrix}$$

$$\begin{bmatrix} 1&2&\frac{3}{2}&\vdots&\frac{1}{2}&0&0 \\ 0&1&0&\vdots&\frac{1}{3}&-\frac{1}{6}&-\frac{1}{2} \\ 0&0&1&\vdots&\frac{1}{3}&\frac{2}{3}&0 \end{bmatrix} \to \begin{bmatrix} 1&2&0&\vdots&0&1&0 \\ 0&1&0&\vdots&\frac{1}{3}&-\frac{1}{6}&-\frac{1}{2} \\ 0&0&1&\vdots&\frac{1}{3}&\frac{2}{3}&0 \end{bmatrix} \to \begin{bmatrix} 1&2&0&\vdots&-\frac{2}{3}&\frac{4}{3}&1 \\ 0&1&0&\vdots&\frac{1}{3}&-\frac{1}{6}&-\frac{1}{2} \\ 0&0&1&\vdots&\frac{1}{3}&\frac{2}{3}&0 \end{bmatrix}$$

따라서 A의 역행렬은

$$A^{-1} = \begin{bmatrix} -\frac{2}{3}&\frac{4}{3}&1 \\ \frac{1}{3}&-\frac{1}{6}&-\frac{1}{2} \\ \frac{1}{3}&\frac{2}{3}&0 \end{bmatrix} = -\frac{1}{6}\begin{bmatrix} 4&-8&-6 \\ -2&1&3 \\ -2&4&0 \end{bmatrix}$$

이다.

문제 10

다음 행렬 A의 행렬식이 0이 아님을 보여라.

$$A = \begin{bmatrix} -3 & 1 & 0 & 0 \\ 2 & -3 & 1 & 0 \\ 0 & 2 & -3 & 1 \\ 0 & 0 & 2 & -3 \end{bmatrix}$$

문제 11

(1) 다음 행렬 A의 역행렬을 구하여라.

$$A = \begin{bmatrix} 1 & 1 & -1 \\ 1 & -1 & 1 \\ -1 & 1 & 1 \end{bmatrix}$$

(2) 다음 연립방정식을 Cramer 공식을 이용하여 풀어라. (1)에서 구한 역행렬을 이용하여 찾은 해와 비교하여라.

$$x_1 + x_2 - x_3 = 2$$

$$x_1 - x_2 + x_3 = 0$$

$$-x_1 + x_2 + x_3 = 0$$

답 : (1) $A = \begin{bmatrix} 1/2 & 1/2 & 0 \\ 1/2 & 0 & 1/2 \\ 0 & 1/2 & 1/2 \end{bmatrix}$ (2) $x_1 = 1, x_2 = 1, x_3 = 0$

문제 12

다음 연립방정식을 Cramer 공식을 이용하여 구하여라.

$$\begin{aligned}
-9x_1 - x_2 + x_3 + x_4 + x_5 + 3x_6 &= 2 \\
2x_1 - 7x_2 - x_3 + x_4 + x_5 + x_6 &= -12 \\
x_1 + 2x_2 - 9x_3 - x_4 + x_5 + 3x_6 &= -33 \\
x_1 + x_2 + 2x_3 - 7x_4 - x_5 + 3x_6 &= -29 \\
x_1 + x_2 + x_3 + 2x_4 - 9x_5 - 3x_6 &= 21 \\
x_1 + x_2 + x_3 + x_4 + 2x_5 - 7x_6 &= -13
\end{aligned}$$

문제 13

다음 $n \times n$ 행렬 A의 역행렬은

$$A^{-1} = (a_{ij}),\ a_{ij} = \frac{-i(n+1-j)}{(n+1)} \quad (i \le j)$$

임을 보여라. 또 $n=4$일 때 역행렬을 Gauss 소거법을 이용한 방법으로 구하여 결과를 확인하여라.

$$A = \begin{bmatrix} -2 & 1 & & & & \\ 1 & -2 & 1 & & & \\ & 1 & -2 & 1 & & \\ & & \ddots & \ddots & \ddots & \\ & & & 1 & -2 & 1 \\ & & & & 1 & -2 \end{bmatrix}$$

2-5 연립방정식과 행렬식

행렬 A의 행렬식의 값이 0이 아니면 역행렬이 존재하고 해가 유일하게 존재함을 알고 있다. 그러나 연립방정식의 해의 존재성을 알기 위하여 계수행렬 A의 행렬식의 값을 계산하여 그것이 0인지 아닌지를 따지는 것은 쉽지 않다. 왜냐하면 행렬의 크기가 n이면 $n!$개의 n항의 곱을 더하여야 하기 때문이다. 예를 들면 $n=5$인 경우 $\frac{5!}{3!}=20$개의 3×3행렬의 행렬식을 더하거나 빼야 한다.

그렇다면 해의 존재성을 쉽게 알 수 있는 방법은 없을까? 이 사실을 알기 위하여 우리는 여러 가지 선형대수의 정리를 이용한다.

정리 2.4

(1) A가 정사각행렬일 때 $\det A = \det A^T$이다.
(2) 행렬 A의 두 행을 서로 바꾸면 그 행렬식의 부호가 반대가 된다.
(3) 행렬 A의 두 열을 서로 바꾸면 그 행렬식의 부호가 반대가 된다.
(4) 행렬 A에서 한 행(열)의 상수배를 다른 행(열)에서 빼어도 행렬식은 변하지 않는다.
(5) 임의의 두 정사각행렬 A, B에 대하여 $\det(AB)=(\det A)(\det B)$가 성립한다.

정리 2.5

다음은 서로 동치이다.
(1) $\det A \neq 0$이다.
(2) 행렬 A가 역행렬 A^{-1}을 가진다.
(3) A의 전치행렬 A^T은 가역이다.

위의 정리를 이용하여 해의 존재성을 알려면 어쨌든 행렬식을 계산하여야 한다. 그러나 그것은 처음부터 우리가 원하는 것이 아니었다.

이제 행렬식을 계산하지 않고 해의 존재성을 알아볼 수 있는 다른 방법을 사용하여 보자.

미지수가 n개인 연립일차방정식

$$
\begin{aligned}
a_{11}x_1 + a_{12}x_2 + \cdots + a_{1n}x_n &= b_1 \\
a_{21}x_1 + a_{22}x_2 + \cdots + a_{2n}x_n &= b_2 \\
&\cdots\cdots \\
a_{i1}x_1 + a_{i2}x_2 + \cdots + a_{in}x_n &= b_i \\
&\cdots\cdots \\
a_{n1}x_1 + a_{n2}x_2 + \cdots + a_{nn}x_n &= b_n
\end{aligned}
$$

의 계수행렬을 A, 방정식의 우변을 $b = (b_1,\ b_2, \ldots, b_n)^T$, $x = (x_1,\ x_2,\ \cdots,\ x_n)^T$으로 나타내면, 위의 연립방정식은 $Ax = b$로 나타난다. 즉

$$
x_1 \begin{bmatrix} a_{11} \\ a_{21} \\ \vdots \\ a_{i1} \\ \vdots \\ a_{n1} \end{bmatrix} + x_2 \begin{bmatrix} a_{12} \\ a_{22} \\ \vdots \\ a_{i2} \\ \vdots \\ a_{n2} \end{bmatrix} + \cdots + x_n \begin{bmatrix} a_{1n} \\ a_{2n} \\ \vdots \\ a_{in} \\ \vdots \\ a_{nn} \end{bmatrix} = \begin{bmatrix} b_1 \\ b_2 \\ \vdots \\ b_i \\ \vdots \\ b_n \end{bmatrix}
$$

이다.

따라서 연립방정식

$$Ax = b$$

의 해를 x라 하면 벡터 b는 행렬 A의 열들의 일차결합으로 표현된다. 다시 말하면 임의의 벡터 b에 대하여 연립방정식 $Ax = b$가 유일한 해를 가질 경우는 b가 행렬 A의 열들의 일차결합으로 표현되는 경우이다.

실제로 연립방정식 $Ax = b$의 해의 존재성과 행렬 A의 열벡터 사이에는 다음이 성립한다.

정리 2.6

행렬 A가 $n \times n$행렬일 때, 다음은 서로 동치이다.

(1) n개의 연립일차방정식 $Ax = b$가 유일한 해를 갖는다.

(2) 행렬 A의 행으로 이루어진 벡터는 일차독립이다.

(3) 행렬 A의 열로 이루어진 벡터는 일차독립이다.

언뜻 보아 정리 2.6을 이용하여 행렬의 열벡터의 일차독립성을 보이면 해의 유일성을 쉽게 보일 수 있을 것처럼 보인다. 그러나 열벡터의 일차독립을 보이려면 다시 연립방정식을 풀어야 하므로, 이론적으로는 동치이나 실제 계산에서는 도움이 되지 않는다.

따라서 해의 존재성을 보이는 또 다른 방법을 찾아보자.

정의 2.4

정사각행렬 A에 대하여

$$Ax = \lambda \mathrm{x}$$

인 $x \neq 0$인 벡터 x가 존재하면 상수 λ를 행렬 A의 **고윳값**(eigenvalue, characteristic value)이라고 한다. 이 때 벡터 x를 λ에 따른 **고유벡터**(eigenvector)라고 한다.

상수 λ가 $n \times n$ 행렬 A의 고윳값이면

$$(A - \lambda I)\, x = 0$$

인 $x \neq 0$인 벡터 x가 존재한다. 이 경우 $\det(A - \lambda I) = 0$이므로 고윳값 λ는 λ에 대한 n차 방정식

$$\det(A - \lambda I) = 0$$

의 근이다. 특히 $\lambda = 0$가 행렬 A의 고윳값이면

$$Ax = 0$$

인 $x \neq 0$가 존재하므로

$$\det A = 0$$

이다.

따라서 다음의 정리를 얻는다.

정리 2.7

$n \times n$ 행렬 A에 대하여 연립방정식 $Ax = b$가 유일한 해를 가질 필요충분조건은 행렬 A가 고윳값 0을 가지지 않는 것이다.

정리 2.7에 의하면 행렬 A가 역행렬을 가짐을 보이기 위해서는 고윳값 0을 가지지 않음을 보여야 한다. 이것을 보이기 위해서는 행렬식을 구하여야 하는데 이것은 또 다시 많은 계산을 필요로 한다.

따라서 행렬식을 구하지 않고 행렬의 가역성을 알아보는 방법이 없는지 찾아보자.

정리 2.8 Gershigorin 원정리(Gershigorin's circle theorem)

행렬 $A = (a_{ij})_{n \times n}$에서

$$\Lambda_i = \sum_{j=1,\ j \neq i}^{n} |a_{ij}|, \qquad i = 1,\ 2,\ \dots,\ n$$

라고 하면, A의 고윳값은

$$\cup_{i=1}^{n} \{z \mid |z - a_{ii}| \leq \Lambda_i\}$$

에 속한다.

증명 행렬 A의 임의의 고윳값을 λ라 하고 이에 대응하는 고유벡터를 x라 하자. 특히 $x = (x_1, x_2, \dots, x_n)^T$라 하고 $\max_{1 \leq i \leq n} |x_i| = 1$라 하자. 그러면

$$Ax = \lambda x$$

이므로, 전개하면

$$(\lambda - a_{ii})x_i = \sum_{j=1, j \neq i}^{n} a_{ij}x_j, \quad 1 \leq i \leq n$$

을 얻는다.

따라서 $|x_r| = 1$이라고 하면

$$|\lambda - a_{rr}| \le \sum_{j=1, j \ne r} |a_{rj}||x_j| \le \sum_{j=1, j \ne r}^{n} |a_{rj}| = \Lambda_r$$

이 성립한다. 그러므로 $\lambda \in \{z \mid |z - a_{rr}| \le \Lambda_r\}$이다.

그런데 λ는 행렬 A의 임의의 고윳값이므로

$$\lambda \in \cup_{i=1}^{n} \{z \mid |z - a_{ii}| \le \Lambda_i\}$$

이다. ▨

예제 2-5

행렬

$$A = \begin{bmatrix} 1 & 0 & 1 \\ 2 & 2 & 1 \\ 2 & 0 & 0 \end{bmatrix}$$

의 고윳값이 존재하는 영역을 알아보자. Gershigorin의 원정리를 이용하면 고윳값은 중심이 각각 행렬 A의 대각성분 $a_{11} = 1, a_{22} = 2, a_{33} = 0$이고, 반지름이 각각

$$\Lambda_1 = 1, \quad \Lambda_2 = 3, \quad \Lambda_3 = 2$$

인 닫힌 원판에 존재한다.

즉 고윳값 $\lambda \in \{z \mid |z-1| \le 1\} \cup \{z \mid |z-2| \le 3\} \cup \{z \mid |z| \le 2\}$이다. 행렬 A의 고윳값 $\lambda = 2, 2, -1$은 이 영역 안에 있음을 확인할 수 있다.

정리 2.8은 행렬의 원소가 복소수인 경우에도 성립한다. 따라서 복소수평면 위에 대각선의 원소 a_{ii}를 중심으로 반지름이 Λ_i인 원을 그리고 이들 원이 원점을 포함하지 않으면 0이 행렬 A의 고윳값이 아니라는 것을 말해준다.

이제 대각 원소 a_{ii}와 Λ_i 사이의 관계를 이용하여 행렬을 분류하고 행렬의 가역성에 대하여 알아보자.

정의 2.5

행렬 $A = (a_{ij})_{n \times n}$에서

$$\Lambda_i = \sum_{j=1, j \neq i}^{n} |a_{ij}|, \qquad i = 1, 2, \ldots, n$$

라고 하자. 모든 $i = 1, 2, \ldots, n$에 대하여

$$|a_{ii}| \geq \Lambda_i$$

이면, 행렬 A를 **대각지배행렬**(diagonally dominant matrix)이라고 한다. 또 행렬 A를 대각지배행렬이며, 적어도 하나의 i에 대하여

$$|a_{ii}| > \Lambda_i$$

이 성립하는 행렬을 **약대각지배행렬**(weakly diagonally dominant matrix)이라고 한다. 한편 모든 $i = 1,\ 2,\ \ldots,\ n$에 대하여

$$|a_{ii}| > \Lambda_i$$

이면, 행렬 A를 **강대각지배행렬**(strictly diagonally dominant matrix)이라 한다.

그러면 Gershigorin의 원 정리에 의하여 다음 사실을 증명할 수 있다.

정리 2.9

행렬 $A = (a_{ij})_{n \times n}$에 대하여

$$|a_{ii}| > \Lambda_i, \ i = 1,\ 2,\ \ldots,\ n$$

이면, 행렬 A는 가역이다.

이제 앞으로 자주 다루어야 할 약대각지배행렬인 3-대각행렬의 가역성에 대하여 알아보자.

보조정리 2.1

k개의 양수 $a_1, a_2, \dots, a_k$에 대하여 $\sum_{i=1}^{k} a_i = 1$일 때

$$x = a_1x_1 + a_2x_2 + \cdots + a_kx_k$$

이면,

$$\min_{1 \le i \le k}\{x_i\} \le x \le \max_{1 \le i \le k}\{x_i\}$$

이다. 여기서 등호가 성립할 필요충분조건은 $x_1 = x_2 = \cdots = x_k$이다.

보조정리 2.2

k개의 양수인 상수 $a_1, a_2, \dots, a_k$에 대하여 $\sum_{i=1}^{k} a_i < 1$일 때

$$x = a_1x_1 + a_2x_2 + \cdots + a_kx_k$$

이면

$$\min_{1 \le i \le k}\{0, x_i\} \le x \le \max_{1 \le i \le k}\{0, x_i\}$$

이다. 여기서 등호가 성립할 필요충분조건은 $x_1 = x_2 = \cdots = x_k = 0$이다.

증명 $b = 1 - \sum_{i=1}^{k} a_i$라고 하면 $\sum_{i=1}^{k} a_i + b = 1$이고

$$x = a_1x_1 + a_2x_2 + \cdots + a_kx_k + b \cdot 0$$

으로 나타낼 수 있으므로, 보조정리 2.1에 의하여

$$\min_{1 \le i \le k}\{0, x_i\} \le x \le \max_{1 \le i \le k}\{0, x_i\}$$

이 성립한다. ▨

정리 2.10

행렬 $A=(a_{ij})_{n\times n}$가 3-대각인 약대각지배행렬이고

$$a_{ii}<0, \quad a_{ij}>0, \quad j\neq i$$

이면 연립방정식 $Ax=b$는 유일한 해를 갖는다.

증명 연립방정식의 해가 유일하게 존재하는 것을 보이기 위해서는 $\det A\neq 0$를 보이면 된다. 이것은 연립방정식 $Ax=0$의 해 $x=(x_1,\ x_2,\ \cdots,\ x_n)^T$가

$$x_1=x_2=\cdots x_n=0$$

인 것과 동치이다.

만약 연립방정식 $Ax=0$의 해 $x=(x_1,\ x_2,\ \cdots,\ x_n)^T$가 영벡터가 아니라고 가정하자. 즉 $x_1,\ x_2,\ \ldots,\ x_n$ 중 적어도 하나가 0이 아니라고 가정하자. 그런데 이 중 한 값이 양수라고 가정하여도 일반성을 잃지 않는다. 또

$$x_k=\max\{x_1,\ x_2,\ \ldots,\ x_n\}$$

라 하자.

(i) $k=1$인 경우

모든 $i=1,\ 2,\ \ldots,\ n$에 대하여 $x_1\geq x_i$이므로, 처음 방정식으로부터

$$x_2=-\frac{a_{11}}{a_{12}}x_1$$

을 얻는다.

그런데 $-\dfrac{a_{11}}{a_{12}}>0$이므로 $x_2>0$이다.

더욱이 $-\dfrac{a_{11}}{a_{12}}\geq 1$이므로 $x_2\geq x_1$이다. 따라서 x_1의 정의에 의하여 $x_2=x_1$이므로

$$-a_{11}=a_{12}$$

이다.

(ii) $k=n$인 경우

(i)의 경우와 마찬가지 방법으로 증명하면

$$-a_{nn} = a_{nn-1}$$

임을 보일 수 있다.

(iii) $1 < k < n-1$인 경우

k번째 방정식에서

$$x_k = -\frac{a_{kk-1}}{a_{kk}}x_{k-1} - \frac{a_{kk+1}}{a_{kk}}x_{k+1}$$

이다. 그런데

$$-\frac{a_{kk-1}}{a_{kk}} > 0, \quad -\frac{a_{kk+1}}{a_{kk}} > 0$$

이고 행렬 A가 약대각지배이므로

$$-\frac{a_{kk-1}}{a_{kk}} - \frac{a_{kk+1}}{a_{kk}} \leq 1$$

이다.

만약 $-\frac{a_{kk-1}}{a_{kk}} - \frac{a_{kk+1}}{a_{kk}} < 1$이면 보조정리 2.2에 의하여

$$x_k \leq \max\{0, x_1, x_2, \dots, x_n\}$$

이고, 등호는 $x_{k-1} = x_{k+1} = 0$일 때 성립한다. 그러나

$$x_k = \max\{x_1, x_2, \dots, x_n\} > 0$$

이므로 모순이다. 따라서

$$-\frac{a_{kk-1}}{a_{kk}} - \frac{a_{kk+1}}{a_{kk}} = 1, \text{ 즉 } -a_{kk} = a_{kk-1} + a_{kk+1}$$

이다.

한편 $x_k \leq \max\{x_{k-1}, x_{k+1}\}$이고 $x_k = \max\{x_1, x_2, \dots, x_n\} > 0$이므로

$$x_k = x_{k-1} = x_{k+1} > 0$$

이다.

이러한 과정을 $k=2,\ 3,\ \ldots,\ n-1$에 대하여 되풀이하면

$$-a_{kk}=a_{kk-1}+a_{kk+1}$$

이므로

$$x_1=x_2=\cdots=x_n, \qquad -a_{ii}=\sum_{j=1,j\neq i}^{n} a_{ij}, \quad i=1,\ 2,\ \ldots,\ n$$

이다.

그런데 $a_{ii}<0,\ a_{ij}\geq 0\ (i\neq j)$이므로

$$|a_{ii}|=\sum_{j=1,\ j\neq i}^{n} |a_{ij}|$$

이다.

이것은 행렬 A가 약대각지배행렬이라는 가정에 모순이 된다.

그러므로 $\det A\neq 0$이고, $Ax=b$는 유일한 해를 갖는다. ▨

문제 14

다음 연립방정식이 유일한 해를 가짐을 보여라.

(1)
$$\begin{aligned} -4x_1+x_2+x_3+x_4&=\ \ 7\\ -4x_2+x_3+x_4&=\ \ 1\\ -4x_3+x_4&=-1\\ -4x_4&=\ \ 3 \end{aligned}$$

(2)
$$\begin{aligned} 2x_1\qquad\quad + x_3+x_4\ &=1\\ x_1+x_2\qquad\qquad\quad &=2\\ x_1+x_2+2x_3\qquad &=3\\ 5x_1+x_2+x_3+9x_4 &=4 \end{aligned}$$

문제 15

다음 행렬의 역행렬이 존재함을 보여라.

$$\begin{bmatrix} 5 & -2 & 0 & 0 & 0 \\ -2 & 5 & -2 & 0 & 0 \\ 0 & -2 & 5 & -2 & 0 \\ 0 & 0 & -2 & 5 & -2 \\ 0 & 0 & 0 & -2 & 5 \end{bmatrix}$$

문제 16

Gershigorin 원정리를 이용하여 다음 행렬들의 고윳값이 존재하는 영역을 찾고, 좌표평면 위에 나타내라.

(1) $\begin{bmatrix} -2 & 1 & 1 \\ 0 & 2 & -1 \\ 1 & 0 & 4 \end{bmatrix}$ (2) $\begin{bmatrix} 5 & -2 & 1 & -1 \\ 1 & 4 & 2 & 0 \\ 0 & 2 & -3 & 0 \\ 1 & 0 & -1 & 3 \end{bmatrix}$

03

제 3 장

수치 선형대수

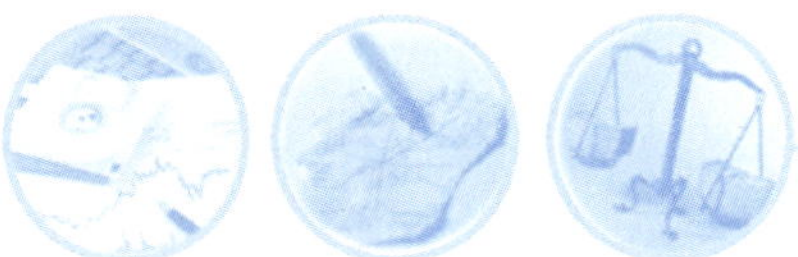

학습내용

선형인 연립방정식을 푸는 대수적인 방법으로는 역행렬을 구하여 곱하든지 Cramer공식을 이용하여 해를 구할 수 있다. 그러나 이런 방법들을 적용하기 위해서는 행렬식을 구하여야 하는데, 행렬의 크기가 큰 경우에는 행렬식을 구하는데 너무 많은 시간을 요구하므로 시간적으로 거의 불가능하다. 다른 방법으로 3-대각 행렬인 경우 LU-분해 방법을 이용하여 방정식을 푸는 방법과 일반적인 연립방정식에 대하여 Gauss 소거법으로 해를 구하는 방법을 다루었다. Gauss소거법의 경우 매우 일반적인 방법이기는 하지만 계수 행렬의 크기가 n이면 $\frac{1}{3}n^3$ 정도의 flop수의 연산이 필요하게 되어 반올림 오차를 크게 유발할 수 있다.

따라서 여기서는 고정점 반복법과 비슷한 반복법을 사용하여 연립방정식의 해를 구하는 방법에 대하여 알아보자.

제 3 장 수치 선형대수

3-1 반복법과 행렬의 크기

연립방정식 $Ax=b$의 해를 구하는 Gauss 소거법이나 Cramer 공식의 단점을 보완하기 위하여 고정점반복법과 같은 방법으로 해를 구하여 보자. 행렬 A를

$$A = I - B$$

로 분해하면 연립방정식 $Ax=b$로부터 동치인 새로운 형태의 연립방정식

$$x = Bx + b$$

를 얻는다. 여기서 임의의 벡터 $x^{(0)}$를 택하고 반복적으로

$$x^{(m+1)} = Bx^{(m)} + b$$

를 구하는 것은 행렬과 벡터의 단순한 곱이므로 벡터의 수열 $\{x^{(m)}\}$을 쉽게 구할 수 있다.

만약 이 벡터의 수열이 벡터 x에 수렴한다면, 행렬 B는 연속함수와 같은 성질을 가지므로

$$x = \lim_{m\to\infty} x^{(m+1)} = \lim_{m\to\infty} \{Bx^{(m)} + b\} = Bx + b$$

가 될 것이다. 즉 벡터의 수열 $\{x^{(m)}\}$의 극한 x가 우리가 구하는 연립방정식의 해가 된다.

위의 논의를 진행하려면 먼저 벡터의 수열의 수렴에 대한 거리 개념이 있는 해석학적인 개념이 필요하다. 실수열의 수렴은 수열의 극한과의 차이(거리, 노름)가 0이 되는 것이므로, 이와 마찬가지로 벡터의 수열의 수렴도 노름을 가지고 정의하는 것이 자연스러울 것이다.

정의 3.1

벡터 $x \in R^n$에 대하여 $x = (x_1, x_2, \dots, x_n)$의 Euclid 노름을

$$\|x\| = \left\{ \sum_{i=1}^{n} x_i^2 \right\}^{1/2}$$

와 같이 정의한다.

위의 Euclid 노름에 대하여 다음 사실을 쉽게 증명할 수 있다.

정리 3.1

벡터 $x, y \in R^n$에 대하여 다음 성질이 성립한다.

(1) $x \neq 0$이면 $\| x \| > 0$

(2) 임의의 상수 c에 대하여 $\|cx\| = |c| \ \|x\|$

(3) $\|x + y\| \leq \|x\| + \|y\|$

(4) $\|(x,y)\| \leq \|x\| \, \|y\|$. 여기서 (x, y)는 x와 y의 내적이다.

실수의 수열에서와 마찬가지로 벡터의 수열의 수렴을 정의하는 것이 자연스럽다.

정의 3.2

벡터의 수열 $\{x^{(m)}\}$이 벡터 x에 대하여

$$\lim_{m \to \infty} \|x^{(m)} - x\| = 0$$

일 때, 벡터의 수열 $\{x^{(m)}\}$이 벡터 x에 수렴한다고 한다.

다시 말하면 벡터의 수열 $\{x^{(m)}\}$이 벡터 $x=(x_1, x_2, \cdots, x_n)$에 수렴한다는 것은 벡터 $x^{(m)}$을 $x^{(m)}=(x_1^{(m)}, x_2^{(m)}, \ldots, x_n^{(m)})$이라 나타낼 때, 모든 $j=1, 2, \ldots, n$에 대하여 $\lim_{m\to\infty} x_j^{(m)}=x_j$인 것이다.

다시 연립방정식 $x=Bx+b$에서 반복적으로

$$x^{(m+1)}=Bx^{(m)}+b$$

를 이용하면

$$x^{(m+1)}-x=B\{x^{(m)}-x\}=B^2\{x^{(m-1)}-x\}=\cdots=B^{m+1}\{x^{(0)}-x\}$$

이다. 따라서 만약 벡터의 수열 $\{x^{(m)}\}$이 벡터 x에 수렴한다면

$$\lim_{m\to\infty}\|x^{(m+1)}-x\|=\lim_{m\to\infty}\|B^{m+1}\{x^{(0)}-x\}\|=0$$

이다.

그런데 우리는 x의 값을 모르므로 $\lim_{m\to\infty}\|x^{(m+1)}-x\|=0$인 것은 확인할 길이 없다. 더욱이 일반적으로 임의로 택한 $x^{(0)}$에 대하여 $x^{(0)}\neq x$이므로

$$\lim_{m\to\infty}B^m=O$$

이어야 한다.

정의 3.3

행렬 A에 대하여

$$\lim_{n\to\infty}A^n=O$$

일 때, 행렬 A는 (영행렬 O에) **수렴한다**(converge)고 한다.

언제 행렬 A가 수렴하는지 알아보자. 벡터의 수열 $\{x^{(m)}\}$이 벡터 x에 수렴하는 조건을 알아보기 위해서는 행렬 A에 대한 특성을 조사할 필요가 있다. 이제 벡터의 노름의 정의를 이용하여 행렬의 노름을 다음과 같이 정의할 수 있다.

정의 3.4

행렬 A에 대하여 A의 노름을 $\|A\| = \sup_{x \neq 0} \dfrac{\|Ax\|}{\|x\|}$와 같이 정의한다.

행렬의 노름의 정의에 의하여 다음 사실을 알 수 있다.

정리 3.2

$n \times n$인 행렬 A, B에 대하여 다음이 성립한다.

(1) $A \neq O$이면 $\|A\| > 0$

(2) 임의의 상수 α에 대하여 $\|\alpha A\| \le |\alpha| \, \|A\|$

(3) $\|A+B\| \le \|A\| + \|B\|$

(4) $\|AB\| \le \|A\| \, \|B\|$

(5) 임의의 벡터 x에 대하여 $\|Ax\| \le \|A\| \, \|x\|$

(6) 적당한 벡터 $y \neq 0$에 대하여 $\|Ay\| = \|A\| \, \|y\|$

증명 (1)~(5)의 증명은 행렬 A의 노름의 정의에 의해 쉽게 보일 수 있으므로, (6)만 증명하기로 한다.

(6) $\dfrac{\|Ax\|}{\|x\|}$에서 x대신에 αx를 대입하여도 그 비는 변하지 않으므로

$$\|A\| = \sup_{\|x\|=1} \|Ax\|$$

이다.

그런데 공간 $\{x \mid \|x\| = 1\}$은 compact이고 노름 $\|\cdot\|$은 이 공간 위에서 연속인 함수이므로,

$$\|A\| = \sup_{\|x\|=1} \|Ax\| = \|Ay\|$$

인 $\|y\| = 1$인 벡터 y가 존재한다. ▨

문제 1

벡터 $x = (x_1, x_2, \dots, x_n)$의 노름을 $\|x\|_\infty = \max_{1 \le i \le n} |x_i|$, $\|x\|_1 = \sum_{i=1}^{n} |x_i|$와 같이 정의해도, 정리 3.1의 (1)-(3)이 성립함을 보여라.

문제 2

행렬 A에 대하여 A의 노름을 다음과 같이 정의해도 정리 3.2의 (1)-(6)이 성립함을 보여라.

$$\|A\|_1 = \max_{1 \le j \le n} \sum_{i=1}^{n} |a_{ij}|$$

$$\|A\|_\infty = \max_{1 \le i \le n} \sum_{j=1}^{n} |a_{ij}|$$

$$\|A\|_F = \sqrt{\sum_{i=1}^{n} \sum_{j=1}^{n} a_{ij}^2}$$

문제 3

행렬 $A = \begin{bmatrix} 1 & 0 & 1 \\ 2 & 2 & 1 \\ -1 & 0 & 0 \end{bmatrix}$에 대하여 $\|A\|_1$, $\|A\|_\infty$와 $\|A\|_F$를 각각 구하여라.

3-2 행렬의 수렴

정리 3.2에 의하면

$$\|B^{m+1}(x^{(0)}-x)\| \le \|B\|^{m+1}\|x^{(0)}-x\|$$

이다. 따라서

$$\lim_{m\to\infty}\|x^{(m+1)}-x\| = \lim_{m\to\infty}\|B^m(x^{(0)}-x)\| = 0$$

이기 위해서는 $x^{(0)} \ne x$인 경우 조건

$$\|B\| < 1$$

이 필요하다. 즉 행렬에 대한 위의 정리에 의하면 $\|B\| < 1$일 때

$$\lim_{m\to\infty} B^m = O$$

임을 알 수 있다.

그러므로 우리는 $\|B\| < 1$인지 아닌지를 알면 된다. 그러나 행렬 B의 노름의 값을 알려면 0벡터가 아닌 모든 벡터에 대하여 노름 $\|Bx\|$와 $\|x\|$의 비율을 조사하여야 하는데 이것은 거의 불가능하다.

따라서 우리는 행렬이 수렴하는 경우를 행렬의 노름을 직접 계산하지 않고 행렬의 수렴성을 알아보는 다른 방법을 찾을 필요가 있다.

정의 3.5

$n\times n$인 행렬 A의 고윳값을 $\lambda_1, \lambda_2, \cdots, \lambda_n$이라 할 때

$$\rho(A) = \max_{1\le i\le n}|\lambda_i|$$

을 행렬 A의 **특성반지름**(spectral radius)이라고 한다.

예를 들어 행렬

$$A = \begin{bmatrix} 1 & 0 & 1 \\ 2 & 2 & 1 \\ -1 & 0 & 0 \end{bmatrix}$$

에 대하여 $\det(A - \lambda I) = (2-\lambda)(\lambda^2 - \lambda + 1)$이므로

$$\rho(A) = \max\left\{2, \left|-\frac{1}{2} + \frac{\sqrt{3}}{2}i\right|, \left|-\frac{1}{2} - \frac{\sqrt{3}}{2}i\right|\right\} = 2$$

이다.

특성반지름과 노름 사이에는 다음과 같은 관계가 성립한다.

정리 3.3

행렬 A에 대하여 $\rho(A) \le \|A\|$이다.

증명 행렬 A의 고윳값 λ와 고유벡터 x에 대하여

$$Ax = \lambda x$$

이므로

$$|\lambda|\,\|x\| = \|Ax\| \le \|A\|\,\|x\|$$

이다. 따라서 양변을 $\|x\|$로 나누면

$$|\lambda| \le \|A\|$$

가 성립한다. 그런데 위의 부등식은 모든 고윳값에 대해서 성립하므로

$$\rho(A) \le \|A\|$$

이다. ▨

정리 3.4

행렬 A에 대하여

$$\|A\| = \{\rho(A^T A)\}^{\frac{1}{2}}$$

이다.

증명 행렬 A에 대하여

$$(A^TA)^T = A^T(A^T)^T = A^TA$$

이고 임의의 벡터 x에 대하여

$$x^TA^TAx = \|Ax\|^2 \geq 0$$

이므로, 행렬 A^TA는 음이 아닌 정부호(non-negative definite)를 갖는 대칭행렬이다. 따라서 행렬 A^TA는 실수인 고윳값

$$0 \leq \lambda_1 \leq \lambda_2 \leq \cdots \leq \lambda_n$$

을 가지므로, 서로 정규직교하는 고유벡터가 존재한다. 즉 임의의 $i \neq j$에 대하여

$$A^TA\alpha_i = \lambda_i\alpha_i, \qquad \alpha_i^T\alpha_j = 0, \qquad \alpha_i^T\alpha_i = 1$$

인 고유벡터 $\{\alpha_i\}_{i=1}^n$이 존재한다. 그런데 고유벡터 $\{\alpha_i\}_{i=1}^n$은 기저를 이루므로

$$x = \sum_{i=1}^n c_i\alpha_i$$

라고 하면,

$$\frac{\|Ax\|^2}{\|x\|^2} = \frac{x^TA^TAx}{x^Tx} = \frac{\sum_{i=1}^n |c_i|^2\lambda_i}{\sum_{i=1}^n |c_i|^2}$$

가 성립한다. 그러므로

$$0 \leq \lambda_1 \leq \frac{\|Ax\|^2}{\|x\|^2} \leq \lambda_n$$

이 성립한다.

여기서 특별히 $x = \alpha_n$으로 택하면

$$\|A\|^2 = \sup_{x \neq 0}\frac{\|Ax\|^2}{\|x\|^2} = \lambda_n = \rho(A^TA)$$

이다. 따라서 정리가 증명된다. ▨

행렬 A가 대칭행렬인 경우에는 행렬의 노름과 특성반지름의 값은 같다.

정리 3.5

행렬 A가 대칭인 경우에는

$$\|A\| = \rho(A)$$

가 성립한다.

증명 행렬 A가 대칭이므로 $A^T = A$이다. 따라서

$$\|A\|^2 = \rho(A^TA) = \rho(A^2) = \{\rho(A)\}^2$$

이 성립한다. ▨

위의 정리에 의하면 행렬 A가 대칭행렬이 아닌 경우에는 $\rho(A) < 1$이라고 해서 $\|A\| < 1$이라고 할 수는 없다. 다시 말하면 아직까지는 $\rho(A) < 1$이라고 해서 행렬 A가 O에 수렴한다고 말할 수는 없다.

그러나 임의의 정방행렬 A에 대하여 다음 성질이 성립한다.

정리 3.6 (Jordan cannonical theorem)

임의의 $n \times n$인 행렬 A가 s개의 서로 다른 고윳값을 가지면

$$M^{-1}AM = \mathrm{diag}(J_1, J_2, \ldots, J_s)$$

인 행렬 M이 존재한다. 여기서 J_l은 다음과 같은 삼각행렬이다.

$$J_l = \begin{bmatrix} \lambda_l & 1 & 0 & \cdots & 0 \\ 0 & \lambda_l & 1 & \cdots & 0 \\ \vdots & \ddots & \ddots & \ddots & \\ 0 & \cdots & 0 & \lambda_l & 1 \\ 0 & \cdots & \cdots & 0 & \lambda_l \end{bmatrix}, \qquad l = 1, 2, \ldots, s$$

Jordan cannonical 정리는 선형대수학이나 현대대수학에서 자세히 다룬다. 우리가 이 정리가 성립하는 것을 받아들이면 다음과 같은 행렬의 수렴성에 대한 정리를 얻는다.

정리 3.7

임의의 $n \times n$인 행렬 A가 수렴할 필요충분조건은 $\rho(A) < 1$이다.

증명 Jordan cannonical 정리에서

$$\widetilde{A} = M^{-1}AM = diag(J_1,\ J_2,\ \dots,\ J_s)$$

라 하면,

$$(\widetilde{A})^m = \begin{bmatrix} J_1^m & & & \\ & J_2^m & & \\ & & \ddots & \\ & & & J_s^m \end{bmatrix}$$

이 된다. 그런데 행렬

$$J_l^2 = \begin{bmatrix} \lambda_l^2 & 2\lambda_l & 1 & & & \\ & \lambda_l^2 & 2\lambda_l & 1 & & \\ & & \ddots & \ddots & \ddots & \\ & & & \lambda_l^2 & 2\lambda_l & 1 \\ & & & & \lambda_l^2 & 2\lambda_l \\ & & & & & \lambda_l^2 \end{bmatrix}$$

이다.

일반적으로 $J_l^m = (d_{ij}^{(m)})$이라 하면

$$d_{ij}^{(m)} = \begin{cases} 0, & j < i \\ {}_mC_{j-i}\lambda_l^{m-j+i}, & i \le j \\ 0, & m+i < j \end{cases}$$

이다.

따라서 $|\lambda_l| < 1$이면

$$O = \lim_{m\to\infty} (\widetilde{A})^m = \lim_{m\to\infty} M^{-1}A^mM$$

이므로, 행렬 A가 수렴할 필요충분조건은 $\rho(A) < 1$이다. ▨

이제 $n \times n$인 행렬 A가 수렴하는 것을 보이기 위해서는 특성반지름이 1보다 작은 것을 보이면 된다. 그런데 특성다항식을 구하기 위해서는 행렬식을 구하여야 하는데, 앞에서 언급했듯이 행렬의 행렬식을 구하는 것은 많은 시간을 요구하므로 특성다항식을 구하여 절댓값이 최대인 고윳값을 구하는 것도 만만치 않다. 따라서 특성방정식을 풀지 않고 특성반지름의 크기를 아는 방법에 대해 알아보자.

Gershigorin의 원 정리에 의하면 행렬 $A = (a_{ij})_{n \times n}$에서

$$\Lambda_i = \sum_{j=1, j \neq i}^{n} |a_{ij}|, \quad i = 1,\ 2,\ \dots,\ n$$

라고 하면, A의 고윳값은 대각원소 a_{ii}를 중심으로 반지름이 Λ_i인 원 안에 존재한다. 즉

$$|a_{ii} - \lambda| \leq \Lambda_i$$

이므로, 다음 정리가 성립한다.

정리 3.8

행렬 $A = (a_{ij})_{n \times n}$에서

$$\rho(A) \leq \max_{1 \leq i \leq n} \sum_{j=1}^{n} |a_{ij}|$$

이다.

한편 행렬 A와 전치행렬 A^T의 고윳값은 같으므로 다음 정리가 성립한다.

정리 3.9

행렬 $A = (a_{ij})_{n \times n}$에서

$$\rho(A) \leq \max_{1 \leq j \leq n} \sum_{i=1}^{n} |a_{ij}|$$

이다.

정리 3.8과 정리 3.9는 행렬 A의 특성반지름이 $\|A\|_\infty$와 $\|A\|_1$ 보다 각각 크지 않음을 나타낸다.

문제 4

임의의 수 α에 대하여 행렬

$$A = \begin{bmatrix} \alpha & 0 \\ 0 & \alpha \end{bmatrix}$$

에 대하여 다음 물음에 답하여라.

(1) $\rho(A)$를 구하여라.

(2) $\|A\| = \rho(A)$임을 보여라.

문제 5

다음 행렬 A에 대하여 물음에 답하여라.

$$A = \begin{bmatrix} 3 & -\frac{1}{2} & 0 \\ -\frac{1}{2} & 1 & -\frac{1}{2} \\ 0 & -\frac{1}{2} & 1 \end{bmatrix}$$

(1) 고윳값을 구하여라.

(2) $\rho(A)$를 구하여라.

(3) Gershigorin의 원 정리를 확인하여라.

문제 6

다음 행렬 A에 대하여 물음에 답하여라.

$$A = \begin{bmatrix} 1 & 0 & 1 \\ 2 & 2 & 1 \\ 2 & 0 & 0 \end{bmatrix}$$

(1) 고윳값을 구하여라.

(2) $\rho(A)$를 구하여라.

(3) Gershigorin의 원 정리를 확인하여라.

문제 7

다음 행렬 A에 대하여 물음에 답하여라.

$$A = \begin{bmatrix} 4 & 0 & -1 & -1 \\ 0 & 4 & -1 & -1 \\ -1 & -1 & 4 & 0 \\ -1 & -1 & 0 & 4 \end{bmatrix}$$

(1) A의 특성반지름을 구하여라.

(2) $\lim_{m \to \infty} A^m = O$인지를 보여라.

3-3 행렬의 가역성 다시보기

미지수가 n개인 일차연립방정식

$$\begin{aligned} a_{11}x_1 + a_{12}x_2 + \cdots + a_{1n}x_n &= b_1 \\ a_{21}x_1 + a_{22}x_2 + \cdots + a_{2n}x_n &= b_2 \\ &\cdots\cdots \\ a_{i1}x_1 + a_{i2}x_2 + \cdots + a_{in}x_n &= b_i \\ &\cdots\cdots \\ a_{n1}x_1 + a_{n2}x_2 + \cdots + a_{nn}x_n &= b_n \end{aligned}$$

의 해를 구하기 위해서는 먼저 연립방정식이 유일한 해를 갖는지 그렇지 않은지, 즉 계수행렬 A가 가역인지 아닌지를 알아야 한다.

이를 알아보기 위하여 Gershigorin의 원 정리를 적용해 보든지, 아니면 가역인 특별한 3-대각행렬인지를 먼저 확인하여야 한다. 그렇지 않다면 행렬 A의 행렬식을 구하여 그 값이 0인지 아닌지를 알면 된다. 그러나 이것을 밝히는 것은 쉽지 않으므로 다른 방법은 없는지 찾아보자.

연립방정식의 순서를 바꾸어 풀어도 방정식의 해에는 변함이 없다. 그런데 방정식의 순서를 바꾸는 것은 계수행렬 $A=(a_{ij})_{n\times n}$에 치환행렬을 곱하는 것과 같으므로, 적당한 치환행렬 P를 곱하여

$$PAP^T = \begin{bmatrix} A_{11} & A_{12} \\ O & A_{22} \end{bmatrix}$$

의 꼴로 나타나면, 연립방정식 $Ax=b$는

$$\begin{aligned} A_{11}x_1 + A_{12}x_2 &= b_1 \\ A_{22}x_2 &= b_2 \end{aligned}$$

의 꼴로 나누어진다. 이것은 진정한 의미에서의 n개의 연립방정식이라고 보기는 어렵고 작은 크기의 연립방정식으로 나뉜다.

이런 의미에서 위와 같은 행렬을 **분할 가능한**(reducible) 행렬이라고 부른다. 또 분할 가능하지 않은 행렬을 **분할 불가능한**(irreducible) 행렬이라고 부른다. 물론 1×1 행렬 A가 O이 아니면 A는 분할이 불가능하고, 영행렬이면 분할 가능하다.

행렬 $A_{n\times n}$의 분할 가능성을 확인하려면 $n!$가지의 치환행렬 P를 곱해보아

$$PAP^T = \begin{bmatrix} A_{11} & A_{12} \\ O & A_{22} \end{bmatrix}$$

의 꼴로 바뀌는지 아닌지를 계산하여 보아야 한다. 이렇게 많은 것을 계산해 보기는 쉽지 않다. 이런 이유로 행렬 A의 분할 불가능을 다른 방법으로 정의하여 보자. 물론 이 정의는 앞의 정의와 동치이다.

정의 3.6

영행렬이 아닌 행렬 $A=(a_{ij})_{n\times n}$가 다음 조건 중 하나를 만족할 때, 행렬 A를 분할 불가능이라고 한다.

(1) $n=1$

(2) $n\geq 2$인 경우,

$$S\cap T=\varnothing,\quad S\cup T=\{1,\ 2,\ \dots,\ \mathrm{n}\}$$

인 $\{1,\ 2,\ \dots,\ n\}$의 임의의 부분집합 $S\neq\varnothing$, $T\neq\varnothing$에 대하여, $a_{ij}\neq 0$인 $i\in S$, $j\in T$가 존재한다.

그러나 이것도 행렬의 분할 불가능성을 보이는데 크게 도움이 되지는 않는다. 이제 행렬의 분할 불가능을 쉽게 판단할 수 있도록 행렬의 그래프를 이용하여 보자.

행렬 $A=(a_{ij})_{n\times n}$를 n개의 점 $P_1,\ P_2,\ \dots,\ P_n$의 연결 상태를 나타내는 것으로 생각하자. 즉 $a_{ij}\neq 0$이면, 점 P_i에서 점 P_j로 가는 방향이 있는 길(directed path) $\overrightarrow{P_iP_j}$가 있다고 생각하자. 이와 같은 방법으로 행렬 A의 원소에 대응하는 방향을 가진 길로 연결된 그래프를 $G(A)$라고 한다.

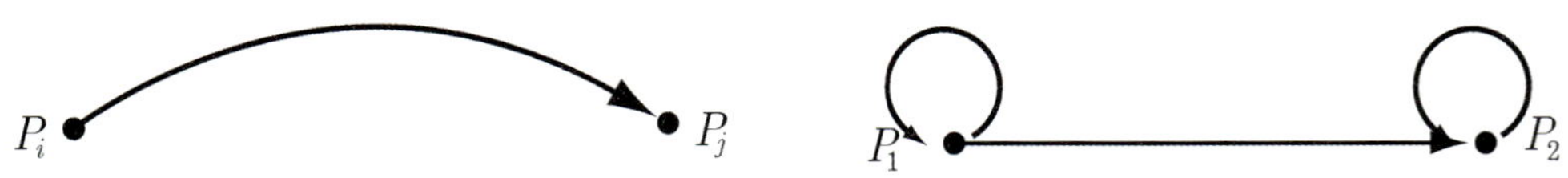

$a_{ij}\neq 0$　　　　$a_{11}\neq 0,\ a_{12}\neq 0, a_{22}\neq 0$

〈그림 3-1〉 행렬의 그래프

정의 3.7

임의의 두 점 P_i와 P_j에 대하여 방향을 가진 길

$$\overrightarrow{P_iP_{i_1}},\ \overrightarrow{P_{i_1}P_{i_2}},\ \dots,\ \overrightarrow{P_{i_{r-1}}P_{j=i_r}}$$

이 존재하여 두 점 P_i와 P_j를 연결할 수 있을 때, 이 그래프 $G(A)$는 **강하게 연결되어 있다**(strongly connected)고 한다.

위의 정의 3.7을 이용하면 다음 사실을 알 수 있다.

정리 3.10

행렬 $A=(a_{ij})_{n\times n}$가 분할 불가능일 필요충분조건은 그래프 $G(A)$가 강하게 연결되어 있는 것이다.

이제 정리 3.10을 이용하면 행렬 A에 대한 치환행렬이나 집합 $\{1,\ 2,\ \dots,\ n\}$의 분할을 생각하지 않아도, 행렬의 그래프 $G(A)$를 가지고 거의 직관적으로 행렬 A의 분할 불가능성을 알아볼 수 있다.

이제 우리가 수치해석에서 자주 다루게 될 행렬 A의 가역성에 대하여 알아보자. 그런데 행렬 A가 강대각지배인 경우에는 A가 가역인 것을 알고 있으므로, A가 약대각지배인 경우의 가역성을 알아보자.

정리 3.11

행렬 $A=(a_{ij})_{n\times n}$가 분할 불가능이고 약대각지배 행렬이면, 행렬 A는 가역이다.

증명 만약 어떤 i에 대하여 대각원소 $a_{ii}=0$이면, 행렬이 대각지배이므로 i행의 모든 원소

$$a_{ij}=0,\quad j=1,\ 2,\ \dots,\ n$$

이다. 그러나 이것은 행렬 A의 분할 불가분성에 모순이다. 그러므로 모든 대각원소는 0이 아니다.

이제 행렬 A가 가역임을 보이자. 만약 $\det(A)=0$이라고 가정하면 방정식 $Ax=0$은 0이 아닌 해 x를 갖는다. 임의의 $i=1, 2, \ldots, n$에 대하여

$$a_{i1}x_1 + a_{i2}x_2 + \cdots + a_{ii}x_i + \cdots + a_{in}x_n = 0$$

으로부터

$$x_i = \sum_{j=1}^{n} b_{ij}x_j$$

를 얻는다. 여기서

$$b_{ij} = \begin{cases} 1, & j = i \\ -\dfrac{a_{ij}}{a_{ii}}, & j \neq i \end{cases}$$

이다. 또 행렬 A가 대각지배이므로 임의의 $i=1, 2, \ldots, n$에 대하여

$$\sum_{j=1, j\neq i}^{n} |a_{ij}| \leq |a_{ii}|, \text{ 즉 } \sum_{j=1, j\neq i}^{n} |b_{ij}| \leq 1$$

이 성립한다. 그런데 행렬 A가 약대각지배이므로 적어도 하나의 i에 대하여 부등식

$$\sum_{j=1, j\neq i}^{n} |b_{ij}| < 1$$

이 성립한다.

연립방정식의 해는 $x \neq 0$이므로 $M = \max_{1 \leq i \leq n}|x_i| > 0$이다. 이 때 $|x_k| = M$이라고 하면

$$|x_k| = |\sum_{j=1, j\neq k}^{n} b_{kj}x_j| \leq \sum_{j=1, j\neq k}^{n} |b_{kj}||x_j|$$

이다. 그런데 행렬 A는 대각지배이므로 $\sum_{j=1, j\neq k}^{n} |b_{kj}| < 1$이다. 따라서

$$\sum_{j=1, j\neq k}^{n} |b_{kj}||x_k| \leq |x_k| \leq \sum_{j=1, j\neq k}^{n} |b_{kj}||x_j|$$

즉

$$\sum_{j=1, j\neq k}^{n} |b_{kj}|(|x_j| - |x_k|) \geq 0.$$

한편 $M = |x_k| \geq |x_j|$이므로

$$|b_{kj}|(|x_j| - |x_k|) \leq 0$$

을 얻는다. 따라서 $|b_{kj}| \neq 0$인 모든 j에 대하여

$$|x_j| = |x_k| = M$$

이다.

행렬 A가 분할 불가능하므로(A의 그래프가 강하게 연결되어 있으므로) $j \neq k$이면 적당한 $i_1, i_2, \ldots, i_r$이 존재하여

$$b_{ki_1} b_{i_1 i_2} \cdots b_{i_r j} \neq 0$$

이다. 이 경우

$$M = |x_k| = |x_{i_1}| = |x_{i_2}| = \cdots = |x_{i_r}| = |x_j|$$

이다. 따라서 모든 $i = 1, 2, \ldots, n$에 대하여 $|x_i| = M$이다.

그런데 행렬 A가 약대각지배이므로

$$\sum_{j=1, j \neq i^*}^{n} |b_{i^* j}| < 1$$

인 i^*에 대하여

$$|x_{i^*}| \leq \sum_{j=1, j \neq i^*}^{n} |b_{i^* j}||x_j| = \sum_{j=1, j \neq i^*}^{n} |b_{i^* j}| M < M$$

이므로 모순이다. 따라서 행렬 A는 가역이다. ▨

문제 8

다음과 같은 3-대각행렬의 그래프가 강하게 연결되어 있음을 보임으로, 주어진 행렬이 분할 불가능임을 보여라.

$$A = \begin{bmatrix} 2 & -1 & 0 & 0 \\ -1 & 2 & -1 & 0 \\ 0 & -1 & 2 & -1 \\ 0 & 0 & -1 & 2 \end{bmatrix}$$

3-4 Jacobi 방법

이제 유일한 해를 갖는 미지수가 n개인 일차연립방정식

$$
\begin{aligned}
a_{11}x_1 + a_{12}x_2 + \cdots + a_{1n}x_n &= b_1 \\
a_{21}x_1 + a_{22}x_2 + \cdots + a_{2n}x_n &= b_2 \\
&\cdots\cdots \\
a_{i1}x_1 + a_{i2}x_2 + \cdots + a_{in}x_n &= b_i \\
&\cdots\cdots \\
a_{n1}x_1 + a_{n2}x_2 + \cdots + a_{nn}x_n &= b_n
\end{aligned}
$$

의 해를 역행렬을 구하여 곱하거나 Cramer 공식, Gauss 소거법으로 구하지 않고, 반복법으로 구하는 방법에 대하여 알아보자.

먼저 임의의 벡터

$$x^{(0)} = (x_1^{(0)},\ x_2^{(0)},\ \cdots,\ x_n^{(0)})$$

를 택하고, 이로부터 새로운 벡터 $x^{(1)} = (x_1^{(1)},\ x_2^{(1)},\ \cdots,\ x_n^{(1)})$을

$$x_i^{(1)} = \frac{1}{a_{ii}}\left\{-\sum_{j=1, j \neq i}^{n} a_{ij}x_j^{(0)} + b_i\right\}, \qquad i = 1,\ 2,\ \ldots,\ n$$

와 같은 방법으로 구한다.

이런 과정을 되풀이 하여 벡터의 수열 $\{x^{(m)}\}$을 구할 수 있다. 각 방정식의 양변에 대각원소 a_{ii}를 곱하면

$$a_{ii}x_i^{(m+1)} = -\sum_{j=1}^{i-1} a_{ij}x_j^{(m)} - \sum_{j=i+1}^{n} a_{ij}x_j^{(m)} + b_i$$

을 얻는다. 이제

$$
\begin{aligned}
&D = diag\{a_{11},\ a_{22},\ \cdots,\ a_{nn}\} \\
&E = (-e_{ij})_{n \times n}, \quad e_{ij} = a_{ij},\ j < i, \quad e_{ij} = 0, \quad j > i, \\
&F = (-f_{ij})_{n \times n}, \quad f_{ij} = 0,\ j < i, \quad f_{ij} = a_{ij}, \quad j > i
\end{aligned}
$$

라 하자. 여기서 E와 F는 각각 대각 원소가 0인 하삼각행렬과 상삼각행렬이다.

그러면 행렬 A는

$$A = D - E - F$$

로 분해된다. 따라서 행렬을 이용하여 위의 반복법을 나타내면

$$x^{(m+1)} = D^{-1}(E+F)x^{(m)} + D^{-1}b$$

이다. 이와 같은 방법을 **Jacobi 반복법**이라고 한다. 이때

$$D^{-1}(E+F)$$

를 Jacobi 행렬이라고 한다.

Jacobi방법의 수렴성에 대하여 다음 정리가 성립한다.

정리 3.12

행렬 A가
(1) 강대각지배 행렬이거나
(2) 분할 불가능이고 약대각지배 행렬이면
Jacobi 반복법에 의해 만들어진 벡터의 수열은 수렴한다.

증명 증명은 Jacobi 행렬 $D^{-1}(E+F)$이 수렴함을 보이면 된다. 즉 $\rho(D^{-1}(E+F)) < 1$임을 보이면 된다.

(1) 강대각지배 행렬인 경우

먼저 행렬 A가 강대각지배이므로 행렬 A는 가역이다. 또 A가 강대각지배이므로 Jacobi 행렬을

$$B = D^{-1}(E+F) = (b_{ij})_{n\times n}$$

이라 하면

$$b_{ij} = \begin{cases} 0, & i=j \\ -\dfrac{a_{ij}}{a_{ii}}, & i \neq j \end{cases}$$

이고, $\|B\| < 1$이다. 그러므로 행렬 B는 수렴한다.

(2) 분할 불가능이고 약대각지배인 경우

행렬 C를

$$C = E + F = D - A$$

라 하고, λ를 Jacobi 행렬 $B = D^{-1}(E+F) = D^{-1}C$의 한 고윳값이라고 하면

$$\det(B - \lambda I) = \det(D^{-1}C - \lambda I) = 0$$

이다. 그런데

$$\det(D^{-1}C - \lambda I) = \det D^{-1}(C - \lambda D) = \det D^{-1}\det(C - \lambda D) = 0$$

이고, $\det(D^{-1}) \neq 0$이므로

$$\det(C - \lambda D) = 0$$

이다.

만약 $|\lambda| \geq 1$이라고 가정하면

$$\det\left(D - \frac{1}{\lambda}C\right) = 0$$

가 된다. 그런데 행렬 A는 분할불가능이고 약대각지배이며 $|\lambda| \geq 1$이므로 $D - \frac{1}{\lambda}C$도 분할 불가능이고 약대각지배 행렬이다. 따라서 $D - \frac{1}{\lambda}C$은 가역이다.

그러므로 정리 3.11에 의하여 $\det\left(D - \frac{1}{\lambda}C\right) \neq 0$이어야 한다. 그러나 이것은 λ가 행렬 B의 고윳값이라는 사실에 모순이다. 그러므로 행렬 B의 고윳값 λ는 모두 $|\lambda| < 1$이다. 즉

$$\rho(B) < 1$$

이다. ▨

Jacobi 방법

1. 임의의 벡터 $x^{(0)}$를 택한다.
2. $i = 1, 2, \ldots, n$에 대하여

$$x_i^{(m+1)} = \frac{1}{a_{ii}}\left\{-\sum_{j=1, j \neq i}^{n} a_{ij}x_j^{(m)} + b_i\right\}$$

   을 계산한다.
3. 벡터의 수열이 수렴하면 계산을 멈춘다.

matlab프로그램(Jacobi 방법)

```
function [x, itnum] = jacobi(A, b, x0, MaxIter)

%  Jacobi 방법으로 Ax = b 의 해를 구하는 프로그램
% x0 : 초기값
% MaxIter : 최대반복횟수
% TOL : 오차의 한계
% b, x0는 열벡터
% itnum : 반복횟수
TOL = 1e-5

if nargin < 4
  MaxIter = 100;
end

if nargin <3
  x0 = zeros(size(b));
end

sizeofA = size(A, 1);

x = x0;

%AT : a_ij/a_ii, 대각원소는 0
%bt : b_j/aii

for i = 1: sizeofA
  for j = 1 : sizeofA
    if j ~= i
      AT(i,j) = - A(i,j)/A(i,i);
    end
  end
  bt(i, :) = b(i, :)/A(i,i);
end
```

```
for iter = 1: MaxIter
  x = AT*x + bt;
  if nargout == 0
    x
  end

  itnum=iter;% %최대 반복횟수까지 TOL보다 크면 itnum이 없어서 error 나옴
  norm(x-x0);
  if norm(x - x0) <TOL
   itnum = iter;
   break;
  end
  x0=x;
end
```

문제 9

다음 연립방정식에 대하여 답하여라.

$$
\begin{aligned}
x_1 - \qquad\quad \frac{1}{4}x_3 - \frac{1}{4}x_4 &= 1 \\
x_2 - \frac{1}{4}x_3 - \frac{1}{4}x_4 &= 2 \\
-\frac{1}{4}x_1 - \frac{1}{4}x_2 + \quad x_3 \qquad\quad &= 3 \\
-\frac{1}{4}x_1 - \frac{1}{4}x_2 + \qquad\quad x_4 &= 4
\end{aligned}
$$

(1) 계수 행렬은 강대각지배인가?

(2) 계수 행렬은 분할 불가능이며 약대각지배인가?

(3) 계수 행렬은 가역인가?

(4) 위의 연립방식을 Jacobi 반복법으로 풀면 반복 수열은 수렴하는가?

3-5 Gauss-Seidel 방법

Jacobi 반복법에서는 새로운 벡터를 구할 때 단순히 그 전 단계의 벡터를 이용하고 있다. 다시 말하면 $m+1$번째 벡터를 구하기 위해서 방정식

$$a_{ii}x_i^{(m+1)} = -\sum_{j=1}^{i-1} a_{ij}x_j^{(m)} - \sum_{j=i+1}^{n} a_{ij}x_j^{(m)} + b_i$$

을 풀게 되는데, 오른쪽은 항상 m번째 벡터로 이루어져 있다. 따라서 Jacobi 반복법에서는 m번째 벡터의 모든 성분과 $m+1$번째 벡터의 새로 구한 성분을 모두 기억해야 한다. 그러나 벡터의 새로운 성분이 구해지면 그것을 이용하지 않을 이유가 없으므로, 새로 구한 성분을 이용하는 것이 컴퓨터의 기억용량을 줄일 수 있는 하나의 방법이다.

다시 말하면 Jacobi 방법은 임의로 벡터

$$x^{(0)} = (x_1^{(0)},\ x_2^{(0)},\ \dots,\ x_n^{(0)})$$

을 택하고 새로운 벡터

$$x^{(1)} = (x_1^{(1)},\ x_2^{(1)},\ \dots,\ x_n^{(1)})$$

의 각 성분을 구하기 위하여

$$x_1^{(1)} = \frac{1}{a_{11}}\left(-\sum_{j=2}^{n} a_{1j}x_j^{(0)} + b_1\right)$$

$$x_2^{(1)} = \frac{1}{a_{22}}\left(-a_{21}x_1^{(0)} - \sum_{j=3}^{n} a_{2j}x_j^{(0)} + b_2\right)$$

$$\cdots\cdots$$

$$x_i^{(1)} = \frac{1}{a_{ii}}\left(-\sum_{j=1}^{i-1} a_{ij}x_j^{(0)} - \sum_{j=i+1}^{n} a_{ij}x_j^{(0)} + b_i\right)$$

$$\cdots\cdots$$

$$x_n^{(1)} = \frac{1}{a_{nn}}\left(-\sum_{j=1}^{n-1} a_{nj}x_j^{(0)} + b_n\right)$$

과 같이 구한다.

그러나 Jacobi 방법을 개선하기 위하여 이미 구한 새로운 벡터의 성분을 사용하여

$$x_1^{(1)} = \frac{1}{a_{11}}(-\sum_{j=2}^{n} a_{1j}x_j^{(0)} + b_1)$$

$$x_2^{(1)} = \frac{1}{a_{22}}(-a_{21}x_1^{(1)} - \sum_{j=3}^{n} a_{2j}x_j^{(0)} + b_2)$$

$$\cdots\cdots$$

$$x_i^{(1)} = \frac{1}{a_{ii}}(-\sum_{j=1}^{i-1} a_{ij}x_j^{(1)} - \sum_{j=i+1}^{n} a_{ij}x_j^{(0)} + b_i)$$

$$\cdots\cdots$$

$$x_n^{(1)} = \frac{1}{a_{nn}}(-\sum_{j=1}^{n-1} a_{nj}x_j^{(1)} + b_n)$$

와 같이 구하는 것이다.

이런 과정을 되풀이 하는 것을 행렬을 이용하여 나타내면

$$x^{(m+1)} = (D-E)^{-1}Fx^{(m)} + (D-E)^{-1}b$$

이다. 이 방법을 **Gauss-Seidel 반복법**이라고 하며, 이때 행렬

$$(D-E)^{-1}F$$

를 Gauss-Seidel 행렬이라고 한다.

Gauss-Seidel 행렬의 수렴성은 다음과 같다.

정리 3.13

행렬 A가

(1) 강대각지배 행렬이거나

(2) 분할 불가능이고 약대각지배 행렬이면

Gauss-Seidel 반복법에 의해 만들어진 벡터의 수열은 수렴한다.

증명 정리 3.13의 증명은 정리 3.12의 증명과 같은 방법으로 한다.
먼저 행렬 A가 강대각지배 행렬이거나 분할 불가능이고 약대각지배 행렬이면, 행렬 A의 역행렬이 존재하므로 연립방정식은 유일한 해를 갖는다.

Gauss-Seidel 행렬을 C = $(D-E)^{-1}F$라 하면

$$C=(D-E)^{-1}F=D^{-1}(I-D^{-1}E)^{-1}F=(I-D^{-1}E)^{-1}D^{-1}F$$

이다. 여기서 $L=D^{-1}E,\quad U=D^{-1}F$ 라고 놓으면

$$C=(I-L)^{-1}U$$

가 되므로, Gauss-Seidel 반복법은

$$x^{(m+1)}=(I-L)^{-1}Ux^{(m)}+(I-L)^{-1}b$$

가 된다.

이제 행렬 $C=(I-L)^{-1}U$의 고윳값을 λ라 하면

$$\begin{aligned}\det\{(I-L)^{-1}U-\lambda I\}&=\det(I-L)^{-1}\{U-\lambda(I-L)\}\\&=\det(I-L)^{-1}\det\{U-\lambda(I-L)\}=0\end{aligned}$$

이다.

그런데 행렬 L은 대각원소가 모두 0인 하삼각행렬이므로, $(I-L)^{-1}$은 가역이다. 따라서 $\det(I-L)^{-1}\neq 0$이다. 그러므로

$$\det\{U-\lambda(I-L)\}=0,\text{ 즉 }\det(\lambda L-\lambda I+U)=0$$

이다.

만약 $|\lambda|\geq 1$이라고 가정하면

$$\det(I-\frac{1}{\lambda}U-L)=0$$

이다. 그런데 행렬 $I-\frac{1}{\lambda}U-L$은 강대각지배이거나, 분할 불가능이고 약대각지배이므로

$$\det(I-\frac{1}{\lambda}U-L)\neq 0$$

이어야 한다. 이것은 $\det(\lambda L-\lambda I+U)=0$이라는 사실에 모순이다.

그러므로 $C=(I-L)^{-1}U$ = $(D-E)^{-1}F$의 모든 고윳값은 $|\lambda|<1$이다. 즉 Gauss-Seidel 반복법은 수렴한다. ▨

Gauss-Seidel 반복법

1. 임의의 벡터 $x^{(0)}$를 택한다.
2. $i=1,\ 2,\ \ldots,\ n$에 대하여

$$x_i^{(m+1)} = \frac{1}{a_{ii}}\left(-\sum_{j=1}^{i-1} a_{ij}x_j^{(m+1)} - \sum_{j=i+1}^{n} a_{ij}x_j^{(m)} + b_i\right)$$

   을 계산한다.
3. 벡터의 수열이 수렴하면 계산을 멈춘다.

matlab프로그램(Gauss-Seidel 반복법)

```
function [x, itnum] = gaussseidel(A, b, x0, MaxIter)

% Gauss Seidel  방법으로 Ax = b 의 해를 구하는 프로그램
% x0 : 초기값
% MaxIter : 최대반복횟수
% TOL : 오차의 한계
% b, x0는 열벡터
% itnum : 반복횟수
TOL = 1e-5 ;

if nargin < 4
  MaxIter = 100;
end

if nargin <3
  x0 = ones(size(b));
end

N = size(A, 1);

x = x0;

for iter = 1: MaxIter
x(1) = (b(1) - A(1, 2:N)*x(2:N))/A(1,1);
for i = 2 : N-1
```

```
  temp = b(i) - A(i, 1:i-1)*x(1:i-1)-A(i, i+1:N)*x(i+1:N);
  x(i) = temp/A(i,i);
end
x(N) = (b(N) - A(N, 1:N-1)*x(1:N-1))/A(N,N);
if nargout ==0
  x
end
  itnum = iter;
  norm(x-x0) ;
 if norm(x - x0) <TOL
    break;
  end
  x0=x;
end

>> A=[3 2 1; 1 -5 2; 2 -2 4]

A =

     3     2     1
     1    -5     2
     2    -2     4

>> b = [ 3; 10; 12]

b =

     3
    10
    12
>> [x, itnum] = gaussseidel(A,b)

x =

    1.0000
   -1.0000
    2.0000
```

```
itnum =

    14
```

문제 10

다음 연립방정식을 Gauss-Seidel 반복법으로 풀면 반복 수열은 수렴하는가?

$$
\begin{aligned}
x_1 - \qquad\quad \frac{1}{4}x_3 - \frac{1}{4}x_4 &= 1 \\
x_2 - \frac{1}{4}x_3 - \frac{1}{4}x_4 &= 2 \\
-\frac{1}{4}x_1 - \frac{1}{4}x_2 + \quad x_3 \qquad\quad &= 3 \\
-\frac{1}{4}x_1 - \frac{1}{4}x_2 + \qquad\qquad x_4 &= 4
\end{aligned}
$$

문제 11

행렬 A에 대하여 Jacobi 행렬이 수렴하면 Gauss-Seidel 행렬도 수렴하는가? 그 역은 성립하는가? 다음 행렬을 생각해보라.

(1) $\begin{bmatrix} 1 & 2 & -2 \\ 1 & 1 & 1 \\ 2 & 2 & 1 \end{bmatrix}$ (2) $\begin{bmatrix} 5 & 3 & 4 \\ 3 & 6 & 4 \\ 4 & 4 & 5 \end{bmatrix}$

문제 12

Hilbert 행렬

$$H = (h_{ij})_{n \times n},\ h_{ij} = (i+j-1)^{-1}\,(n \ge 1)$$

와 벡터

$$b = (b_1,\ b_2, \ldots, b_n)^T$$

에 대해 연립방정식 $Hx = b$의 해는 $x = (1, 1, \ldots, 1)^T$이다.

(1) Jacobi 행렬과 Gauss-Seidel 행렬이 각각 수렴하는지 발산하는지 말하라.

(2) 수렴하는 반복법이 있으면 이를 이용하여 $n = 15$일 때 근사해를 구하여라.

(3) Gauss 소거법을 이용한 결과와 비교 분석하여라.(2.2절의 문제 3)

문제 13

다음 연립방정식을 Jacobi 반복법과 Gauss-Seidel 반복법을 이용해서 풀려고 한다.

$$\begin{aligned} x_1 + 2x_2 + 3x_3 &= 11 \\ 3x_1 - x_2 + 2x_3 &= 12 \\ 2x_1 - 2x_2 + x_3 &= 2 \end{aligned}$$

초기 벡터 $x^{(0)} = (1, 1, 1)^T$에 대하여 처음 두 개의 근사해 $x^{(1)}$과 $x^{(2)}$를 각각 구하여라. TOL=10^{-5}일 때 두 방법에 대한 MATLAB 프로그램을 써서 구한 근사해와 반복횟수를 구하여라.

3-6 SOR 방법

연립방정식 $Ax=b$를 풀기 위하여 Jacobi 방법을 개선한 Gauss-Seidel 방법을 다루었다. 이제 Gauss-Seidel 반복법을 더 발전시키는 방법을 생각해 보자.

먼저 임의의 벡터 $x^{(0)}$를 택하고, Gauss-Seidel 방법을 이용하여 얻은 가상의 새로운 근사해를 $\overline{x}^{(1)}$이라고 하자(그러나 우리는 실제로 이것을 계산하지 않을 것이다). 즉

$$\overline{x}_i^{(1)} = -\frac{1}{a_{ii}}\left\{\sum_{j=1}^{i-1} a_{ij}x_j^{(1)} + \sum_{j=i+1}^{n} a_{ij}x_j^{(0)} - b_i\right\}$$

라 하자.

그 다음에는 Gauss-Seidel 반복을 계속 시행하는 것이 아니라, 적당한 상수 ω를 이용하여 $x^{(0)}$와 $\overline{x}^{(1)}$의 일차결합을

$$x^{(1)} = x^{(0)} + \omega(\overline{x}^{(1)} - x^{(0)}) = (1-\omega)x^{(0)} + \omega\overline{x}^{(1)}$$

라 하자. 이것은 처음의 벡터 $x^{(0)}$에 $\overline{x}^{(1)} - x^{(0)}$을 보정해 주는 효과가 있다.

이와 같은 과정을 되풀이 한다고 생각하면, 우리는 벡터의 수열

$$x^{(m+1)} = x^{(m)} + \omega(\overline{x}^{(m+1)} - x^{(m)}) = (1-\omega)x^{(m)} + \omega\overline{x}^{(m+1)}$$

을 얻는다.

이제 $i=1,\ 2,\ \ldots,\ n$에 대하여

$$x_i^{(m+1)} = (1-\omega)x_i^{(m)} + \omega\overline{x}_i^{(m+1)}$$

에 $\overline{x}_i^{(m+1)}$을 대입하면

$$\begin{aligned} a_{ii}x_i^{(m+1)} &= a_{ii}x_i^{(m)} - \omega\left\{\sum_{j=1}^{i-1} a_{ij}x_j^{(m+1)} + \sum_{j=i+1}^{n} a_{ij}x_j^{(m)} - b_i + a_{ii}x_i^{(m)}\right\} \\ &= a_{ii}x_i^{(m)} - \omega\left\{\sum_{j=1}^{i-1} a_{ij}x_j^{(m+1)} + \sum_{j=i}^{n} a_{ij}x_j^{(m)} - b_i\right\} \end{aligned}$$

를 얻는다.

이것을 간단히 나타내기 위하여 행렬을 사용하면

$$Dx^{(m+1)} = Dx^{(m)} - \omega\{-Ex^{(m+1)} - Fx^{(m)} + Dx^{(m)} - b\}$$

이고, 다시 정리하면

$$(D - \omega E)x^{(m+1)} = \{(1-\omega)D + \omega F\}x^{(m)} + \omega b$$

이다. 만약 행렬 $D-\omega E$의 역행렬이 존재하면

$$x^{(m+1)} = (D - \omega E)^{-1}\{(1-\omega)D + \omega F\}x^{(m)} + \omega(D - \omega E)^{-1}b$$

이다.

이제 Gauss-Seidel 방법에서와 같이 $L = D^{-1}E,\ U = D^{-1}F$ 로 놓으면

$$x^{(m+1)} = (I - \omega L)^{-1}\{(1-\omega)I + \omega U\}x^{(m)} + \omega(1 - \omega L)^{-1}D^{-1}b$$

로 나타난다.

이와 같은 풀이 방법을 **SOR(successive over-relaxation) 방법**이라고 하고, 행렬

$$L_\omega = (I - \omega L)^{-1}\{(1-\omega)I + \omega U\}$$

을 SOR 행렬이라고 한다.

사실은 $0 < \omega < 1$인 경우를 under-relaxation, $1 < \omega < 2$인 경우를 over-relaxation이라고 한다. 특히 $\omega = 1$인 경우에는 SOR 방법은 Gauss-Seidel 방법과 같다.

앞에서 언뜻 언급하였지만 SOR 방법은 실제로 Gauss-Seidel 방법에 의한 가상 벡터를 계산하지 않고

$$x_i^{(m+1)} = x_i^{(m)} - \frac{\omega}{a_{ii}}\left\{\sum_{j=1}^{i-1} a_{ij}x_j^{(m+1)} + \sum_{j=i}^{n} a_{ij}x_j^{(m)} - b_i\right\}$$

와 같이 계산한다.

한편 방정식 $f(x) = 0$의 실근을 구하는 Newton 방법에서 접선의 기울기를 적당히 변화시키면

$$x_{n+1} = x_n - \omega\frac{f(x_n)}{f'(x_n)}$$

을 얻는다.

이것을 연립방정식

$$f_1(x_1, x_2, \dots, x_i, \dots, x_n) = 0$$
$$f_2(x_1, x_2, \dots, x_i, \dots, x_n) = 0$$
$$\cdots\cdots$$
$$f_i(x_1, x_2, \dots, x_i, \dots, x_n) = 0$$
$$\cdots\cdots$$
$$f_n(x_1, x_2, \dots, x_i, \dots, x_n) = 0$$

에 적용하면, 우리는

$$x_i^{(m+1)} = x_i^{(m)} - \omega \frac{f_i(x_1^{(m+1)}, x_2^{(m+1)}, \dots, x_{i-1}^{(m+1)}, x_i^{(m)}, \dots, x_n^{(m)})}{\dfrac{\partial f_i(x_1^{(m+1)}, x_2^{(m+1)}, \dots, x_{i-1}^{(m+1)}, x_i^{(m)}, \dots, x_n^{(m)})}{\partial x_i}}$$

을 얻는다.

이와 같은 반복법을 **일반화된 Newton 방법** 또는 **비선형 SOR**이라고 한다. 따라서 일반화된 Newton 방법을 선형인 연립방정식

$$a_{11}x_1 + a_{12}x_2 + \cdots + a_{1n}x_n - b_1 = 0$$
$$a_{21}x_1 + a_{22}x_2 + \cdots + a_{2n}x_n - b_2 = 0$$
$$\cdots\cdots$$
$$a_{i1}x_1 + a_{i2}x_2 + \cdots + a_{in}x_n - b_i = 0$$
$$\cdots\cdots$$
$$a_{n1}x_1 + a_{n2}x_2 + \cdots + a_{nn}x_n - b_n = 0$$

에 적용하면, SOR 방법

$$x_i^{(m+1)} = x_i^{(m)} - \frac{\omega}{a_{ii}} \left\{ \sum_{j=1}^{i-1} a_{ij} x_j^{(m+1)} + \sum_{j=i}^{n} a_{ij} x_j^{(m)} - b_i \right\}$$

을 얻는다.

SOR 방법

1. 임의의 벡터 $x^{(0)}$를 택한다.
2. $i=1, 2, \ldots, n$에 대하여

$$x_i^{(m+1)} = x_i^{(m)} - \frac{\omega}{a_{ii}}\left\{\sum_{j=1}^{i-1} a_{ij}x_j^{(m+1)} + \sum_{j=i+1}^{n} a_{ij}x_j^{(m)} - b_i\right\}$$

   을 계산한다.
3. 벡터의 수열이 수렴하면 계산을 멈춘다.

matlab프로그램(SOR 방법)

```
function [x, itnum] = sor(A, b, omega,x0, MaxIter)

% SOR 방법으로 Ax = b 의 해를 구하는 프로그램
% x0 : 초기값
% MaxIter : 최대반복횟수
% TOL : 오차의 한계
% b, x0는 열벡터
% itnum : 반복횟수
TOL = 1e-5 ;

if nargin < 5
  MaxIter = 100;
end

if nargin <4
  x0 = ones(size(b));
end

if nargin < 3
  omega = 1.3
end



N = size(A, 1);
```

```
x = x0;

for iter = 1: MaxIter

x(1) = x(1) - omega*(A(1, 1:N)*x(1:N) - b(1))/A(1,1);
for i = 2 : N-1
  temp = A(i, 1:i-1)*x(1:i-1)+A(i, i:N)*x(i:N)-b(i);
  x(i) = x(i) - omega*temp/A(i,i);
end
x(N) = x(N) - omega*( A(N, 1:N)*x(1:N)-b(N))/A(N,N);
if nargout ==0
    x
  end
  itnum = iter;
  norm(x-x0) ;
 if norm(x - x0) <TOL
    break;
  end
  itnum = iter;

  x0=x;

end
```

예제 3-1

다음 방정식을 SOR 방법을 이용하여 풀어라.

$$3x_1 + 2x_2 + x_3 = 3$$

$$x_1 - 5x_2 + 2x_3 = 10$$

$$2x_1 - 2x_2 + 4x_3 = 12$$

풀이 matlab 프로그램(SOR방법)을 이용하여 다음과 같이 해를 구한다.

```
>>A=[3 2 1;1-5 2;2-2 4]
>>b=[3; 10; 12];
>>sor(A, b)
omega =
    1.3000
ans =
    1.0000
   -1.0000
    2.0000
```

SOR 방법의 수렴성에 대해서 알아보자. 일반적으로 SOR 방법은 행렬 A가 양의 정부호(positive definite)를 갖는 대칭행렬인 경우에 잘 적용되므로, 먼저 행렬 A가 언제 양의 정부호를 갖는 행렬이 되는지에 대하여 알아보자.

정리 3.14

실수의 행렬 A가 대칭이고 약대각지배이며 분할 불가능이라고 하자. 만약 $a_{ii} > 0$이면, 행렬 A는 양의 정부호를 가진다.

증명 행렬 A가 대칭이므로, 모든 고윳값은 실수이다. 이제 행렬 A의 고윳값이 모두 양수임을 보이자.

행렬 A의 고윳값 중 $\lambda \le 0$인 고윳값이 있다고 가정하자. 행렬 A는 약대각지배이고 $a_{ii} > 0$이므로 행렬 $A - \lambda I$도 약대각지배 행렬이 된다. 더욱이 A가 분할 불가능이므로 $A - \lambda I$도 분할 불가능이다. 따라서 $A - \lambda I$은 가역이다.

이것은 $\det(A - \lambda I) = 0$이라는 가정에 모순이다. 그러므로 행렬 A의 모든 고윳값은 양수이다. ▨

이제 SOR 반복법이 수렴하는 조건을 알아보자.

정리 3.15 (Kahn)

SOR 행렬 $L_\omega = (I - \omega L)^{-1}\{(1-\omega)I + \omega U\}$은 모든 실수 $\omega \neq 0$에 대하여

$$\rho(L_\omega) \geq |\omega - 1|$$

이 성립한다.

증명 SOR 행렬 $L_\omega = (I - \omega L)^{-1}\{(1-\omega)I + \omega U\}$의 특성다항식을

$$\phi(\lambda) = \det(\lambda I - L_\omega)$$

라 하자.

행렬 $L = D^{-1}E$은 대각원소가 모두 0인 하삼각행렬이므로 $I - \omega L$은 가역이다. 또 $\det(I - \omega L) = 1$이므로, λ가 SOR 행렬의 고윳값이면

$$\begin{aligned} 0 &= \phi(\lambda) \\ &= \det(I - \omega L)\det(\lambda I - L_\omega) \\ &= \det\{(\lambda + \omega - 1)I - \omega\lambda L - \omega U\} \end{aligned}$$

이다.

그런데 근과 계수와의 관계에서 상수항 $\phi(0)$은 SOR 행렬 L_ω의 모든 고윳값들의 곱이므로

$$\phi(0) = \prod_{i=1}^{n}(-\lambda_i) = \det\{(\omega - 1)I - \omega U\} = (\omega - 1)^n$$

이다. 그러므로

$$\rho(L_\omega) = \max_{1 \leq i \leq n}|\lambda_i| \geq |\omega - 1|$$

이다. ▨

정리 3.15의 Kahn의 정리는 SOR 반복법이 수렴하려면 $0 < \omega < 2$인 ω에 대해서만 생각하면 된다는 것을 말해 준다.

다음은 SOR 반복법이 수렴할 필요충분조건이다. 증명은 생략하기로 한다.

정리 3.16

행렬 $A = D - E - E^T$가 대칭이고, D는 대칭이며 양의 정부호를 가지며 $0 \le \omega \le 2$인 ω에 대해 $D - \omega E$가 가역이라고 하자. 그러면 $\rho(L_\omega) < 1$일 필요충분조건은 행렬 A가 양의 정부호이며 $0 < \omega < 2$인 것이다.

Gauss-Seidel 방법은 SOR 반복법에서 $\omega = 1$인 경우이므로 다음 정리를 얻는다.

따름정리 3.17 (Reich)

행렬 $A = D - E - E^T$가 대칭이고, D는 대칭이며 양의 정부호를 가지며 $D - E$가 가역이라고 하자. 그러면 Gauss-Seidel 반복법이 수렴할 필요충분조건은 A가 양의 정부호인 것이다.

참고 3.1

SOR 방법을 적용하려면 먼저 행렬 $A = (a_{ij})_{n \times n}$가 양의 정부호를 갖는지를 판단하여야 한다. 그러나 모든 고윳값을 구하여 양인지를 확인하여도 되지만, 행렬 A의 소행렬식이 다음 조건을 만족하면 A는 양의 정부호를 갖는다.

$$a_{11} > 0, \quad \begin{vmatrix} a_{11} & a_{12} \\ a_{21} & a_{22} \end{vmatrix} > 0, \quad \begin{vmatrix} a_{11} & a_{12} & a_{13} \\ a_{21} & a_{22} & a_{23} \\ a_{31} & a_{32} & a_{33} \end{vmatrix} > 0, \quad \ldots, \quad \det(A) > 0$$

또 SOR 방법에서 수렴이 가장 빠른 경우는

$$\omega = \frac{2}{1 + \sqrt{1 - \rho^2(B)}}$$

임이 알려져 있다. 그러나 여기서 $\rho(B)$는 행렬 A의 Jacobi 행렬의 특성반지름이므로 이것을 구하여 가장 좋은 ω를 사용하는 것은 효율적이지 못하다.
대체적으로 ω를 1.5 근방의 값을 사용하지만 비선형 SOR인 경우에는 아주 작은 값일 수도 있다.

문제 14

다음 물음에 답하여라.

$$-2x_1 + x_2 = -1$$

$$x_{i-1} - 2x_i + x_{i+1} = 0, \quad i = 2,\ 3,\ \dots,\ 99$$

$$x_{99} - 2x_{100} = -1$$

(1) 연립방정식을 SOR 방법을 이용하여 풀어라.

(2) 매개변수 ω의 값에 따라 수렴할 때까지의 반복횟수를 비교하여라.

문제 15

문제 14에 주어진 방정식에 대하여 다음 물음에 답하여라.

(1) Jacobi 방법을 이용하여 해를 구하고 SOR 방법과 반복 횟수를 비교하여라.

(2) Jacobi방법, Gauss-Seidel 방법을 이용하여 해를 구하고 SOR 방법과 반복 횟수를 비교하여라.

문제 16

다음 연립방정식의 계수행렬은 양의 정부호를 가짐을 보여라.

$$5x_1 + 3x_2 + 4x_3 = 12$$

$$3x_1 + 6x_2 + 4x_3 = 13$$

$$4x_1 + 4x_2 + 5x_3 = 12$$

문제 17

다음 행렬 A는 양의 정부호를 갖는가?

$$A = \begin{bmatrix} 2 & -1 & 0 \\ -1 & 4 & 2 \\ 0 & 2 & 2 \end{bmatrix}$$

문제 18

다음 비선형 연립방정식의 해를 일반화된 Newton 방법을 이용하여 구하여라. 단, 초기 벡터는 $x^{(0)} = (1, 1, 1)^T$로 택하라.

$$x_1 + x_2 + x_3 = 0$$

$$x_1^2 + x_2^2 + x_3^2 = 2$$

$$(x_1 + x_2)x_3 = -1$$

3-7 멱방법

특성 반지름의 크기는 행렬 연산의 반복법이 수렴하는지를 판단하는데 중요한 요소가 된다. 여기서는 행렬의 특성 반지름과 그에 대응하는 고유벡터를 구하는 방법에 대하여 알아보자.

행렬 A의 고윳값이

$$|\lambda_1| > |\lambda_2| \geq \cdots \geq |\lambda_n|$$

인 고윳값 $\lambda_1, \lambda_2, \cdots, \lambda_n$에 대응하는 일차독립인 고유벡터를 각각

$$v_1, v_2, \cdots, v_n$$

이라고 하자. 그러면 임의의 벡터 $v^{(0)} \in R^n$는 고유벡터의 일차결합

$$v^{(0)} = c_1 v_1 + c_2 v_2 + \cdots + c_n v_n$$

으로 나타난다. 그러므로

$$\begin{aligned} v^{(1)} = Av^{(0)} &= c_1 A v_1 + c_2 A v_2 + \cdots + c_n A v_n \\ &= \lambda_1 \left\{ c_1 v_1 + c_2 \frac{\lambda_2}{\lambda_1} v_2 + \cdots + c_n \frac{\lambda_n}{\lambda_1} v_n \right\} \end{aligned}$$

이다. 이러한 과정을 반복하면

$$v^{(k)} = A^k v^{(0)} = \lambda_1^k \left\{ c_1 v_1 + c_2 \left(\frac{\lambda_2}{\lambda_1}\right)^k v_2 + \cdots + c_n \left(\frac{\lambda_n}{\lambda_1}\right)^k v_n \right\}$$

이므로, 반복횟수를 증가시키면

$$c_1 v_1 + c_2 \left(\frac{\lambda_2}{\lambda_1}\right)^k v_2 + \cdots + c_n \left(\frac{\lambda_n}{\lambda_1}\right)^k v_n \to c_1 v_1$$

이 된다. 즉

$$v^{(k+1)} = A^{k+1} v^{(0)} = A^{k+1} \left(\sum_{i=1}^{n} c_i v_i\right)$$

이고, $c_1 v_1$이 λ_1에 대응하는 고유벡터가 된다.

한편 $v^{(k)}$의 r번째 성분을 $v_r^{(k)}$라고 하면

$$\frac{v_r^{(k+1)}}{v_r^{(k)}} = \frac{\lambda_1 (c_1 v_{1r} + \sum_{i=2}^{n} c_i (\frac{\lambda_i}{\lambda_1})^{k+1} v_{ir})}{c_1 v_{1r} + \sum_{i=2}^{n} c_i (\frac{\lambda_i}{\lambda_1})^{k} v_{ir}}$$

이므로

$$\lim_{k \to \infty} \frac{v_r^{(k+1)}}{v_r^{(k)}} = \lambda_1$$

이 된다. 즉

$$\lambda_1 = \lim_{k \to \infty} \frac{(A^{k+1} v^{(0)})_r}{(A^k v^{(0)})_r}, \qquad r = 1, 2, \ldots, n$$

이다.

물론 수렴속도는 $\frac{\lambda_2}{\lambda_1}$의 크기에 따라 결정되며, $|\frac{\lambda_2}{\lambda_1}|$의 값이 작으면 작을수록 빨리 수렴한다.

이와 같이 특성반지름과 그에 대응하는 고유벡터를 구하는 것을 **멱방법**(power method)이라고 한다.

멱방법

1. $v^{(0)} \neq 0$인 벡터를 택한다.
2. $y^{(1)} = Av^{(0)}$를 계산한다.
3. 다음 과정을 반복한다.

$$y^{(k+1)} = Av^{(k)}$$

$$\alpha_{k+1} = \max_{1 \le r \le n} |y_r^{(k+1)}|$$

$$v^{(k+1)} = \frac{1}{\alpha_{k+1}} y^{(k+1)}$$

특히 행렬 A가 대칭이고 고윳값이 서로 다른 값이라고 가정하면, 고유벡터 v_1, v_2, ..., v_n는 서로 직교한다. 여기서 고유벡터 v_i를

$$v_i^T v_j = \delta_{ij}$$

라고 하자.

따라서 벡터

$$\begin{aligned} x &= c_1 v_1 + c_2 \left(\frac{\lambda_2}{\lambda_1}\right)^k v_2 + \cdots + c_n \left(\frac{\lambda_n}{\lambda_1}\right)^k v_n \\ &= c_1 v_1 + \epsilon_2 v_2 + \cdots + \epsilon_n v_n \end{aligned}$$

이라고 하면

$$Ax = c_1 \lambda_1 v_1 + \epsilon_2 \lambda_2 v_2 + \cdots + \epsilon_n \lambda_n v_n$$

이고

$$x^T A x = \lambda_1 |c_1|^2 + \lambda_2 |\epsilon_2|^2 + \cdots + \lambda_n |\epsilon_n|^2$$

이다.

그런데

$$x^T x = |c_1|^2 + |\epsilon_2|^2 + \cdots + |\epsilon_n|^2$$

이므로, k가 증가하면

$$\epsilon_i \to 0, \qquad i = 2, 3, \ldots, n$$

이므로

$$\lambda_1 = \lim_{k \to \infty} \frac{x^T A x}{x^T x}$$

를 얻는다.

matlab프로그램(멱방법)

```
function [lambda , eigenv, iter] = powermethod(A, v, TOL, MaxIter)
% 행렬 A의 특성반지름과 그에 대응하는 고윳값을 멱방법에 의하여 구함.
```

```
% v : 0벡터가 아닌 초기벡터
%alpha0 : 특성반지름의 초기 추측값
% norm(v, inf) : maximum norm
% 예를 들어 v=(-1, 2, -3, 4, -5) 일 때 norm(v, inf) = 5
if nargin < 4
  MaxIter = 100;
end

if nargin < 3
  TOL = 1.e-5;
end

N = size(A,2); % # of columns of A

if nargin <2
  v = [1:N]';
end

lambda= 1;
for k = 1 : MaxIter
  v1=v;
  lambda1 = lambda;
  v = A*v/norm(v, inf);
  [vmax , indexv] = max(abs(v));
  lambda = v(indexv);
  if (norm(v-v1)<TOL) & abs(lambda - lambda1)<TOL, break; end
end

if(k ==MaxIter)
  disp('Increase the MaxIter.');
end
eigenv = v;
iter = k;
```

예제 3-2

멱방법을 이용하여 다음 행렬 A의 특성 반지름과 고유벡터를 구하여라.

$$A = \begin{bmatrix} 10 & 7 & 8 & 7 \\ 7 & 5 & 6 & 5 \\ 8 & 6 & 10 & 9 \\ 7 & 5 & 9 & 10 \end{bmatrix}$$

풀이 MATLAB 프로그램(멱방법)을 이용하면 다음을 얻는다.

```
>> A = [ 10 7 8 7; 7 5 6 5;8 6 10 9;7 5 9 10];
>> [lambda, eigenv, iter] = powermethod(A)
lambda =
   30.2887
eigenv =
   29.0053   20.8670   30.2887   28.5859
iter =   9
```

따라서 특성 반지름은 30.2887이고, 고유벡터는 $(29.0053\ 20.8670\ 30.2887\ 28.5859)^T$이다.

절댓값이 가장 큰 고윳값 λ_1과 이에 대응하는 고유벡터 v_1을 알 때, 그 다음으로 λ_2와 v_2를 구하는 방법에 대하여 알아보자.

행렬 A의 첫 행을 a^T라 하고 $A_1 = A - a^T v_1$이라고 하자. 특히 v_1의 첫 성분이 1이 되도록 택하면 행렬 A_1의 첫 행은 모두 0이 된다. 이제 λ_2에 대응하는 첫 성분이 1인 고유벡터를 v_2라 하자.

그러면 $a^T v_1 = \lambda_1$, $a^T v_2 = \lambda_2$ 이므로

$$\begin{aligned} A_1(v_1 - v_2) &= A(v_1 - v_2) - v_1 a^T (v_1 - v_2) \\ &= \lambda_1 v_1 - \lambda_2 v_2 - (\lambda_1 - \lambda_2) v_1 \\ &= \lambda_2 (v_1 - v_2) \end{aligned}$$

이다. 그러므로 λ_2와 $v_1 - v_2$는 각각 행렬 A_1의 고윳값과 고유벡터가 된다.

그런데 $v_1 - v_2$의 첫 성분이 0이므로, 행렬 A_1의 제 1열은 전혀 영향을 주지 않는다. 따라서 행렬 A의 제 1열과 제 1행을 제거한 $(n-1)\times(n-1)$ 행렬만 생각하면 된다.

이 행렬의 고유벡터를 구한 첫 성분으로 0을 더해 벡터 z를 얻고

$$v_2 = v_1 + cz$$

라 하자. 그러면

$$a^T v_2 = a^T v_1 + c a^T z = \lambda_2$$

이다. 따라서

$$c = \frac{\lambda_2 - \lambda_1}{a^T z}$$

이다.

이와 같은 과정을 되풀이 하면 다른 고윳값과 고유벡터를 구할 수 있다. 이 과정을 수축법(deflation technique)이라고 한다.

예제 3-3

행렬

$$A = \begin{bmatrix} -306 & -198 & 426 \\ 104 & 67 & -147 \\ -176 & -114 & 244 \end{bmatrix}$$

에 대하여 가장 큰 고윳값은

$$\lambda_1 = 6$$

이고, 이에 대응하는 고유벡터는

$$\begin{bmatrix} 2 \\ -1 \\ 1 \end{bmatrix}$$

이다.

이것을 가장 큰 원소가 1이 되도록 하면

$$v_1 = \begin{bmatrix} 1 \\ -\frac{1}{2} \\ \frac{1}{2} \end{bmatrix}$$

이다.

따라서

$$\begin{aligned} A_1 &= A - v_1 a^T \\ &= \begin{bmatrix} 0 & 0 & 0 \\ -49 & -32 & 66 \\ -23 & -15 & 31 \end{bmatrix} \end{aligned}$$

이다.

이 행렬의 제 1열과 제 1행을 제거한 행렬을

$$B_1 = \begin{bmatrix} -32 & 66 \\ -15 & 31 \end{bmatrix}$$

라 하면, B_1의 고윳값은

$$\lambda_2 = -2, \lambda_3 = 1$$

이다. 이것은 물론 행렬 A의 고윳값이다.

고윳값 $\lambda_2 = -2$에 대응하는 고유벡터가

$$z = \begin{bmatrix} 11 \\ 5 \end{bmatrix}$$

이므로

$$\begin{aligned} v_2 &= v_1 + cz \\ &= \begin{bmatrix} 1 \\ -\frac{1}{2} \\ \frac{1}{2} \end{bmatrix} + c \begin{bmatrix} 0 \\ 11 \\ 5 \end{bmatrix} \end{aligned}$$

가 된다.

그런데 $a^T z = -48$이므로 $c = \frac{1}{6}$이다.

따라서 고윳값 $\lambda_2 = -2$에 대응하는 고유벡터는

$$v_2 = \begin{bmatrix} 1 \\ \frac{4}{3} \\ \frac{4}{3} \end{bmatrix} \text{ 또는 } \begin{bmatrix} 3 \\ 4 \\ 4 \end{bmatrix}$$

이다.

고윳값 $\lambda_3 = 1$에 대하여는

$$v_3 = \begin{bmatrix} 1 \\ -\frac{1}{2} \\ \frac{1}{2} \end{bmatrix} + c\begin{bmatrix} 0 \\ 2 \\ 1 \end{bmatrix}$$

이고, $a^T z = 30$ 이므로 $c = -\frac{1}{6}$이다.

그러므로 고윳값 $\lambda_3 = 1$에 대응하는 고유벡터는

$$v_3 = \begin{bmatrix} 1 \\ -\frac{5}{6} \\ \frac{1}{3} \end{bmatrix} \text{ 또는 } \begin{bmatrix} 6 \\ -5 \\ 2 \end{bmatrix}$$

이다.

! 문제 19

멱방법을 이용하여 다음 행렬의 수렴반지름과 대응하는 고유벡터를 구하여라.

(1) $\begin{bmatrix} 4 & 0 & -1 & -1 \\ 0 & 4 & -1 & -1 \\ -1 & -1 & 4 & 0 \\ -1 & -1 & 0 & 4 \end{bmatrix}$　　(2) $\begin{bmatrix} 1 & 2 & -2 \\ 1 & 1 & 1 \\ 2 & 2 & 1 \end{bmatrix}$

답 : (1) 수렴반지름=6, 고유벡터 $[-6 -6\ 6\ 6]^T$

(2) 수렴반지름=1.0042, 고유벡터 $[-1.0000,\ 1.0021,\ 1.0042]^T$

문제 20

행렬 A에 대하여 다음 물음에 답하여라.

$$A = \begin{bmatrix} 1 & 0 & 1 \\ 0 & 1 & 0 \\ 1 & 0 & 1 \end{bmatrix}$$

(1) 가장 큰 고윳값과 이에 대응하는 고유 벡터를 구하여라.

(2) 예제 3.3의 방법을 이용하여 다른 고윳값과 고유벡터를 찾아라.

답 : (1) $\lambda_1 = 2,\ S_1 = [1\ \ 0\ \ 1]^i$

(2) $\lambda_2 = 1,\ v_2 = [0\ 1\ 0]^T;\quad \lambda_3 = 0,\ v_3 = [1\ 0\ -1]^T$

04

제 4 장 곡선 그리기

학습 내용

곡선그리기는 초등학교 과정에서 막대그래프로부터 꺾은선그래프를 그리는 것으로 시작된다. 이것은 주어진 자료를 가지고 두 점을 지나는 직선을 긋고, 이 직선을 이용하여 더 많은 정보를 얻어내려는 목적이 있다. 즉 주어진 자료로부터 이 자료의 특성을 잘 나타내는 함수를 얻고(곡선을 찾고), 이것으로부터 필요한 정보를 얻기 위함이다.

특별히 다항함수는 다루기 쉬어 자료를 다항함수로 나타내고 이를 이용하면 디자인에도 적용할 수 있다. 이와 같은 개념을 확장하면 자료의 특성에 맞게 다항함수, 삼각함수, 지수와 로그함수 등을 이용하여 유용한 정보를 얻을 수 있다.

제 4 장 곡선 그리기

4-1 곡선그리기와 문제해결

사회현상이나 자연현상을 조사하기 위하여 우리는 자료를 모은다. 그런데 이러한 자료는 대개 연속적인 것이 아니라 유한개의 자료로 이루어진 이산적인 자료이다. 이러한 자료로부터 연속적인 대략적인 정보를 얻기를 위하여 보간법이나 최소제곱법을 사용하기도 한다.

예를 들어, 자동차의 속력과 제동거리가 다음 표와 같이 주어졌을 때 10초 동안 자동차가 움직인 거리를 구하여 자동차의 제동 능력을 조사한다고 하자.

시간(초)	속력(m/초)
0	20
2	14
4	9
6	5
8	2
10	0

위의 표로부터 원하는 제동거리를 구하기 위하여

$$(\text{자동차가 움직인 거리}) = (\text{속력}) \times (\text{시간})$$

으로 주어지는 물리적 현상으로부터, 구하는 거리는 주어진 점을 잇는 곡선에 둘러싸인 넓이와 같음을 알 수 있다.

그런데 주어진 점을 잇는 곡선의 방정식을 구하기 위하여 우리는 이웃한 두 점을 지나는 직선을 먼저 생각하게 된다. 왜냐하면 평면 위에 주어진 두 점 $(x_0,\ y_0)$, $(x_1,\ y_1)$을 잇는 직선 $y=ax+b$는 유일하게 존재하는 것을 알고 있고 또 간단하기도 하기 때문이다. 물론 이웃하는 두 점을 잇는 직선을 구하여 사다리꼴의 넓이의 합을 구함으로써 제동거리의 근삿값을 구할 수 있다.

그러나 위 표에서 알 수 있듯이 각 구간에서 자동차의 속력이 줄어드는 값이 다르다. 따라서 각 구간에서 자동차의 속력이 같은 비율로 감소하였다고 할 수 없다. 그러므로 우리는 더욱 정확한 정보를 얻을 필요성을 느끼게 된다.

자동차의 속력이 일차함수의 형태가 아니므로 세 점, 네 점, 다섯 점, 여섯 점을 지나는 곡선을 구하기 위하여 각각 이차다항식, 삼차다항식, 사차다항식, 오차다항식을 구하려고 노력한다.

실제로 위의 경우 주어진 여섯 개의 점을 지나는 다항함수를 구하면 이차다항식

$$y=0.125x^2-3.250x+20$$

을 얻는다. 그러므로 자동차가 10초 동안 움직인 제동거리는 이차함수

$$y=0.125x^2-3.250x+20$$

와 $x=0$, $x-$축으로 둘러싸인 부분의 넓이

$$\int_0^{10}(0.125x^2-3.250x+20)dx$$

이다.

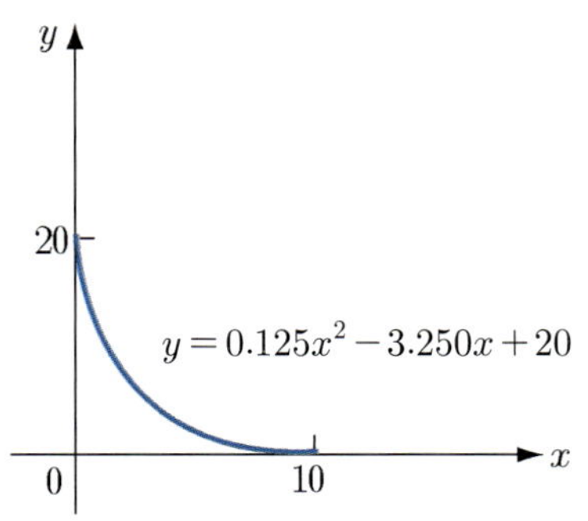

〈그림 4-1〉 시간과 속력

앞의 예를 통해서 일반적으로 $(n+1)$개의 점이 주어지면, 이들 점을 지나는 n차 이하의 다항함수가 유일하게 존재할 것인지, 또 다항함수를 구하면 적분을 어떻게 할 것인지, 이렇게 하면 정말로 우리가 원하는 제동거리를 구할 수 있을 것인지 하는 의문이 생긴다.

이런 문제해결 과정을 통하여 수학이 발전되어 간다.

문제 1

점 $(5, 1)$, $(-7, -23)$, $(-6, -54)$, $(0, -954)$를 지나는 3차 다항함수

$$p_3(x) = a_0 + a_1 x + a_2 x^2 + a_3 x^3$$

를 구하여라.

문제 2

문제 1에서 구한 다항함수를

$$p_3(x) = c_0 + c_1(x-5) + c_2(x-5)(x+7) + c_3(x-5)(x+7)(x+6)$$

의 형태로 나타내었을 때 계수 c_0, c_1, c_2, c_3의 값을 구하여라.

문제 3

$x_0 < x_1 < \cdots < x_n$인 $(n+1)$개의 점이 주어지면, 점

$$(x_0, f(x_0)), (x_1, f(x_1)), \ldots, (x_n, f(x_n))$$

을 지나는 n차 다항함수 f는 항상 존재하는가?

4-2 Lagrange 보간 다항식

주어진 자료를 지나는 다항함수를 만들어 연속적인 정보를 얻는 방법을 생각해 보기로 한다. 다항함수는 방정식의 해, 함수의 근사, 미분과 적분, 미분방정식의 해를 구하는 데에도 아주 중요하게 쓰이는데, 이는 다항식의 구조가 간결하기 때문이다.

더욱이 연속적인 현상을 관찰하여 자료를 얻은 경우에는 이들을 연속함수로 나타내면 좋을 것이라고 기대한다. 그런데 다행스럽게도 우리는 연속함수를 다항함수로 근사시킬 수 있는 정리를 알고 있다.

정리 4.1 (Weierstrass 근사정리)

함수 $f:[a,b]\to\mathbb{R}$ 이 연속이라고 하자. 그러면 임의의 ϵ에 대하여

$$|f(x)-p_n(x)|<\epsilon,\quad x\in[a,\,b]$$

인 다항함수 $p_n(x)$가 존재한다.

위의 Weierstrass의 근사정리는 임의의 연속함수에 균등 수렴하는 다항함수열이 존재한다는 것을 보장해 준다. 그러나 그 다항함수가 구체적으로 무엇인지를 말하여주지는 않는다.

하지만 다음의 Bernstein 다항식은 연속함수에 균등 수렴하는 다항함수가 무엇인지를 구체적으로 말하여준다.

정의 4.1

연속함수 $f:[0,1]\to\mathbb{R}$ 에 대하여

$$B_n(f)(x)=\sum_{k=0}^{n}{}_nC_k f\left(\frac{k}{n}\right)x^k(1-x)^{n-k}$$

을 함수 f의 n차 **Bernstein 다항식**이라고 한다.

Bernstein 다항식은 차수 n이 커짐에 따라 함수 f에 균등 수렴하지만 수렴하는 속도가 느려 실제로는 잘 사용되지 않고, Bernstein 다항식을 변형한 q-Bernstein 다항식이 수론이나 컴퓨터 그래픽 디자인에 자주 사용된다. 어쨌든 Bernstein 다항식은 함수 f를 알고 있는 경우에나 만들 수 있다.

이제 다항함수를 이용하여 연속적인 정보를 얻는 보간법을 다루기로 한다. 먼저 서로 다른 $n+1$개의 실수 $x_0 < x_1 < \cdots < x_n$에 대하여

$$p_n(x_i) = f(x_i), \quad 0 \le i \le n$$

인 n차의 다항함수 $p_n(x)$가 유일하게 존재하는지 알아보자.

정리 4.2

서로 다른 $n+1$개의 실수 $x_0 < x_1 < \cdots < x_n$에 대하여

$$p_n(x_i) = f(x_i), \quad 0 \le i \le n$$

인 n차 이하의 다항함수 $p_n(x)$가 유일하게 존재한다.

증명 주어진 조건을 만족하는 다항식을

$$p_n(x) = a_0 + a_1 x + a_2 x^n + \cdots + a_n x^n$$

라 하자. 그러면 $p_n(x_i) = f(x_i), \;\; 0 \le i \le n$으로부터 연립방정식

$$\begin{bmatrix} 1 & x_0 & x_0^2 \cdots x_0^n \\ 1 & x_1 & x_1^2 \cdots x_1^n \\ \cdot & \cdot & \cdot \\ 1 & x_n & x_n^2 \ldots x_n^n \end{bmatrix} \begin{bmatrix} a_0 \\ a_1 \\ \cdot \\ a_n \end{bmatrix} = \begin{bmatrix} f(x_0) \\ f(x_1) \\ \cdot \\ f(x_n) \end{bmatrix}$$

을 얻는다. 여기서 계수행렬 A의 행렬식의 값은

$$\det A = \prod_{j>i} (x_j - x_i)$$

인데, 임의의 $i \ne j$에 대하여 $x_i \ne x_j$이므로 $\det A \ne 0$이다.

따라서 연립방정식의 해는 유일하게 존재한다. 즉 다항식 $p_n(x)$는 유일하게 존재한다. 그런데 $p_n(x)$의 계수 중 a_n은 0일 수 있으므로 $p_n(x)$가 반드시 n차 다항식이라고 할 수는 없다. ▨

참고 4.1

위의 정리에서 만든 다항식 $p_n(x)$를 **Lagrange 보간 다항식**(interpolating polynomial)이라고 하며, 계수행렬 A를 **Vandermonde 행렬**이라고 한다.

그런데 실제로 Vandermonde 행렬의 역행렬을 구하여 이 연립방정식을 풀어 다항식을 구하는 것은 바람직스럽지 않다. 왜냐하면 역행렬을 구하는 데에는 많은 시간과 노력이 필요하기 때문이다.

이러한 문제점을 해결하는 한 가지 방법은 n차 다항식

$$l_k(x) = \prod_{j=0, j \neq k}^{n} \frac{x - x_j}{x_k - x_j}$$

을 이용하는 것이다. 이와 같은 모양을 Lagrange 형태(form)라고 하는데, 다항식 $l_k(x)$는 n개의 일차항의 곱이므로 $l_k(x)$는 n차 다항식이다.

한편, Lagrange 보간 다항식 $p_n(x)$는 n차 다항식의 일차결합이므로 $p_n(x)$도 n차 다항식이 된다. 더욱이

$$l_k(x_i) = \begin{cases} 1, & i = k \\ 0, & i \neq k \end{cases} \qquad i = 0,\ 1,\ \ldots,\ n$$

이 되므로, Lagrange 보간 다항식은 간단히 Lagrange 형태의 일차결합

$$p_n(x) = \sum_{k=0}^{n} f(x_k) l_k(x)$$

으로 표현된다.

참고 4.2

벡터공간 $V = \{p_n(x) = a_0 + a_1 x + a_2 x^2 + \cdots + a_n x^n \mid a_i \in R\}$의 기저로 $\{1, x, x^2, \ldots, x^n\}$을 사용해도 되지만 보간다항식을 Lagrange 형태의 집합 $l_k(x)$의 일차결합으로 구하면 연립방정식을 풀지 않고서도 보간다항식을 구할 수 있다.

한편 Lagrange 보간 다항식을 다음과 같은 Newton형태로 바꾸면

$$p_n(x) = a_0 + a_1(x - x_0) + a_2(x - x_0)(x - x_1) + \cdots + a_n(x - x_0)(x - x_1)\cdots(x - x_{n-1})$$

으로 나타난다. Newton형태는

$$p_n(x) = p_{n-1}(x) + a_n(x - x_0)(x - x_1)\cdots(x - x_{n-1})$$

이므로, 귀납적으로 계산해 나갈 수 있다.

더욱이

$$p_n(x_i) = f(x_i)$$

로부터,

$$a_k = f[x_0,\ x_1,\ \ldots,\ x_k]$$

이다.

이제 Lagrange 보간 다항식의 오차에 대하여 알아보자. 보간 오차를

$$e_n(x) = f(x) - p_n(x)$$

라 하자. 먼저 다음의 정리가 성립함을 보이자.

정리 4.3

함수 $f : [a,\ b] \to \mathbb{R}$ 의 n계 도함수가 $(a,\ b)$ 안에 존재하면, $[a,\ b]$ 안에 있는 서로 다른 $n+1$개의 실수

$$x_0 < x_1 < \cdots < x_n$$

에 대하여

$$f[x_0,\ x_1,\ \ldots,\ x_n] = \frac{f^{(n)}(\xi)}{n!}$$

인 점 $\xi \in [a,\ b]$가 존재한다.

증명 수학적 귀납법을 이용하여 증명하자.

$k=1$ 인 경우에는 평균값의 정리에 의하여 당연히 성립한다. 일반적으로 오차함수 $e_n(x)=f(x)-p_n(x)=0$은 $n+1$개의 해 $x_0,\ x_1,\ \dots,\ x_n$을 가진다. 또 함수 $f(x)$가 n번 미분 가능하므로 오차함수 $e_n(x)$도 n번 미분 가능하다. 따라서 Rolle의 정리에 의하여, $e_n'(x)=0$는 $(a,\ b)$ 위에서 n개의 근을 갖고 $e_n''(x)=0$는 $(a,\ b)$ 위에서 $n-1$개의 근을 갖는다.

이와 같은 과정을 반복하면 n차 도함수 $e_n^{(n)}(x)=0$는 $(a,\ b)$ 위에서 하나의 근 ξ를 갖는다. 따라서

$$e_n^{(n)}(\xi)=f^{(n)}(\xi)-p_n^{(n)}(\xi)=0$$

이다. 그런데 $p_n(x)$ n차 다항식이므로, 임의의 x에 대하여

$$p_n^{(n)}(x)=f[x_0,\ x_1,\ \dots,\ x_n]n!$$

이다. 특히 $a=x_0,\ b=x_n$으로 택하면

$$f[x_0,\ x_1,\ \dots,\ x_n]=\frac{f^{(n)}(\xi)}{n!}$$

인 점 ξ는 x_0와 x_n 사이에 존재한다. ▨

이제 $x_0, x_1, \dots, x_n$과 다른 임의의 점을 $\bar{x}$라 하고 $p_{n+1}(x)$가 함수 $f(x)$의 $x_0, x_1, \dots, x_n,\ \bar{x}$에서의 보간 다항식이라고 하면, $p_{n+1}(\bar{x})=f(\bar{x})$이다. 한편

$$p_{n+1}(x)=p_n(x)+f[x_0, x_1, \dots, x_n,\ \bar{x}]\prod_{j=0}^{n}(x-x_j)$$

이므로

$$f(\bar{x})=p_{n+1}(\bar{x})=p_n(\bar{x})+f[x_0,\ x_1,\ \dots,\ x_n,\ \bar{x}]\prod_{j=0}^{n}(\bar{x}-x_j)$$

이다.

따라서 $x_0,\ x_1,\ \dots,\ x_n$와 다른 임의의 점 $\bar{x}$에 대해서

$$e_n(\bar{x})=f[x_0,\ x_1,\ \dots,\ x_n,\ \bar{x}]\prod_{j=0}^{n}(\bar{x}-x_j)$$

이다.

위 식에 정리 4.3을 적용하면 다음과 같은 정리를 얻는다.

정리 4.4

함수 $f \in C^{n+1}[a, b]$이고 $p_n(x)$가 구간 $[a, b]$ 안에 있는 서로 다른 $n+1$개의 점 $x_0, x_1, \dots, x_n$에서 f의 보간 다항식이면, 임의의 $x \in [a, b]$에 대하여

$$f(x) - p_n(x) = \frac{1}{(n+1)!} f^{(n+1)}(\xi) \prod_{i=0}^{n} (x - x_i)$$

인 실수 $\xi \in (a, b)$가 존재한다.

위의 정리 4.4에 의하면

$$e_1(x) = f(x) - p_1(x) = (x - x_0)(x - x_1) \frac{f''(\xi)}{2!}$$

인 $\xi \in [x_0, x_1]$가 존재한다. 만약 $|f''(x)| \le M$ 인 사실을 안다면

$$|e_1(x)| \le |(x - x_0)(x - x_1)| \frac{M}{2!}$$

이 성립한다. 그런데 $|(x - x_0)(x - x_1)|$의 최댓값은

$$x = \frac{x_0 + x_1}{2}$$

일 때이므로

$$|e_1(x)| \le (x_1 - x_0)^2 \frac{M}{8}$$

이다.

일반적으로 $h = \max_{0 \le i \le n-1} (x_{i+1} - x_i)$라 하면, $x \in [x_0, x_n]$에 대하여

$$|\omega(x)| = |(x - x_0)(x - x_1) \cdots (x - x_n)| \le \frac{n! h^{n+1}}{4}$$

이므로,

$$\|e_n\| = \|f - p_n\| \le \frac{\|f^{(n+1)}\| h^{n+1}}{4(n+1)}$$

이다.

Rolle의 정리를 반복하여 사용하면 오차의 도함수의 크기를 추정할 수 있다.

정리 4.5

함수 $f \in C^{n+1}[a, b]$이고 $p_n(x)$가 $a = x_0 < x_1 < \cdots < x_n = b$에서의 함수 $f(x)$의 Lagrange 보간다항식이라 하고 $h = \max_{0 \le i \le n-1}(x_{i+1} - x_i)$라고 하면, $j = 1, 2, \ldots, n$에 대하여

$$\|e_n^{(j)}\| = \|f^{(j)} - p_n^{(j)}\| \le \frac{\|f^{(n+1)}\| n!}{(j-1)!(n+1-j)!} h^{n+1-j}$$

가 성립한다.

위의 정리 4.3 – 4.5에 의하면 Lagrange 보간 다항식 $p_n(x)$을 쉽게 만들 수 있으며, 차수가 높으면 높을수록 함수 f에 더욱 가까이 평등수렴할 것으로 기대된다. 즉

$$\|f - p_n\|_\infty = \max_{a \le x \le b} |f(x) - p_n(x)| \to 0, \quad n \to \infty$$

일 것으로 기대된다.

그러나 f가 무한히 미분 가능한 전함수(entire function)가 아닌 연속함수인 경우, 구간의 길이 $h = x_k - x_{k-1}$를 같게 하였을 때 Lagrange 보간 다항함수와 연속함수의 차 $\|f - p_n\|_\infty$가 유계가 아닌 경우가 자주 나타난다. 이와 같은 현상은 1884년 Meray와 1901년 Runge에 의하여 발견되었으며, 그들을 기념하여 이러한 현상을 **Runge–Meray 현상**(Runge-Meray syndrome)이라고 부른다.

예를 들면 $f(x) = \frac{1}{x}$, $f(x) = \frac{1}{1 + 100x^2}$ 등은 Runge-Meray 현상을 일으킨다. 실제로 함수

$$f(x) = \frac{1}{1 + 100x^2}$$

에 대하여 구간 $[-1, 1]$을 각각 5개와 10개로 균등 분할하여 Lagrange 보간 다항식 $p_5(x)$와 $p_{10}(x)$을 구하고, 오차함수를 그려보면 다음과 같다.

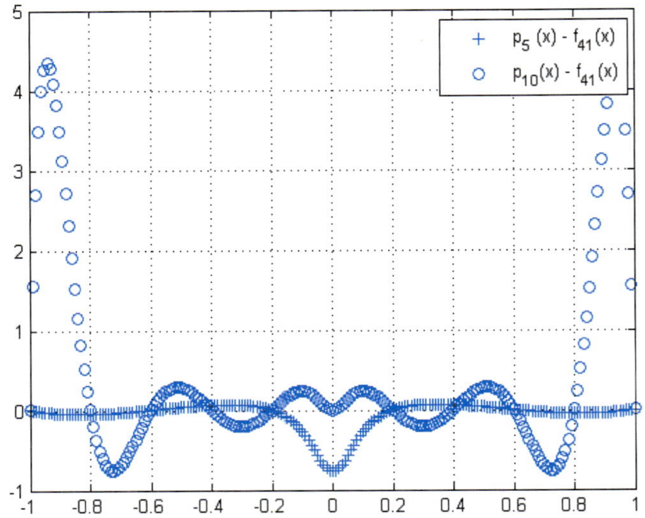

〈그림 4-2〉 Lagrange 보간 다항식 $p_5(x)$와 $p_{10}(x)$의 오차

matlab프로그램(Runge-Meray 현상)

```
%f(x) = 1/(1+100x^2)의 5차, 10차 라그랑즈 보간 다항식을 구하여 오차를
%비교한다.
% linspace(a, b, n) : 구간 [a, b]를 n-1등분한다.
% legend :범례 생성
% saveas(fig, 'filename', 'format') : 플롯팅을 그림파일로 저장
% psc2 : color eps file


x1 = linspace(-1, 1, 6);
y1 = f41(x1);
x2 = linspace(-1, 1, 11);
y2 = f41(x2);

p5 = lagrangepoly(x1, y1)
p10 = lagrangepoly(x2, y2)

xx = [ -1 : 0.01 :1];
yy = f41(xx);
```

```
yy1 = polyval(p5, xx);
yy2 = polyval(p10, xx);
plot(xx,yy1-yy, 'b+', xx, yy2-yy, 'go');
grid on;
legend('p_5 (x) - f_{41}(x)','p_{10}(x) - f_{41}(x)');
saveas(gcf, 'lagrangepoly.eps', 'psc2');
function y = f41(x)
y = 1./(1+100*x.^2);


function [pn, lk] = lagrangepoly(x, y)

% (x, y) : input data
% pn : lagrange polynomial
% lk : lagrange coefficient polynomial
% pn(x) = sum_{k=0}^{n} f(x_k)lk(x)
% Matlab 은 다항식을 계수로 이루어진 벡터로 다룬다. 예를 들어 p(x) = x^3
% + x^2 - 2x + 3 을 벡터 [ 1 1 -2 3]으로 다룬다.
% 두 다항식의 곱은 conv(A, B)에 의해서 구한다. 예를 들어 두 다항식
% x^2 - 2x+3 과 2x^2 - 3x + 4의 곱은 conv([1 -2 3 ] , [ 2 - 3 4])로
% 구할 수 있다.
% 다항식의 값은 polyval(polynomial, xval)에 의해서 구한다.
N = length(x)-1; %degree of polynomial

pn =0;

for i = 1:N+1
  poly = 1;
  for j = 1:N+1
    if j ~= i
      poly = conv(poly, [1 -x(j)])/(x(i)-x(j));
    end
  end
  lk(i, :) = poly;
  pn = pn + y(i)*poly; % pn(x) = sum_{k=0}^{n} f(x_k)lk(x)
end
```

문제 4

구간 $[0, 2\pi]$을 10 등분한 점의 좌표를 $x_0, x_1, \ldots, x_{11}$이라 할 때, 이 점에서 함숫값 $f(x) = \sin 2\pi x$를 갖는 Lagrange 보간 다항식을 구하여라.

문제 5

점 $x_i = i \ (0 \le i \le 16)$에서 함숫값 $f(x_i) = 1$을 갖는 Lagrange 보간 다항식을 구하고, 오차를 구하여라. 단, $f(x) = 1$이다.

문제 6

$x_0 = 1.6,\ x_1 = 1.7,\ x_2 = 1.8,\ x_3 = 1.9,\ x_4 = 2.1,\ x_5 = 2.2$라 하고 함수 $f(x) = \dfrac{4x-7}{x-2}$이라 할 때, 다음을 구하여라.

(1) Lagrange 보간 다항식

(2) 보간 다항식을 이용하여 $f(1.75)$, $f(1.95)$의 근삿값

(3) x_0, x_1, x_2에 대한 2차의 Lagrange 보간 다항식에 의한 $f(1.75)$, $f(1.95)$의 근삿값

(4) x_0, x_1, x_2, x_3에 대한 3차의 Lagrange 보간 다항식에 의한 $f(1.75)$, $f(1.95)$의 근삿값

문제 7

함수 $f(x) = \ln x$와 $n = 3$일 때 $x_0 = 1, x_1 = \dfrac{4}{3}, x_2 = \dfrac{5}{3},\ x_3 = 2,\ \bar{x} = \dfrac{3}{2}$에서 $f(x)$의 보간 다항식 $p_n(x)$에 대하여 $|f(\bar{x}) - p_n(\bar{x})|$와 $\max_{1 \le x \le 2}|f(x) - p_n(x)|$을 구하여라.

4-3 Spline 함수

함수 $f \in C^{n+1}[a, b]$이고 $p_n(x)$가 $a = x_0 < x_1 < \cdots < x_n = b$에서의 함수 $f(x)$의 Lagrange 보간 다항식이라 하고 $h = \max_{0 \le i \le n-1}(x_{i+1} - x_i)$라고 하면,

$$\|e_n\| = \|f - p_n\| \le \frac{\|f^{(n+1)}\| h^{n+1}}{4(n+1)}$$

이므로, n이 충분히 크고 h의 값이 작으면

$$\|e_n\| \to 0$$

일 것을 기대하고 있다.

그러나 Runge-Meray 현상에서 보았듯이 실제로는 꼭 그렇지만은 않다. 따라서 무작정 점의 개수를 늘린다고 정확한 근사 다항식을 얻는 것은 아니다. 오히려 적당한 차수의 근사 다항식을 연결하여 함수 f에 대한 근삿값을 구하는 것이 더 좋을 수 있다.

이러한 생각으로 주어진 점을 모두 잇는 고차(n차)의 보간 다항식을 얻는 대신 구간을 나누어 저차($m < n$)인 m차의 보간 다항식

$$s(x) = \begin{cases} a_0 + a_1 x + \cdots + a_m x^m, & x_0 \le x \le x_m \\ a_{m+1} + a_{m+2} x + \cdots + a_{2m+1} x^m, & x_m \le x \le x_{2m} \\ a_{2m+2} + a_{2m+3} x + \cdots + a_{3m} x^m, & x_{2m} \le x \le x_{3m} \\ \cdots\cdots \end{cases}$$

을 이용하는 것이 더 좋을 수 있다. 여기서 계수 a_i $(i = 0, 1, 2, \ldots)$는 물론 방정식

$$s(x_i) = f(x_i)$$

으로부터 구하여야 할 상수이다.

이와 같은 보간 다항식을 **구분 Lagrange 보간 다항식**(piecewise Lagrange interpolating polynomial)이라고 한다.

그런데 이와 같이 하려면 n은 m의 배수이어야 한다는 제약이 따른다. 설령 그렇다 하더라도 x_m, x_{2m}, x_{3m}, … 인 점에서는 이웃하는 두 다항 함수의 이음새가 부드럽지 않을 수 있다. 따라서 이러한 함수를 만들려면 점의 개수가 적절해야 될 뿐만 아니라 연결부위에서의 미분가능성에 대한 문제는 계속 남는다.

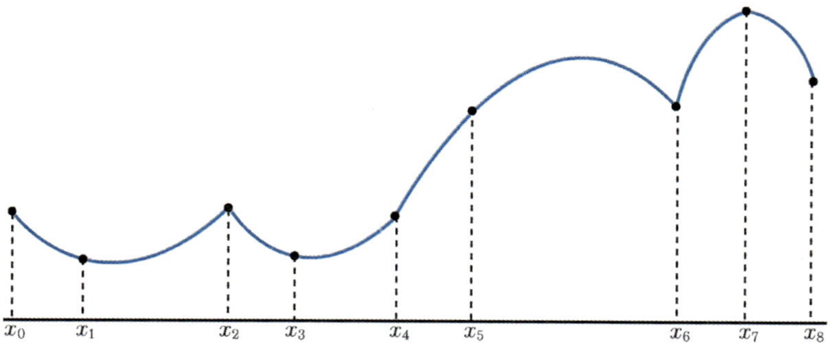

〈그림 4-3〉 Lagrange 구분 2차 보간 다항식

구분 Lagrange 다항식이 가지고 있는 곡선의 부드러움(미분 가능성)의 문제를 해결하려면 절점에서의 연결뿐만 아니라 미분 가능성까지도 고려하여야 한다. 구분 Lagrange 다항식이 단순히 주어진 점을 지나는 보간 함수인 것과는 달리, 미분계수의 조건까지도 만족하는 보간 함수를 구하는 것을 **Hermite 보간법**(Hermite interpolation)이라고 한다.

한편 주어진 점과 연속성 조건을 만족하는 하나의 Hermite 보간 다항식 대신, 부분 구간에서의 보간 다항식으로 구성된 함수를 **spline 함수**라고 한다. 더욱 정확히 말하면 서로 다른 $n+1$개의 점 $x_0, x_1, \cdots, x_n (x_0 < x_1 < \cdots < x_n)$에 대하여 다음을 만족하는 함수 $S(x)$를 k차의 spline 함수라고 한다.

(1) 각 구간 $[x_{i-1}, x_i]$에서 $S(x)$는 k차의 다항식이다.

(2) $S \in C^{k-1}[x_0, x_n]$이다.

예를 들면 0차의 spline 함수는 <그림 4-4>의 계단함수이고, 일차의 spline 함수는 구분 다각형함수이다. 계단함수나 일차의 보간 함수는 연속이 아니거나 연속함수이더라도 각 절점(knot)에서 부드럽지 않다(미분가능하지 않다). 일차인 경우에는 <그림 4-5>와 같이 초등학교에서 나타나는 꺾은선 그래프의 개념과 같다.

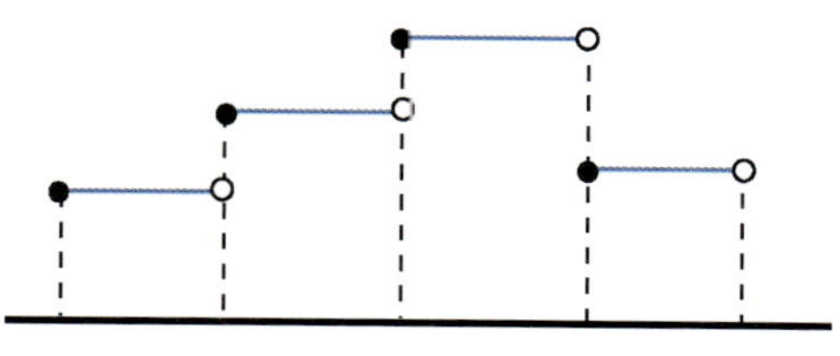

〈그림 4-4〉 계단함수

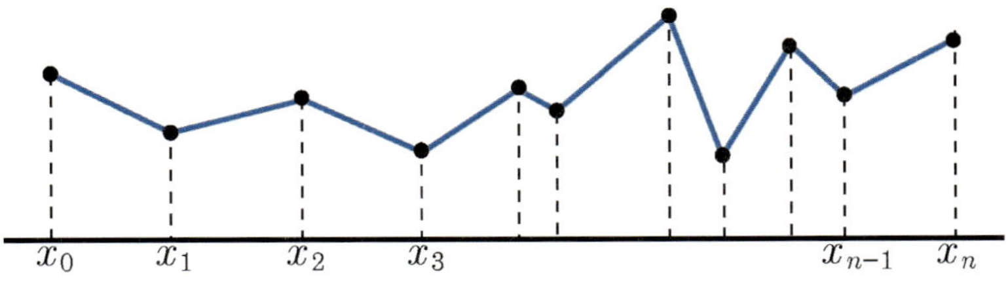

〈그림 4-5〉 1차의 spline함수

곡선의 유연성을 확보하기 위하여 고차의 spline 함수가 요구된다. 이를테면 m계 도함수가 연속인 함수가 필요하다면, spline 함수 $S(x)$는 각 구간에서 적어도 $m+1$차인 다항함수가 되어야 한다. 또 m계 도함수 $S^{(m)}(x)$가 연속이므로 각 절점 $t=x_i$에서

$$\lim_{x \to t^-} S^{(k)}(x) = \lim_{x \to t^+} S^{(k)}(x), \qquad k = 0, 1, 2, \ldots, m$$

이어야 한다.

실제로 많이 사용되는 spline 함수는 **3차 spline 함수**(cubic spline function)이다. 함수 $S_i(x)$를 구간 $[x_i, x_{i+1}]$에서의 3차 spline함수 $S(x)$를 나타내는 함수라 하자. 그러면 $1 \le i \le n-1$에 대하여

$$S_{i-1}(x_i) = f(x_i) = S_i(x_i),$$
$$S'_{i-1}(x_i) = S'_i(x_i),$$
$$\lim_{x \to x_i^-} S''_{i-1}(x) = \lim_{x \to x_i^+} S''_i(x)$$

을 만족하는 3차 다항식

$$S_i(x) = a_0 + a_1 x + a_2 x^2 + a_3 x^3$$

이 된다.

그런데 S_i는 3차 다항식이므로

$$z_i = \lim_{x \to x_i^-} S''(x), \quad h_i = x_{i+1} - x_i$$

라 놓으면,

$$S''_i(x_i) = z_i, \quad S''_i(x_{i+1}) = z_{i+1}$$

이므로

$$S_i''(x) = \frac{z_i}{h_i}(x_{i+1} - x) + \frac{z_{i+1}}{h_i}(x - x_i)$$

을 얻는다.

이것을 두 번 적분하면

$$S_i(x) = \frac{z_i}{6h_i}(x_{i+1} - x)^3 + \frac{z_{i+1}}{6h_i}(x - x_i)^3 + C(x - x_i) + D(x_{i+1} - x)$$

을 얻는다. 여기서 C, D는 적분 상수이다.

위 식에 조건

$$S_i(x_i) = f(x_i), \quad S_i(x_{i+1}) = f(x_{i+1})$$

을 적용하면

$$\begin{aligned} S_i(x) = &\frac{z_i}{6h_i}(x_{i+1} - x)^3 + \frac{z_{i+1}}{6h_i}(x - x_i)^3 \\ &+ \left(\frac{f(x_{i+1})}{h_i} - \frac{z_{i+1} h_i}{6}\right)(x - x_i) + \left(\frac{f(x_i)}{h_i} - \frac{z_i h_i}{6}\right)(x_{i+1} - x) \end{aligned}$$

을 얻는다.

다시 연속 조건 $S_{i-1}'(x_i) = S_i'(x_i)$을 적용하면, 연립방정식

$$\begin{aligned} &h_{i-1} z_{i-1} + 2(h_i + h_{i-1}) z_i + h_i z_{i+1} \\ &\quad = \frac{6}{h_i}(f(x_{i+1}) - f(x_i)) - \frac{6}{h_{i-1}}(f(x_i) - f x_{i-1})), \ i = 1, 2, \dots, n-1 \end{aligned}$$

을 얻는다.

위의 연립방정식은 미지수가 $z_0, z_1, \dots, z_n$의 $n+1$개인데 비하여 방정식은 $n-1$개 뿐이다. 따라서 연립방정식을 풀기 위하여 우리는 2개의 조건이 더 필요한데,

$$z_0 = z_n = 0$$

로 택하는 것이 하나의 좋은 선택이다.

특별히 이렇게 택하여 얻어진 spline을 **3차 자연 spline**(natural cubic spline)이라고 한다.

3차 자연 spline인 경우에는 $z_0 = z_n = 0$이므로 우리는 연립방정식

$$\begin{bmatrix} 2(h_0+h_1) & h_1 & & & \\ h_1 & 2(h_1+h_2) & h_2 & & \\ & \cdot & \cdot & \cdot & \\ & h_{i-1} & 2(h_{i-1}+h_i) & h_i & \\ & & \cdot & \cdot & \cdot \\ & & & h_{n-1} & 2(h_{n-1}+h_n) \end{bmatrix} \begin{bmatrix} z_1 \\ z_2 \\ \cdot \\ z_i \\ \cdot \\ z_{n-1} \end{bmatrix}$$

$$= \begin{bmatrix} \frac{6}{h_1}(f(x_2)-f(x_1)) - \frac{6}{h_0}(f(x_1)-f(x_0)) \\ \frac{6}{h_2}(f(x_3)-f(x_2)) - \frac{6}{h_1}(f(x_2)-f(x_1)) \\ \cdot \\ \frac{6}{h_i}(f(x_{i+1})-f(x_i)) - \frac{6}{h_{i-1}}(f(x_i)-f(x_{i-1})) \\ \cdot \\ \frac{6}{h_{n-1}}(f(x_n)-f(x_{n-1})) - \frac{6}{h_{n-2}}(f(x_{n-1})-f(x_{n-2})) \end{bmatrix}$$

을 풀어 z_i의 값을 구하면 된다.

위의 계수행렬의 대각원소에 대하여 부등식

$$2(h_{i-1}+h_i) > h_{i-i}+h_i$$

이 성립하므로, 계수행렬은 강대각지배행렬이다.

따라서 위 연립방정식의 해는 유일하게 존재한다.

정리 4.6

함수 $f:[x_0, x_n] \to R$에 대하여 $x_0 < x_1 < \cdots < x_n$일 때 자유경계조건

$$S''(x_0) = S''(x_n) = 0$$

을 만족하는 유일한 3차 자연 spline 함수가 존재한다.

3차 자연 spline 함수

1. $h_i = x_{i+1} - x_i$라 놓는다.
2. $b_i = \frac{6}{h_i}(f(x_{i+1}) - f(x_i))$라 놓는다.
3. $a_{ij} = \begin{cases} h_{i-1}, & i=j-1 \\ 2(h_{i-1}+h_i), & i=j \\ h_i, & i=j+1 \\ 0, & otherwise \end{cases}$ 라 놓는다.
4. $c_i = b_i - b_{i-1}$이라 놓는다.
5. $z_0 = z_n = 0$, $A = (a_{ij})$라 두고 방정식 $Az = c$를 푼다.
6. $$S_i(x) = \frac{z_i}{6h_i}(x_{i+1}-x)^3 + \frac{z_{i+1}}{6h_i}(x-x_i)^3 + \left(\frac{f(x_{i+1})}{h_i} - \frac{z_{i+1}h_i}{6}\right)(x-x_i) + \left(\frac{f(x_i)}{h_i} - \frac{z_ih_i}{6}\right)(x_{i+1}-x)$$

   를 구한다.

matlab프로그램(3차 자연 spline함수)

```
function yi = cublicspline(x, y, xi)

% 3차 자연 스플라인 함수를 구하기
% input : (x,y)
% xi : interpolation 하려는 x
% yi : xi 에서 interpolation 값
N = length(x)-1;

A= zeros(N-1, N-1);
b = zeros(N-1, 1);
z = zeros(N+1, 1);
k=1:N;
h(k) = x(k+1) -x(k);
k = 1:N-1;
b(k) = 6*(y(k+2)-y(k+1))./h(k+1) - 6*(y(k+1)-y(k))./h(k);
```

```
h,b
for i = 1:N-1
  A(i,i) = 2*(h(i)+h(i+1));
end
for i = 1:N-2
  A(i, i+1) = h(i+1);
  A(i+1, i) = A(i, i+1);
end

zt = A\b;
for i = 2:N
  z(i) = zt(i-1);
end

S = zeros(N, 4);

for i = 1:N
  S(i, 1) = (z(i+1)-z(i))/6/h(i);
  S(i, 2) = z(i)/2;
  S(i, 3) = (y(i+1)-y(i))/h(i) - h(i)*(2*z(i)+z(i+1))/6;
  S(i, 4) = y(i);
end

pp = mkpp(x,S);
yi = ppval(pp, xi);
```

3차 자연 spline 함수는 경계조건

$$z_0 = s''(x_0) = 0 = s''(x_n) = z_n$$

을 가정하고 있다. 그런데 이 조건 대신에 조건

$$s'(x_0) = f'(x_0), \quad s'(x_n) = f'(x_n)$$

을 가정하여도 3차 spline 함수를 구할 수 있을까?

3차 자연 spline 함수의 경우에는 미지수

$$z_0,\ z_1,\ \dots,\ z_n$$

중 $z_0 = z_n = 0$이므로, 실제의 미지수는 $n-1$개이다. 그러나 이번에는 $n+1$개의 미지수 $z_0, z_1, \dots, z_n$을 모두 구하여야 한다. 먼저 경계조건

$$s'(x_0) = f'(x_0),\ s_{i-1}'(x_i) = s_i'(x_i),\ s'(x_n) = f'(x_n)$$

으로부터 각각

$$2h_0 z_0 + h_0 z_1 = -6f'(x_0) - \frac{6}{h_0} f(x_0) + \frac{6}{h_0} f(x_1)$$

$$h_{i-1} z_{i-1} + 2(h_{i-1} + h_i) z_i + h_i z_{i+1} = \frac{6}{h_i}(f(x_{i-1}) - f(x_i)) - \frac{6}{h_{i-1}}(f(x_i) - f(x_{i-1}))$$

$$h_{n-1} z_{n-1} + 2h_n z_n = f'(x_n) + \frac{6}{h_{n-1}}(f(x_{n-1}) - f(x_n))$$

을 얻는다. 이것을 행렬을 이용하여 나타내면

$$\begin{bmatrix} 2h_0 & h_0 & & & \\ h_0 & 2(h_0+h_1) & h_1 & & \\ & \cdot & \cdot & \cdot & \\ & h_{i-1} & 2(h_{i-1}+h_i) & h_i & \\ & & \cdot & \cdot & \cdot \\ & & & h_{n-1} & 2h_n \end{bmatrix} \begin{bmatrix} z_0 \\ z_1 \\ \cdot \\ z_i \\ \cdot \\ z_n \end{bmatrix}$$

$$= \begin{bmatrix} -6f'(x_0) + \frac{6}{h_0}(f(x_1) - f(x_0)) \\ \frac{6}{h_1}(f(x_2) - f(x_1)) - \frac{6}{h_0}(f(x_1) - f(x_0)) \\ \cdot \\ \frac{6}{h_i}(f(x_{i+1}) - f(x_i)) - \frac{6}{h_{i-1}}(f(x_i) - f(x_{i-1})) \\ \cdot \\ f'(x_n) - \frac{6}{h_{n-1}}(f(x_n) - f(x_{n-1})) \end{bmatrix}$$

이다.

그런데 계수행렬이 강대각지배행렬이므로 연립방정식은 유일한 해를 가진다.

따라서 다음 정리를 얻는다. 이렇게 얻어진 spline을 clamped 3차 spline이라고 한다.

정리 4.7

함수 $f:[x_0, x_n] \to \mathbb{R}$ 에 대하여 $x_0 < x_1 < \cdots < x_n$일 때 경계조건

$$s'(x_0) = f'(x_0), \qquad s'(x_n) = f'(x_n)$$

을 만족하는 유일한 3차 spline 함수가 존재한다.

이 3차 spline함수에 대해서는 다음과 같은 오차가 있다.

정리 4.8

함수 $f \in C^4[a, b]$ 이고 $\max_{a \le x \le b} |f^{(4)}(x)| \le M$인 양수 M이 존재한다고 하자. 이때 $x_0 < x_1 < \cdots < x_n$에서 $f(x_i)$의 값을 가지고 경계조건

$$s'(x_0) = f'(x_0), \qquad s'(x_n) = f'(x_n)$$

을 만족하는 유일한 3차 spline 함수를 $s(x)$라고 하면

$$\max_{a \le x \le b} |f(x) - s(x)| \le \frac{5M}{384} \max_{0 \le j \le n-1} (x_{j+1} - x_j)^4$$

가 성립한다.

한편 3차 자연 spline는 다음의 성질을 가진다.

정리 4.9

이계도함수 f'가 $[a, b]$에서 연속이고 $a = x_0 < x_1 < \cdots < x_n = b$일 때, 함수 f에 대한 3차 자연 spline을 $s(x)$라 하면

$$\int_a^b [s''(x)]^2 dx \le \int_a^b [f''(x)]^2 dx$$

이 성립한다.

증명 먼저 $g(x)=f(x)-s(x)$라고 하면, $f''(x)=s''(x)+g''(x)$이다. 따라서

$$\int_a^b f''(x)^2dx=\int_a^b s''(x)^2dx+\int_a^b g''(x)^2dx+2\int_a^b s''(x)g''(x)dx$$

이다. 우변의 마지막 항에 부분적분법을 적용하면 $s''(a)=s''(b)=0$이므로 다음을 얻는다.

$$\begin{aligned}\int_a^b s''(x)g''(x)\,dx&=[s''(x)g'(x)]_a^b-\int_a^b s'''(x)g'(x)\,dx\\&=-\int_a^b s'''(x)g'(x)dx\end{aligned}$$

한편

$$\begin{aligned}\int_a^b s'''(x)g'(x)dx&=\int_{x_0}^{x_n} s'''(x)g'(x)dx\\&=\int_{x_0}^{x_1} s'''(x)g'(x)dx+\int_{x_1}^{x_2} s'''(x)g'(x)dx\\&\quad+\cdots+\int_{x_{n-1}}^{x_n} s'''(x)g'(x)dx\end{aligned}$$

이고 $s(x)$는 각 구간 $(x_{i-1},\ x_i)$ 위에서 3차 다항식이므로 $s'''(x)$는 상수 c_i이다. 따라서 다음이 성립한다.

$$\begin{aligned}\int_a^b s'''(x)g'(x)dx&=c_1\int_{x_0}^{x_1} g'(x)dx\\&\quad+c_2\int_{x_1}^{x_2} g'(x)dx+\cdots+c_n\int_{x_{n-1}}^{x_n} g'(x)dx\\&=c_1\{g(x_1)-g(x_0)\}+c_2\{g(x_2)-g(x_1)\}\\&\quad+\cdots+c_n\{g(x_n)-g(x_{n-1})\}\end{aligned}$$

이다. 그런데 $i=0,\ 1,\ 2,\ \ldots,\ n$에 대하여 $g(x_i)=0$이므로

$$\int_a^b s''(x)g''(x)dx=-\int_a^b s'''(x)g'(x)dx=0$$

이다. 그러므로 다음이 성립한다.

$$\int_a^b [s''(x)]^2\,dx\le\int_a^b [f''(x)]^2dx$$ ▨

참고 4.3

3차 spline함수가 왜 중요하게 이용되는가? 곡선 $y=f(x)$의 곡률이

$$\frac{|f''(x)|}{\{1+[f'(x)]^2\}^{3/2}}$$

이므로, 휘어진 탄성체가 가지고 있는 탄성 에너지는

$$\kappa^2(f)=\int_a^b \frac{[f''(x)]^2}{\{1+[f'(x)]^2\}^{5/2}}dx$$

으로 나타난다. 따라서 곡률이 크면 탄성 에너지는 커지므로 구조물은 불안정해진다. 여기서 분모의 비선형 항을 제거하면 $|f''(x)|$은 곡률의 크기의 근사값이 된다. 그런데

$$\int_a^b [s''(x)]^2\,dx \le \int_a^b [f''(x)]^2 dx$$

이므로, 삼차 자연 spline 함수를 구하는 것은 $\int_a^b [f''(x)]^2 dx$가 최소화되는 함수를 구하는 것과 같다. 따라서 3차 자연 spline 함수는 주어진 점을 지나는 최소의 탄성에너지를 갖는 곡선을 찾는 것으로 구조물을 안정하게 디자인하는데 중요하게 사용된다.

문제 8

구간 [−1, 1]을 8등분하는 점에서 함수 $f(x)=1/(1+100x^2)$의 값을 갖는 2차의 구분 Lagrange 보간 다항식을 구하여라.

문제 9

구간 [−1, 1]을 8등분하는 점에서 함수 $f(x)=1/(1+100x^2)$의 값을 갖는 3차의 자연 spline함수 $s(x)$를 구하여라. 또 $s'(-1)=f'(-1)$, $s'(1)=f'(1)$의 경계조건을 갖는 3차의 spline 함수를 구하여라.

4-4 B-spline 함수

절점이 주어질 때 마다 여기에 맞는 spline을 구하는 것은 번거롭다. 따라서 우리가 구하고자 하는 spline을 기저함수들을 미리 만들어 놓고, spline 함수를 기저함수의 일차결합으로 표현할 수 있다면 편리할 것이다. 즉 $\{B_i(x)\}_{i=1}^{n}$ 을 구하고자하는 spline 함수가 속한 벡터공간의 기저라고 하면, spline 함수 $s(x)$는 기저함수의 다음과 같이 일차결합

$$s(x) = c_1 B_1(x) + c_2 B_2(x) + \cdots + c_n B_n(x)$$

으로 나타날 것이다. 따라서 우리는 일차결합의 계수를 구하기만 하면 된다. 이러한 의미에서 이들 기저함수를 함수를 B-spline이라 한다.

B-spline을 순차적으로 구하기 위하여 먼저 0차의 B-spline $B_i^0(x)$을 계단함수를

$$B_i^0(x) = \begin{cases} 1, & x_i \le x < x_{i+1} \\ 0, & otherwise \end{cases}$$

로 정의하자.

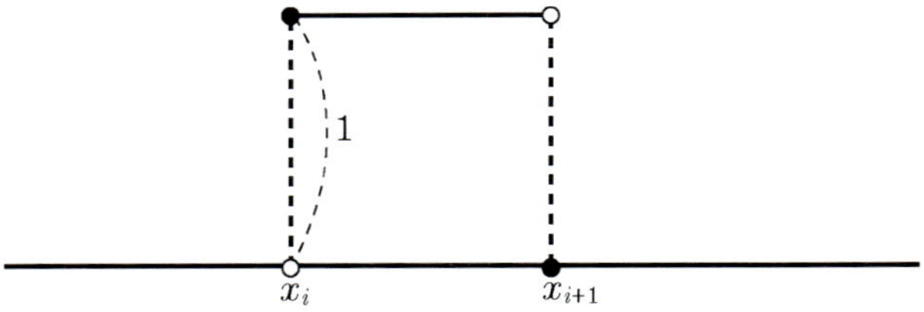

〈그림 4-6〉 B_i^0의 그래프

그러면 각 절점 x_i에서

$$\lim_{x \to x_i} B_i^0(x) = 1 = B_i^0(x), \quad \lim_{x \to x_{i+1}} B_i^0(x) = 1 = B_i^0(x_{i+1})$$

이 됨을 쉽게 확인할 수 있다. 따라서 계단함수로 만들어지는 spline 함수 $s(x)$를

$$s(x) = \sum_{i=-\infty}^{\infty} f(x_i) B_i^0(x)$$

와 같은 꼴로 나타낼 수 있다.

0차의 spline함수 $B_i^0(x)$로부터 점화식에 의하여 1차의 B-spline

$$B_i^1(x) = \left(\frac{x - x_{i-1}}{x_i - x_{i-1}}\right)B_{i-1}^0(x) + \left(\frac{x_{i+1} - x}{x_{i+1} - x_i}\right)B_i^0(x)$$

을 만들 수 있다. 특히 1차의 B-spline $B_i^1(x)$는

$$B_i^1(x) = (\frac{x - x_{i-1}}{x_i - x_{i-1}})B_{i-1}^0(x) + (\frac{x_{i+1} - x}{x_{i+1} - x_i})B_i^0(x)$$

$$= \begin{cases} 0, & x \le x_{i-1} \\ \dfrac{x - x_{i-1}}{x_i - x_{i_1}}, & x_{i-1} \le x < x_i \\ \dfrac{x_{i+1} - x}{x_{i+1} - x_i}, & x_i \le x < x_{i+1} \\ 0, & x \ge x_{i+1} \end{cases}$$

이며, 그 그래프는 다음과 같다.

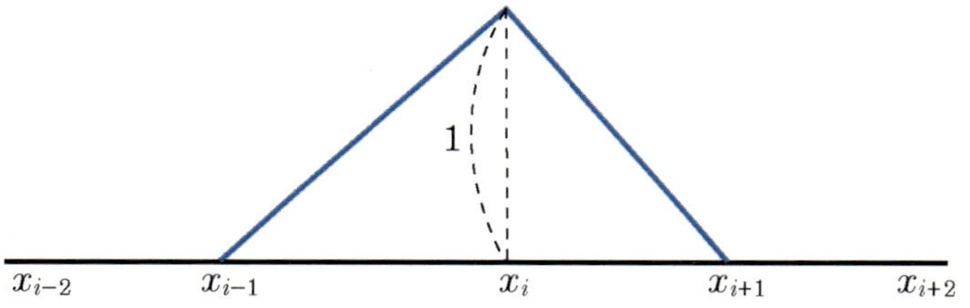

〈그림 4-7〉 B_i^1의 그래프

같은 방법으로 3차의 B-spline을 구하면

$$B_i^3(x) = \frac{1}{h^3}\begin{cases} 0, & x < x_{i-2} \\ (x - x_{i-2})^3, & x_{i-2} \le x < x_{i-1} \\ h^3 + 3h^2(x - x_{i-1}) + 3h(x - x_{i-1})^2 - 3(x - x_{i-1})^3, & x_{i-1} \le x < x_i \\ h^3 + 3h^2(x_{i+1} - x) + 3h(x_{i+1} - x)^2 - 3(x_{i+1} - x)^3, & x_i \le x < x_{i+1} \\ (x_{i+2} - x)^3, & x_{i+1} \le x < x_{i+2} \\ 0, & x \ge x_{i+2} \end{cases}$$

을 얻는다.

특히 x_{-2}, x_{-1}, x_{n+1}과 x_{n+2}는 허수로 추가된 절점이다. 앞으로는 편의상 $B_i(x) = B_i^3(x)$로 나타내기로 한다.

3차 B-spline 함수 $B_i(x)$는 각 구간에서 3차 다항식이며

$$B_i(x_j) = \begin{cases} 4, & j = i \\ 1, & j = i-1 \text{ 또는 } i+1 \\ 0, & j = i-2 \text{ 또는 } i+2 \end{cases}$$

이다. 더욱이 $B_i(x)$의 2계 도함수는 연속이며

$$B_i(x) = 0, \quad x \ge x_{i+2} \text{ 또는 } x \le x_{i-2}$$

이므로, 그 그래프는 다음과 같다.

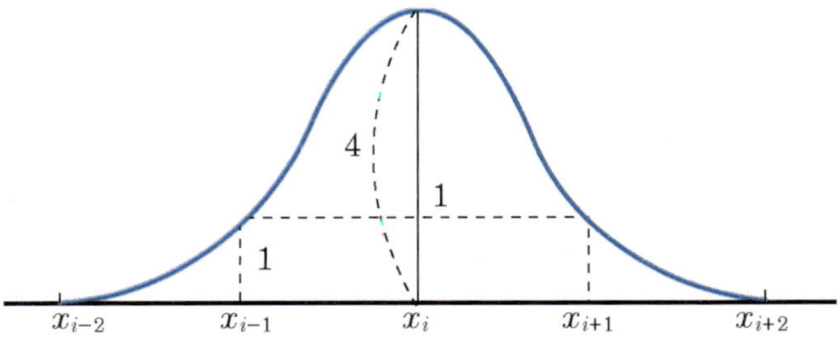

〈그림 4-8〉 B_i^3의 그래프

3차 B-spline함수의 값을 구하면 다음과 같다.

	x_{i-2}	x_{i-1}	x_i	x_{i+1}	x_{i+2}
$B_i(x)$	0	1	4	1	0
$B_i'(x)$	0	$\frac{3}{h}$	0	$-\frac{3}{h}$	0
$B_i''(x)$	0	$\frac{6}{h^2}$	$-\frac{12}{h^2}$	$\frac{6}{h^2}$	0

따라서 $B = \{B_{-1}(x), B_0(x), \ldots, B_{n(x)}, B_{n+1}(x)\}$는 $x_0 < x_1 < \cdots < x_n$에서 함수 f의 3차 spline 함수공간 $B_3[a, b]$의 기저를 이룬다.

정리 4.9

임의의 $i=1,\ 2,\ \ldots,\ n$에 대하여 조건

$$s'(x_0)=f'(x_0),\qquad s(x_i)=f(x_i),\qquad s'(x_n)=f'(x_n)$$

을 만족하는 유일한 3차 spline 함수 $s(x)\ \in B_3[a,b]$가 존재한다.

증명 구하는 3차 spline함수를

$$s(x_i)=c_{-1}B_{-1}(x)+c_0B_0(x)+\cdots+c_nB_n(x)+c_{n+1}B_{n+1}(x)$$
$$c=(c_{-1},c_0,\ldots,c_{n+1})^T$$
$$b=(f'(x_0),f(x_0),f(x_1),\ldots,f(x_n),f'(x_n))^T$$

라 놓으면, 조건 $s'(x_0)=f'(x_0)$, $s(x_i)=f(x_i)$, $s'(x_n)=f'(x_n)$으로부터 연립 방정식

$$Ac=b$$

를 얻는다. 여기서 계수행렬 A는

$$A=\begin{bmatrix} -\frac{3}{h} & 0 & \frac{3}{h} & & & & \\ 1 & 4 & 1 & & & & \\ 0 & 1 & 4 & 1 & & & \\ & & \cdot & \cdot & \cdot & & \\ & & & & 1 & 4 & 1 \\ & & & & -\frac{3}{h} & 0 & \frac{3}{h} \end{bmatrix}$$

이다.

그런데 행렬 A는 분할 불가능이고 약대각지배행렬이므로 역행렬이 존재한다. 즉 $Ac=b$의 해가 유일하게 존재하므로, 구하는 3차 spline함수 $s(x)$는 유일하게 존재한다. ▨

B-spline 함수

1. $Ac=b$를 푼다.
2. $s(x_i)=c_{-1}B_{-1}(x)+c_0B_0(x)+\cdots+c_nB_n(x)+c_{n+1}B_{n+1}(x)$

matlab프로그램(B-spline 함수)

```
function ycbi = bsplines(x, y, dy0, dyf, xcbi)
% (x,y): N개의 절점의 좌표 (x_1, y_1 ) ..... (x_N, y_N)
% dy0 : 시작점에서의 미분값
% dyf : 끝점에서의 미분값
% xcbi : x값
% ycbi : x 에서의 interpolation

% x = 0:pi/N:pi;
% y = cos(x);
% dy0 = -sin(x(1));
% dyf = -sin(x(N+1));

%B-splines 함수들의 계수 구하기

N=size(x,2);
c = bsplinecoef(x, y,dy0, dyf)
M=size(xcbi,2);
ycbi = zeros(1,M);

for j=1:M
for i=1:N+2
  ycbi(j) =  ycbi(j)+ c(i) * bs(i, x, xcbi(j));
end
end


function c = bsplinecoef(x, y, dy0, dyf)

%cubic B-spline
% x : x_1, ... , X_N
% y : y_1, ... , y_N
% dy0 = f'(x_1)
% dyf = f'(x_N)
% c : coefficients
```

```
N = size(x, 2);
A = zeros(N+2, N+2);
dx = x(2)-x(1);
b = zeros(N+2,1);
c = zeros(N+2,1);

% 계수 구하기
for i=2:N+1
  A(i,i) = 4;
  A(i-1, i) = 1;
  A(i, i-1) = 1;
  b(i) = y(i-1);
end
A(1,1) = -3/dx;
A(1,2) =0;
A(1,3) = 3/dx;
A(N+2,N) = -3/dx;
A(N+1,N+2) = 1;
A(N+2, N+1) =0;
A(N+2, N+2) = 3/dx;
b(1) = dy0;
b(N+2) = dyf;

c = A\b;



function fval = bs(i, x, xval)
% B_i(xval)을 계산
N = size(x,2);
dx  = x(2) - x(1);
z = zeros(1,N+2);
z(1,2:N+1)=x(1:N);
z(1) = x(1) -dx;
```

```
z(N+2) = x(N)+dx;

zval = z(1,i);
zvaldx = zval + dx;
zval2dx = zval + 2*dx;
zval_dx = zval -dx;
zval_2dx = zval-2*dx;

if( xval >= zval2dx)
  fval = 0;
elseif (xval >= zvaldx)
  fval = (zval2dx  - xval).^3;
elseif (xval >= zval)
  fval = dx^3 + 3*dx^2*(zvaldx -xval) + 3*dx *(zvaldx -xval).^2 ...
        - 3*(zvaldx - xval).^3;
elseif (xval >= zval_dx)
  fval = dx^3 + 3*dx^2*(xval - zval_dx) + 3*dx*(xval - zval_dx).^2 ...
 - 3*(xval -zval_dx).^3;
elseif (xval >= zval_2dx)
  fval = (xval - zval_2dx).^3;
else
  fval = 0;
end

fval = fval/dx/dx/dx;

>>x = 0:pi/10:pi;
y = cos(2*pi*x);
dy0=0;
dyf =-2*pi*sin(2*pi^2);
xcbi = 0:0.01:pi;
ycbi = bsplines(x,y,dy0, dyf, xcbi);
plot(xcbi,cos(2*pi*xcbi),'+',xcbi, ycbi)
```

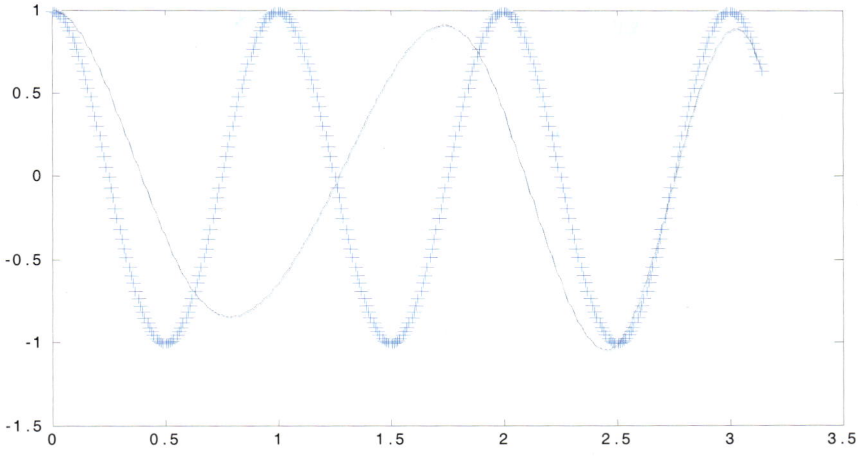

〈그림 4-9〉 $\Delta x = \frac{\pi}{5}$인 경우

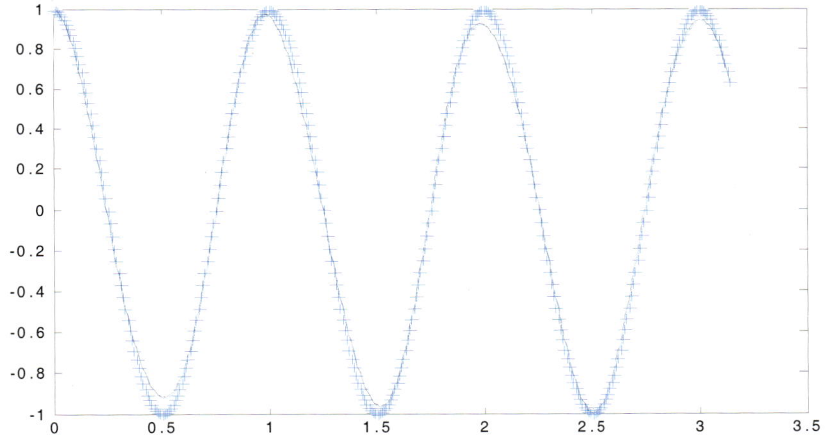

〈그림 4-10〉 $\Delta x = \frac{\pi}{10}$인 경우

참고 4.4

컴퓨터 디자인(computer-aided design : CAD)에서는 특정한 어떤 점(제어점 : control point)을 지나는(가까이) 곡선이나 곡면을 그린다. 이런 함수로 다항함수가 자주 사용되지만, 앞에서 알아보았듯이 고차의 다항함수는 물론 적절치 못하다.

$P_n[0,1]$을 n차 이하의 다항식의 벡터공간이라고 하면, 함수

$$\phi_{ni}(x) = {}_nC_i\, x^i (1-x)^{n-i} \qquad (0 \le i \le n)$$

은 $\phi_{ni}(x) \ge 0$, $\sum_{i=0}^{n} \phi_{ni}(x) = 1$이며 벡터공간 $P_n[0,1]$의 기저함수이다.

더욱이 Bernstein 다항식은 이들의 일차결합

$$p_n(x) = \sum_{i=0}^{n} f\left(\frac{i}{n}\right) \phi_{ni}(x) \qquad (n \ge 1)$$

로 나타난다. Bernstein 다항식은 함수 f에 균등수렴하므로 f의 근사함수로 자주 사용된다.

일반적으로 $p_n(x)$를 $\sum_{i=0}^{n} a_i \phi_{ni}(x)$로 나타내고 계수를 조절하여 원하는 디자인을 한다. B-spline 함수는 이와 같은 기저함수로 자주 사용된다. 이런 곡선을 **Bezier 곡선**이라고 한다.

문제 10

구간 $[0, \pi]$에서 정의된 함수 $f(x) = \cos 2\pi x$의 3차 B-spline 함수를 $h = \frac{\pi}{10}$으로 택하여 구하여라.

문제 11

구간 [1, 2]에서 정의된 함수 $f(x) = \ln x$의 3차 자연 spline 함수를 B-spline 함수를 이용하여 구하여라.

4-5 최소제곱법

앞에서는 주어진 점을 지나는 연속인 함수(다항함수)를 구하였다. 그러나 실제의 많은 실험 자료는 자료의 수집과정에서 오차를 포함하고 있으므로, 수집된 자료를 지나는 함수를 구하는 것은 의미가 없을 수도 있다. 따라서 주어진 점을 지나는 함수를 구하기보다는 주어진 자료의 특성을 나타내는 적당한 함수를 구하는 것이 효과적이다. 그렇다면 어느 것이 적당한지를 어떻게 판단할 수 있을까?

주어진 자료가 다음과 같다고 하자.

x	x_0	x_1	x_2	$\cdots$	x_n
y	y_0	y_1	y_2	$\cdots$	y_n

물리적인 이유이건 아니면 다른 이론적 근거에 의하여 주어진 자료가 직선 위에 놓인다고 믿는다면, 우리는 자료를 잘 나타내는 일차함수

$$y = ax + b$$

를 구하려고 할 것이다. 만약 x_k가 이 직선 위에 있다면

$$ax_k + b - y_k = 0$$

가 되겠지만, 그렇지 않은 경우에는 오차

$$|ax_k + b - y_k|$$

가 생기게 된다. 따라서 모든 오차의 합은

$$\sum_{k=0}^{n} |ax_k + b - y_k|$$

가 되고, 우리는 자연스럽게 오차의 합이 가장 작게 되는 상수 a, b의 값을 구하려고 할 것이다.

이런 문제를 l_1**-근사**(l_1 approximation)라고 하는데, 이 경우에는 함수가 미분가능하지 않아 선형계획법을 사용하여 문제를 해결한다.

많은 경우에는 위의 l_1-근사 대신에 오차의 제곱의 합

$$\phi(a, b) = \sum_{k=0}^{n} (ax_k + b - y_k)^2$$

을 최소로 하는 상수 a, b의 값을 구하여 일차함수를 구한다. 이와 같은 문제해결 방법을 l_2-근사 또는 **최소제곱법**(method of least squares)이라고 한다. 물론 최소제곱법은 $\phi(a,b)$가 a, b에 대하여 이차함수이므로 연립방정식

$$\frac{\partial \phi}{\partial a}(a, b) = 0,$$

$$\frac{\partial \phi}{\partial b}(a, b) = 0$$

을 풀어 구하면 된다.

실제로 위의 경우는

$$\frac{\partial \phi}{\partial a}(a, b) = 0,$$

$$\frac{\partial \phi}{\partial b}(a, b) = 0$$

으로부터 각각

$$\sum_{k=0}^{n} 2(ax_k + b - y_k)x_k = 0$$

$$\sum_{k=0}^{n} 2(ax_k + b - y_k) = 0$$

을 얻는다.

위 방정식을 풀면 다음과 같다.

$$a = \frac{1}{d}\left\{(n+1)\sum_{k=0}^{n} x_k y_k - (\sum_{k=0}^{n} x_k)(\sum_{k=0}^{n} y_k)\right\}$$

$$b = \frac{1}{d}\left\{(\sum_{k=0}^{n} x_k^2)(\sum_{k=0}^{n} y_k) - (\sum_{k=0}^{n} x_k)(\sum_{k=0}^{n} x_k y_k)\right\}$$

$$d = (n+1)\sum_{k=0}^{n} x_k^2 - (\sum_{k=0}^{n} x_k)^2$$

여기서 우리는 최소제곱법을 일차함수로 국한시킬 필요가 없다.

예를 들어 최소제곱이 되는 함수를 $y = a\ln x + b\sin x + ce^{x}$ 로 택하면

$$\phi(a,\ b,\ c) = \sum_{k=0}^{n}(a\ln x_k + b\sin x_k + ce^{x_k} - y_k)^2$$

을 최소로 하는 상수 $a,\ b,\ c$를 연립방정식

$$\frac{\partial\phi}{\partial a} = 0, \qquad \frac{\partial\phi}{\partial b} = 0, \qquad \frac{\partial\phi}{\partial c} = 0$$

를 풀어 구하면 된다.

일반적으로 함수 $\{g_0,\ g_1,\ \ldots,\ g_n\}$이 기저를 이룰 때 최소제곱이 되는 함수를

$$y = \sum_{k=0}^{n} a_k\, g_k(x)$$

로 택하면, 계수 a_k를 함수

$$\phi(a_0, a_1, \ldots, a_n) = \sum_{k=0}^{n}\left[\sum_{i=0}^{n} a_i g_i(x_k) - y_k\right]^2$$

를 최소로 하는 값이 되도록 하면 된다. 즉 다음의 연립방정식을 풀어 구한다.

$$\frac{\partial\phi}{\partial a_k} = 0, \qquad (0 \le k \le n)$$

참고 4.5

연립방정식

$$\sum_{j=0}^{n} a_{kj} x_j = b_k, \qquad (0 \le k \le m)$$

을 풀 때, $m > n$이면 즉 방정식의 개수가 미지수의 개수보다 많으면 연립방정식의 해는 존재하지 않을 수 있다. 이런 경우에는

$$\phi(x_0, x_1, \ldots, x_n) = \sum_{k=0}^{m}\left(\sum_{j=0}^{n} a_{kj} x_j - b_k\right)^2$$

의 값이 최소가 되도록 하는 값을 구한다.

문제 12

최소제곱법을 사용하여 다음 자료에 적합한 함수

$$y = a_0 + a_1 x + a_2 x^2$$

을 구하여라.

x	−3	−2	−1	0	1	2	3
y	−0.72	−0.01	0.50	0.82	0.89	0.81	0.50

문제 13

최소제곱법을 이용하여 다음 자료에 적합한 함수

$$y = a_1 \sin x + a_2 \cos x + a_3 \sin 2x + a_4 \cos 2x$$

를 구하여라.

x	0	$\frac{\pi}{4}$	$\frac{\pi}{2}$	$\frac{3\pi}{4}$	π	$\frac{5\pi}{4}$	$\frac{3\pi}{2}$	$\frac{7\pi}{4}$	2π
y	−6	2	5	−1	−2	1	3	−5	−6

문제 14

최소제곱법을 이용하여 다음 자료에 대한 적합한 함수

$$f(x) = a_1 e^x + a_2 e^{2x}$$

를 구하여라.

x	0	1	2	3
y	−1.1	−7.5	−22.0	−60.1

05

제 5 장 수치적분

학습내용

다각형이 아닌 곡선으로 둘러싸인 평면도형의 넓이는 어떻게 구할 수 있을까? 초등학교의 수학에서는 곡선으로 둘러싸인 도형의 넓이를 구할 때, 곡선을 덮는 직사각형을 잘게 쪼개어 곡선 안에 들어가는 작은 단위 정사각형의 개수를 가지고 곡선도형의 넓이의 근삿값을 계산하였다. 실제로 곡선으로 둘러싸인 도형의 넓이를 구하는 물음은 적분론의 근저에 깔려있는 질문으로, 기원 전 3세기경 아르키메데스는 원에 내접하는 다각형을 그리고, 이 접점을 포함하는 또 다른 내접하는 더 큰 다각형을 그려 처음 것 보다 더 근접한 값을 얻었다. 이와 같은 방법을 반복함으로 원과 다각형 사이의 넓이를 점차적으로 비우면서 주어진 원의 넓이를 이들 다각형의 넓이의 수열의 극한으로 구하였다.

여기서는 곡선으로 둘러싸인 넓이의 근삿값을 수치적으로 구하는 방법에 대하여 알아보자.

제 5 장 수치적분

5-1 정적분

적분은 미분의 역연산으로 미분하여 함수 $f(x)$가 되는 함수 $F(x)$ 즉

$$F'(x) = f(x)$$

인 함수 $F(x)$를 $f(x)$의 **원시함수**(primitive function)라고 하는데, 임의의 상수 C에 대하여

$$(F(x)+C)' = F'(x) = f(x)$$

이다.

따라서 $F(x)$가 $f(x)$의 한 원시함수이면 $f(x)$의 임의의 원시함수는

$$F(x)+C$$

의 꼴로 표시된다. 이것을 기호

$$\int f(x)dx = F(x)+C$$

로 나타낸다.

이때 $\int f(x)dx$를 $f(x)$의 **부정적분**(indefinite integral)이라고 하며, 함수 $f(x)$를 **피적분함수**(integrand), 상수 C를 **적분상수**(integration coefficient)라고 한다.

예제 5-1

$$\int (x^2+3x)dx = \int x^2 dx + \int (3x)dx$$
$$= \int x^2 dx + 3\int x dx$$
$$= \frac{1}{3}x^3 + C_1 + 3(\frac{1}{2}x^2 + C_2) = \frac{1}{3}x^3 + \frac{3}{2}x^2 + (C_1 + 3C_2)$$

이다. 그런데 C_1, C_2는 임의의 상수이므로 C_1+3C_2도 임의의 상수이다. 따라서 $C_1+3C_2 = C$로 나타내면

$$\int (x^2+3x)dx = \frac{1}{3}x^3 + \frac{3}{2}x^2 + C$$

이다.

사실 적분의 시작은 도형의 넓이를 구하는데서 시작하였다. 다각형의 넓이는 작은 삼각형의 넓이의 합을 이용하여 쉽게 구할 수 있으나 곡선으로 둘러싸인 도형의 넓이를 구하는 것은 쉽지 않다.

아래 그림과 같이 양함수 $y=f(x)$의 그래프와 x-축, $x=a$, $x=b$로 둘러싸인 도형의 넓이를 S라 하자.

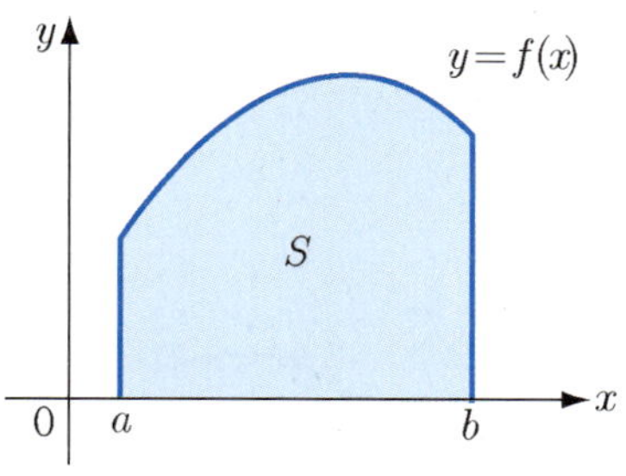

〈그림 5-1〉 도형의 넓이

이 도형은 삼각형이나 직사각형으로 나누어지지 않으므로 넓이 S를 구체적으로 나타낼 수 없다. 그러나 넓이 S를 다음과 같이 극한값으로 구할 수 있다.

먼저 구간 $[a, b]$를 몇 개의 작은 구간으로 나누고, 그 작은 구간 위에서 함수의 최솟값을 높이로 하는 직사각형을 세우면 이들 직사각형의 넓이의 합 S는 우리가 구하고자하는 넓이 S의 근삿값이 된다. 근삿값을 더욱 정확하게 구하려면 소구간의 개수를 점점 많게 하되 각 사각형의 폭이 점점 작아지도록 한다. 이렇게 얻어지는 값의 극한값이 정확한 넓이가 된다.

사각형의 넓이의 합을 S_1, S_2, S_n, $\cdots$으로 나타내고 곡선에 둘러싸인 넓이에 대한 사각형의 근삿값의 수열로서 n이 커질 때 S_n의 폭이 0으로 가까이 가면, 이 수열의 극한이 존재하고

$$S_n \to S$$

이 된다.

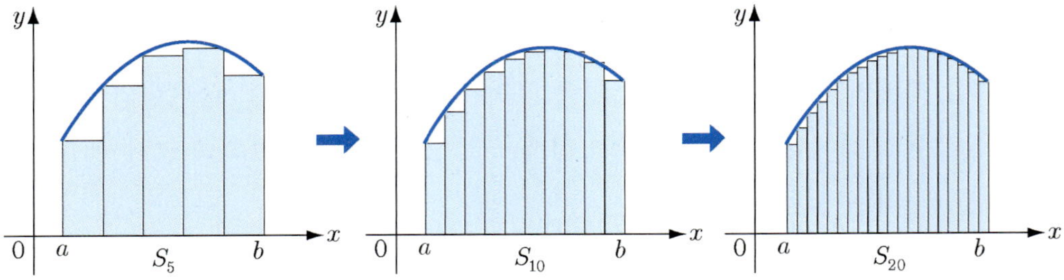

〈그림 5-2〉 $S_n \to S$

또 작은 구간 위에서 함수의 최댓값을 높이로 하는 직사각형을 만들어 이들 넓이의 합 S_n'의 극한값을 구하여도 그 극한값은 위에서 구한 극한값 S와 같게 된다.

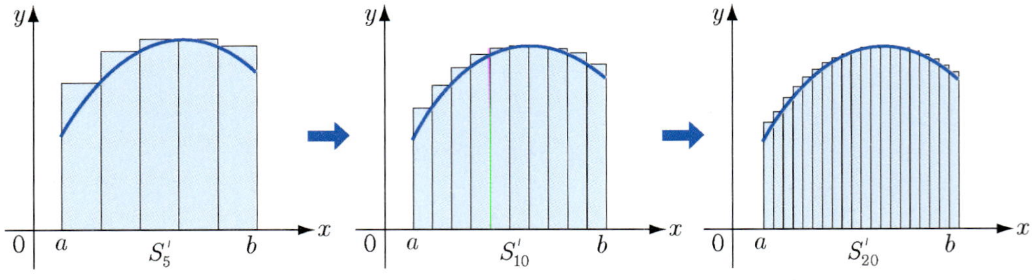

〈그림 5-3〉 $S_n' \to S$

실제로 n이 커질 때 S_n의 폭이 0으로 가까이 가는 한 곡선 아래의 넓이 S는 수열 $S_1, S_2, \cdots, S_n, \cdots$을 어떻게 택하느냐에 관계없이 일정하다. 이와 같이 주어진 도형을 여러 개의 간단한 도형으로 세분하여 이들 넓이나 부피를 구한 후, 이 합의 극한값으로 원래 도형의 넓이나 부피를 구하는 방법을 **구분구적법**이라고 한다. 이때 S를 함수 $f(x)$의 a부터 b까지의 **정적분**(definite integral)이라 하고, 적분 기호를 사용하여

$$S = \int_a^b f(x)dx$$

로 나타낸다.

예제 5-2

포물선 $y = x^2$과 x축 및 직선 $x = 1$로 둘러싸인 도형의 넓이 S를 구하기 위하여 구간 [0, 1]을 n등분하면, 양 끝점을 포함한 각 등분점의 x좌표는 차례대로

$$0,\ \frac{1}{n},\ \frac{2}{n},\ \frac{3}{n},\ \cdots,\ \frac{n-1}{n},\ 1$$

이다.

이들 각 소구간을 밑변으로 하고 높이가 차례대로

$$(\frac{0}{n})^2,\ (\frac{1}{n})^2,\ (\frac{2}{n})^2,\ \cdots,\ (\frac{n-1}{n})^2$$

인 직사각형의 넓이의 합을 S_n이라 하면

$$\begin{aligned} S_n &= \frac{1}{n}(\frac{0}{n})^2 + \frac{1}{n}(\frac{1}{n})^2 + \frac{1}{n}(\frac{2}{n})^2 + \cdots + \frac{1}{n}(\frac{n-1}{n})^2 \\ &= \frac{1}{n^3}\{1^2 + 2^2 + \cdots + (\mathrm{n}-1)^2\} \\ &= \frac{1}{n^3}\frac{(n-1)n(2n-1)}{6} \end{aligned}$$

이다. 따라서 구하는 넓이 S는 다음과 같다.

$$S = \lim_{n\to\infty} S_n = \frac{1}{3}$$

이제 위의 적분을 자세히 정의하여 보자. 함수 $y=f(x)$가 폐구간 $[a, b]$에서 연속이라고 하고, 구간 $[a, b]$를 n등분한 소구간의 길이를 기호 Δx를 사용하여

$$\Delta x = \frac{b-a}{n}$$

로 나타내자. 그러면 소구간의 끝점의 x좌표를 차례대로

$$a = x_0,\ x_1,\ \ldots,\ x_{n-1},\ x_n = b$$

라고 하면

$$x_i = a + i\Delta x$$

이다.

이때 각 구간의 직사각형의 높이를 오른쪽 끝 값으로 하는 사각형의 넓이의 합을

$$S_n = \sum_{i=1}^{n} f(x_i) \cdot \Delta x$$

라 하자. 그러면

$$S = \lim_{n \to \infty} \sum_{i=1}^{n} f(x_i) \Delta x = \int_a^b f(x) dx$$

이다.

미적분학 발전의 중요한 과정은 적분에 관한 문제들을 간단하고 기계적인 과정을 통하여 해결하는 일반적인 법칙을 발견하는 것이다. 뉴턴과 라이프니츠의 미적분학에 대한 공적은 미분과 적분의 상호 관계를 밝힌 것이라 하겠다. 적분과 도함수 사이의 관계를 설명해 주는 **미적분학의 기본정리**(fundamental theorem of calculus)는 다음과 같다.

정리 5.1 (미적분학의 제1기본정리)

함수 $f:[a,b] \to \mathbb{R}$ 가 $[a, b]$ 위에서 적분 가능할 때, 함수 $F:[a,b] \to \mathbb{R}$ 을

$$F(x) = \int_a^x f(t)\,dt$$

로 정의하면, F는 $[a, b]$ 위에서 미분가능하고 $F' = f$이다.

다음의 미적분학의 제2기본정리를 이용하면 적분값을 구간의 끝 점에서의 원시함수의 함숫값으로 간단히 나타낼 수 있다. 다시 말하면 적분을 대수적인 식으로 다룰 수 있다는 이점을 가지고 있다.

정리 5.2 (미적분학의 제2기본정리)

함수 $f:[a,b]\to\mathbb{R}$ 가 $[a,\ b]$ 위에서 적분가능하고 미분 가능한 함수 $F:[a,b]\to\mathbb{R}$ 가 $F'=f$일 때,

$$\int_a^b f(x)\,dx = F(b)-F(a)$$

이다.

예제 5-3

정적분 $\int_{-1}^{2}(2x-x^2)dx$를 구하기 위하여 피적분함수 $f(x)=2x-x^2$의 원시함수 $F(x)$를 구하면

$$F(x)=x^2-\frac{1}{3}x^3+C$$

이다. 정적분의 기본정리에 의하여

$$\begin{aligned}\int_{-1}^{2}(2x-x^2)dx &= \left[x^2-\frac{1}{3}x^3+C\right]_{-1}^{2}\\ &=(4-\frac{8}{3}+C)-(1+\frac{1}{3}+C)\\ &=0\end{aligned}$$

이다.

문제 1

정적분의 정의를 이용하여 $\int_0^2 (x^2+1)dx$를 구하여라.

문제 2

다음 정적분을 구하여라.

(1) $\int_{-1}^{2} (3x^2-5x+1)dx$

(2) $\int_{-1}^{1} (x+1)^2 dx - \int_{-1}^{1} (x-1)^2 dx$

(3) $\int_0^1 (x^3+3x^2)dx + \int_1^2 (x^3+3x^2)dx$

(4) $\int_0^3 |x-1|dx$

문제 3

다음 정적분을 구하여라.

(1) $\int_0^2 (2x+1)^3 dx$

(2) $\int_2^5 \frac{x}{\sqrt{x-1}} dx$

(3) $\int_0^3 \sqrt{9-x^2}\, dx$

(4) $\int_0^1 \frac{1}{1+x^2} dx$

5-2 적분의 근사

부정적분을 아는 경우, 미적분학의 기본정리는 적분을 수행하는데 결정적 역할을 한다. 특별히 미적분학의 제2기본정리는 적분값을 적분 구간의 양 끝 값에서의 원시함수의 함숫값으로 나타낼 수 있다는 장점을 가지고 있다. 그러나 간단한 연속함수라 할지라도 구체적으로 부정적분을 구하는 것은 쉽지 않고, 일반적인 함수의 부정적분을 구하는 것은 더더욱 쉽지 않다.

예를 들어 통계학에서 자주 나오는 표준정규분포 $N(0,\,1)$의 확률밀도함수의 적분

$$P(X \le x) = \frac{1}{\sqrt{2\pi}} \int_{-\infty}^{x} e^{\frac{-t^2}{2}} dt$$

의 값을 구하기란 쉽지 않다. 이와 같이 대부분의 함수에 대하여는 적분값을 간단히 구할 수 없으므로 근삿값을 구하여 사용한다.

적분의 근삿값을 구하는 방법으로는 앞에서 적분을 정의할 때 직사각형의 넓이의 극한으로 한 것처럼 직사각형의 넓이로 근사시키는 **직사각형 방법**(rectangular quadrature rule)이 있다.

구간 $[a,\,b]$의 분할

$$P = \{a = x_0 < x_1 < x_2 < \cdots < x_{n-1} < x_n = b\}$$

에 대하여

$$m_i = \inf\{f(x) : x_i \le x \le x_{i+1}\}, \quad M_i = \sup\{f(x) : x_i \le x \le x_{i+1}\}$$

이라 하자. 이 때 함수 f의 분할 P에 대한 하합(lower sum)과 상합(upper sum)을 각각

$$L(f;P) = \sum_{i=0}^{n-1} m_i (x_{i+1} - x_i), \quad U(f;P) = \sum_{i=0}^{n-1} M_i (x_{i+1} - x_i)$$

라 하면

$$L(f;P) \le \int_a^b f(x)dx \le U(f;P)$$

이다.

일반적으로 구간 $[a, b]$의 분할 P에 대하여

$$\inf_P U(f;P) = \sup_P L(f;P)$$

일 때, 함수 f는 **Riemann 적분가능**하다고 한다.

정리 5.3

유계인 폐구간 위에서 정의된 연속함수는 Riemann 적분가능하다.

함수 f가 Riemann 적분가능하다고 해도 소구간에서 $\inf\{f(x)\}$ $\sup\{f(x)\}$의 값을 구하는 것은 쉬운 일이 아니다. 그러나 특별히 함수 f가 감소함수이면, 구간 $[x_i, x_{i+1}]$에서

$$m_i = f(x_{i+1}), \qquad M_i = f(x_i)$$

이므로

$$L(f;P) = \sum_{i=0}^{n-1} f(x_{i+1})(x_{i+1} - x_i)$$

$$U(f;P) = \sum_{i=0}^{n-1} f(x_i)(x_{i+1} - x_i)$$

이다.

특히 소구간의 길이를 같게 하면 다음과 같이 계산할 수 있다.

직사각형 방법

1. n을 택하여 $h = \dfrac{b-a}{n}$라고 둔다.
2. 각 소구간에서 $m_i = f(x_{i+1}), M_i = f(x_i)$의 값을 구한다.
3. $U(f;P) - L(f;P) \le \text{TOL}$이 될 때까지 n을 크게 택하여 위의 시행을 반복한다.

matlab프로그램(직사각형 방법)

```
function [intval, iter] = rectanglerule(f,a, b, TOL, MaxInt)
% 감소함수에 대한 직사각형 방법

if nargin < 5
  MaxInt = 1000;
end

if nargin < 4
  TOL = 1.e-5;
end

for k = 1:MaxInt
  lowersum = 0;uppersum = 0;
  dx = (b-a)/k;
  x = a + [0:k]*dx;
  fx = feval(f,x);
  lowersum = sum(fx(2:k+1))*dx;
  uppersum = sum(fx(1:k))*dx;
  if(abs(uppersum-lowersum)<TOL)
    break;
  end
  clear x;
  clear fx;
end
intval = lowersum;
iter = k;
```

참고 5.1

역사적으로 볼 때 곡선으로 둘러싸인 넓이와 같은 정사각형의 넓이를 구하는 과정을 quadrature라고 하였다. 이제는 이런 개념을 확장하여 곡선으로 둘러싸인 넓이를 구하는 과정을 quadrature rule이라고 한다.

구간 $[a, b]$의 분할에서 각 소구간의 길이가 작아지면 소구간에서의 최솟값과 최댓값은 거의 같아진다. 따라서 최솟값과 최댓값을 이용하여 하합과 상합을 구하는 대신 구간의 중점에서의 함숫값을 이용하여 사각형의 넓이를 구할 수 있다. 즉 각 구간의 중점에서의 높이를 직사각형의 높이로 택하는 **복합 중점방법**(composite midpoint rule)을 얻는다.

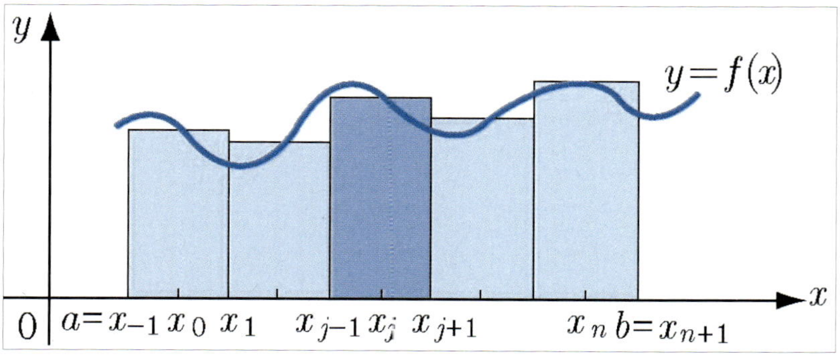

〈그림 5-4〉 복합중점방법

이 방법에 대하여 다음 정리를 얻는다.

정리 5.4 (복합 중점방법)

함수 $f \in C^2[a, b]$에 대하여 짝수 n을 택하고 $h=(b-a)/(n+2)$, $x_k = a+(k+1)h$, $k=-1, 0, \cdots, n+1$이라 하면 중점방법에 의한 적분은

$$\int_a^b f(x)dx = 2h\sum_{k=0}^{n/2} f(x_{2k}) + \frac{b-a}{6}h^2 f''(\xi)$$

이다.

문제 4

직사각형 방법과 복합중점방법을 이용하여 다음 정적분의 근삿값을 구하여라.

(1) $\int_0^{\frac{\pi}{2}} x\cos x dx$ (2) $\int_0^1 xe^x dx$

5-3 사다리꼴 방법

직사각형 방법은 아래 그림에서 보듯이 소구간의 양 끝점을 잇는 사다리꼴의 넓이로 근사시키는 것보다는 덜 정확하다. 이와 같이 곡선에 둘러싸인 넓이를 사다리꼴의 넓이로 근사시키는 방법을 **사다리꼴 방법**(trapezoidal rule)이라고 한다.

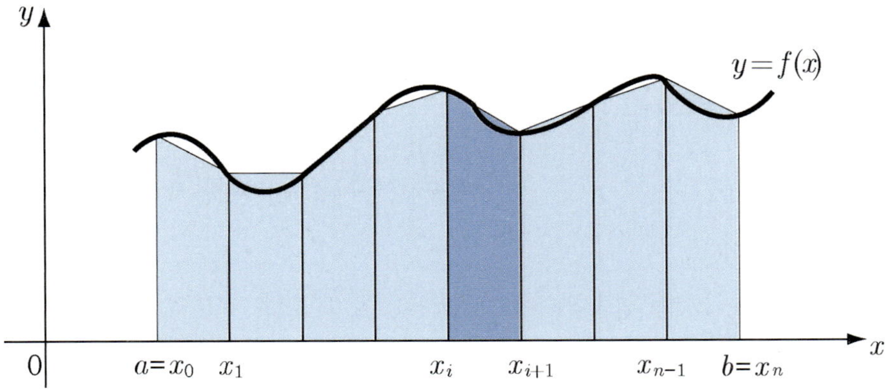

〈그림 5-5〉 사다리꼴 방법

실제로

$$\int_{x_i}^{x_{i+1}} f(x)dx \approx \frac{1}{2}(x_{i+1}-x_i)[f(x_i)+f(x_{i+1})]$$

이므로, 다음 정리를 얻는다.

정리 5.5 (사다리꼴 방법)

함수 $f \in C^2[a, b]$에 대하여 자연수 n을 택하고 $h=(b-a)/n$, $x_k=a+kh$라 하면, 사다리꼴 방법에 의한 적분은

$$\int_a^b f(x)dx = \frac{h}{2}\left[f(a)+2\sum_{k=1}^{n-1} f(x_k)+f(b)\right]-\frac{b-a}{12}h^2 f''(\zeta)$$

이다. 여기서 $a<\zeta<b$이다.

증명 간단히 $a=0,\ b=1,\ h=1$인 경우에 대하여 알아보자. 두 점 $(0,\ f(0)),\ (1,\ f(1))$을 잇는 직선의 방정식을 $p(x)$라 하면

$$p(x)=f(0)+[f(1)-f(0)]x$$

이므로,

$$\int_0^1 p(x)dx=\frac{1}{2}[f(0)+f(1)]$$

이다. 따라서 $f(x)-p(x)=\frac{1}{2}f''(\xi)x(x-1)$을 만족하는 $\xi=\xi(x)\in(0,1)$이 존재한다. 그러므로

$$\int_0^1[f(x)-p(x)]dx=\frac{1}{2}\int_0^1 f''(\xi(x))x(x-1)dx$$

가 성립한다.

그런데 $f''(\xi(x))$는 연속함수이고 $x(x-1)\le 0$이므로 적분의 평균값 정리에 의하여

$$\int_0^1 f''(\xi(x))x(x-1)dx=f''(\xi)\int_0^1 x(x-1)dx=-\frac{1}{6}f''(\xi)$$

가 성립한다. 따라서

$$\int_0^1 f(x)dx=\frac{b-a}{2}[f(a)+f(b)]-\frac{1}{12}(b-a)^3 f''(\xi)$$

를 얻는다.

이제 구간 $[a,\ b]$를 n등분하면 중간값의 정리에 의하여

$$\begin{aligned}\int_a^b f(x)dx&=\sum_{i=0}^{n-1}\int_{x_i}^{x_{i+1}}f(x)dx\\&=\frac{h}{2}\sum_{i=0}^{n-1}[f(x_i)+f(x_{i+1})]-\frac{h^3}{12}\sum_{i=0}^{n-1}f''(\xi_i)\\&=\frac{h}{2}\sum_{i=0}^{n-1}[f(x_i)+f(x_{i+1})]-\frac{b-a}{12}h^2 f''(\zeta)\end{aligned}$$

인 $\zeta\in(a,\ b)$가 존재한다. ▨

사다리꼴 방법

1. 적당한 n을 택하고 $h=\dfrac{b-a}{n}$이라 놓는다.
2. $\displaystyle\int_a^b f(x)dx \approx \frac{h}{2}\left[f(a)+2\sum_{k=1}^{n-1}f(x_k)+f(b)\right]$을 계산한다.

matlab프로그램(사다리꼴 방법)

```
function intval = traprule(f,a, b, N)

if nargin < 4
  N = 100;
end

dx = (b-a)/N;
x = a + [0:N]*dx;
fx = feval(f,x); %각 절점에 대한 함숫값 계산


intval = dx * ((fx(1) + fx(N+1))/2 + sum(fx(2:N)));
```

영역 $R=[a,b]\times[c,d]$ 위에 정의된 이변수 함수 $z=f(x,y)$의 적분에 대하여 알아보자. 일변수 함수의 적분과 마찬가지로 주어진 영역 $[c,\ d]$, $[a,\ b]$를 x축, y축에 각각 평행한 직선들로 등분하여 n개의 작은 직사각형

$$\Delta A = \Delta x \Delta y$$

로 분할하고, 차례로 $\Delta A_1, \Delta A_2, \ldots, \Delta A_n$이라 한다. 직사각형 ΔA_k 위의 임의의 점 $(x_k,\ y_k)$를 선택하여 직육면체의 부피의 합을

$$S_n = \sum_{k=1}^{n} f(x_k, y_k)\Delta A_k$$

라 하자.

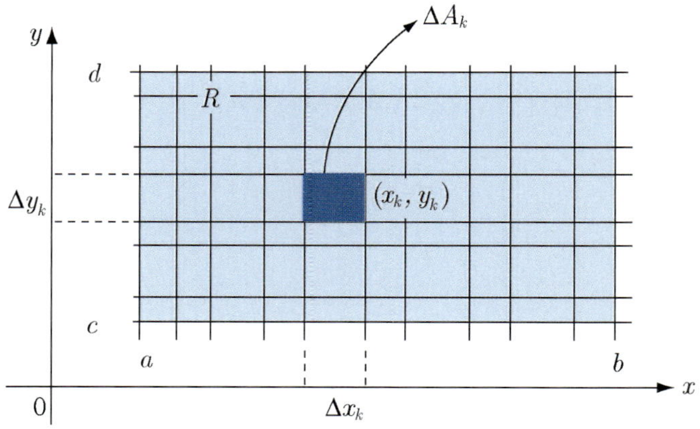

〈그림 5-6〉 면적소

이제 $\Delta A_k \to 0$이 되도록 n을 충분히 크게 하면

$$\lim_{n\to\infty} S_n = \lim_{n\to\infty} \sum_{k=1}^{n} f(x_k,\ y_k)\Delta A_k$$

가 된다. 만약 위의 극한값이 존재하면 우리는 이것을

$$\iint_R f(x,\ y)dA \text{ 또는 } \iint_R f(x,\ y)dxdy$$

로 나타내고, 영역 R에서의 함수 $z = f(x,\ y)$의 **이중적분**(double integral)이라고 한다.

이중적분은 아래 그림과 같이 영역 R을 밑변으로 하고 함숫값 $f(x,\ y)$가 이루는 곡면을 지붕으로 하는 기둥의 부피와 같다.

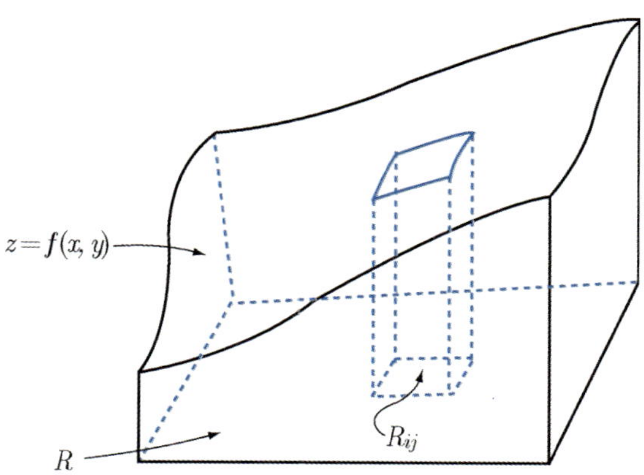

〈그림 5-7〉 부피

이중적분을 사다리꼴 방법으로 적분하면 각 방향으로의 오차가 $O(h^2)$이므로 전체적으로 $O(h^2)$의 오차를 얻는다.

문제 5

함수 $f:[a,\ b]\to R$가 감소함수일 때, $[a,\ b]$의 분할 P에 대하여

$$T(f;P)=\frac{1}{2}L(f\,;P)+U(f\,;P)$$

임을 보여라. 여기서 $T(f,\ P)$는 사다리꼴 방법에 의한 f의 적분이다.

문제 6

사다리꼴 방법을 이용하여 다음 정적분의 근삿값을 구하여라.

(1) $\int_0^{\frac{\pi}{2}} x\cos x dx$　　(2) $\int_0^1 xe^x dx$

문제 7

원 $x^2+(y-a)^2=r^2\,(0<r<a)$을 x축의 둘레로 회전하여 생기는 회전체의 부피를 사다리꼴 방법을 이용하여 구하여라.

문제 8

적분 $\int_0^2 e^{-x^2}dx$을 사다리꼴 방법에 의해 구한 근삿값의 오차가 10^{-6}보다 작게 하려면 구간의 수를 얼마만한 크기로 하여야 하는가?

5-4 Simpson 방법

사다리꼴 방법과 같은 정도의 계산을 하고도 사다리꼴 방법보다 더 정확한 근삿값을 구할 수 있는 방법은 없을까? 이러한 방법의 하나로 다음 방법을 생각해 보자.

함수 f가 구간 $[a, b]$에서 연속일 때, 그림과 같이 세 점 $x_0 = a$, $x_1 = \dfrac{a+b}{2}$, $x_2 = b$에 대하여

$$(x_0,\ f(x_0)),\ (x_1,\ f(x_1)),\ (x_2,\ f(x_2))$$

을 지나는 이차함수 $g(x)$를 구하면

$$g(x) = f(x_0) + f[x_0, x_2](x - x_0) + f[x_0, x_2, x_1](x - x_0)(x - x_2)$$

이다.

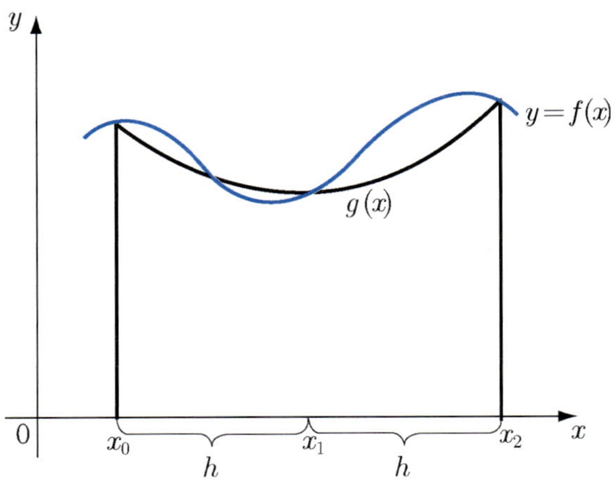

〈그림 5-8〉 Simpson 방법

따라서

$$\int_a^b g(x)dx = f(a)(b-a) + f[a,\ b]\frac{(b-a)^2}{2} + f[a,\ b,\ x_1]\int_a^b (x-a)(x-b)dx$$

$$= f(a)(b-a) + f[a,\ b]\frac{(b-a)^2}{2} - f[a,\ x_1,\ b]\frac{(b-a)^3}{6}$$

$$= \frac{b-a}{6}\{f(a) + 4f(x_1) + f(b)\}$$

를 얻는다. 이와 같이 계산하는 방법을 **심프슨 방법**(Simpson's rule)이라고 한다.

특히 각 소구간의 길이를 h라 하면 Simpson 방법은

$$\int_a^b f(x)dx = \frac{h}{3}[f(x_0)+4f(x_1)+f(x_2)] - \frac{h^5}{90}f^{(4)}$$

이 된다. 함수 $F(x)$를 $f(x)$의 원시함수

$$e(x) = \int_a^b f(x)dx - \frac{h}{3}\{f(a)+4f(x_1)+f(b)\}$$

$$G(x) = F(x_1+x) - F(x_1-x) - \frac{x}{3}f(x_1+x)$$

$$+4f(x_1)+f(x_1-x) - \frac{t^5}{h^5}e(x)$$

라 하고, Rolle의 정리를 적용하면 된다.

따라서 다음과 같은 정리를 얻는다.

정리 5.6 (Simpson 방법)

함수 $f \in C^4[a, b]$에 대하여 짝수 n을 택하고 $h=(b-a)/n$, $x_k = a+kh$라 하면, Simpson 방법에 의한 적분은

$$\int_a^b f(x)dx = \frac{h}{3}[f(a)+2\sum_{k=1}^{n/2-1} f(x_{2k})+4\sum_{k=1}^{n/2} f(x_{2k-1})$$

$$+f(b)] - \frac{b-a}{180}h^4 f^{(4)}(\xi)$$

이다.

Simpson

1. 자연수 n을 택하고 $h=\dfrac{b-a}{n}$으로 놓는다
2. $\displaystyle\int_a^b f(x)dx \approx \frac{h}{3}\sum_{i=0}^{n/2-1}\{f(x_{2i})+4f(x_{2i+1})+f(x_{2i+2})\}$

   을 계산한다.

matlab프로그램(Simpson 방법)

```
function intval = simpson(f,a, b, N)

if nargin < 4
  N = 100;
end

if( mod(N,2) ~= 0)
  disp('N is not even.');
  N=N+1 %N을 1증가시켜 짝수로 만든다.
end

dx = (b-a)/N;
x = a + [0:N]*dx
fx = feval(f,x);

intval = dx/3 * ( fx(1) + fx(N+1) + 2*sum(fx(3:2:N-1))+4*sum(fx(2:2:N)));
```

문제 9

적분 $\int_0^2 x^2 e^{-x} dx$를 $n=8$로 택하여 Simpson 방법으로 구하여라.

문제 10

적분 $\int_1^3 e^x \sin x dx$를 Simpson 방법으로 오차가 10^{-4}보다 작게 구하여라.

5-5 Gauss 방법

지금까지 다룬 사다리꼴이나 Simpson 방법의 경우

$$\int_{x_0}^{x_k} f(x)dx \approx \sum_{i=0}^{k} A_i f(x_i)$$

의 꼴로 나타내었다. 여기서 가중치 A_i는 함수 $f(x)$와 무관하게 적분방법에 따라 달라지는 방법이었다. 특별히 x_0, x_1, …, x_k를 같은 간격으로 택하면 $f(x)$가 k차 이하의 다항식인 경우에는 정확하게

$$\int_{x_0}^{x_k} f(x)dx = \sum_{i=0}^{k} A_i f(x_i)$$

이 된다. 그런데 x_0, x_1, …, x_k를 적당한 간격으로 택하여 $f(x)$가 $2k-1$차 이하의 다항식인 경우에도 정확하게

$$\int_{x_0}^{x_k} f(x)dx = \sum_{i=0}^{k} A_i f(x_i)$$

이 되도록 할 수 있을까? 이렇게 되도록 적분하는 것이 Gauss 방법이다.

함수 $f(x)$가 앞에서 다룬 사다리꼴이나 Simpson 방법을 적용하기에 충분히 미분 가능하지 않을 때, 우리는 적분 가능한 함수 $w(x) \geq 0$와 충분히 미분 가능한 함수 $g(x)$를 이용하여

$$\int_a^b f(x)dx = \int_a^b g(x)w(x)dx$$

로 나타낼 수 있다. 예를 들어 사다리꼴 방법은

$$\int_a^b f(x)dx \approx \frac{b-a}{2}f(a) + \frac{b-a}{2}f(b)$$

이지만, $g(x)$가 1차 함수인 경우에 $g(x) = f(x)$, $w(x) = 1$로 택하면

$$\int_a^b f(x)dx = \frac{b-a}{2}f(a) + \frac{b-a}{2}f(b)$$

이다.

구간 $(a,\ b)$ 안에서 점 $x_0,\ x_1,\ \ldots,\ x_k$를 택하고 이들 점에서 함수 $g(x)$의 보간 다항식을 $p_k(x)$라 하면

$$g(x)=p_k(x)+g[x_0,\ x_1,\ \ldots,\ x_k,\ x]\psi_k(x)$$

로 나타낼 수 있다. 여기서

$$\psi_k(x)=(x-x_0)(x-x_1)\cdots(x-x_k)$$

이다. 따라서

$$\int_a^b f(x)dx=\int_a^b p_k(x)w(x)dx+\int_a^b g[x_0,\ x_1,\ \ldots,\ x_k,\ x]\psi_k(x)w(x)dx$$

을 얻는다.

만약 $p_k(x)$를 Lagrange 형태를 이용하여

$$p_k(x)=g(x_0)l_0(x)+g(x_1)l_1(x)+\cdots+g(x_k)l_k(x)$$

$$l_i(x)=\prod_{j=0,j\neq i}^{k}\frac{x-x_j}{x_i-x_j},\qquad i=0,\ 1,\ldots,\ k$$

와 같이 나타내면,

$$\int_a^b p_k(x)w(x)dx=g(x_0)\int_a^b l_0(x)w(x)dx+\cdots+g(x_k)\int_a^b l_k(x)w(x)dx$$

이다. 따라서

$$\int_a^b p_k(x)w(x)dx=A_0g(x_0)+A_1g(x_1)+\cdots+A_kg(x_k)$$

$$A_i=\int_a^b l_i(x)w(x)dx,\qquad i=0,\ 1,\ \ldots,\ k$$

로 나타난다.

이제 오차

$$\int_a^b f(x)dx-\int_a^b p_k(x)w(x)dx=\int_a^b g(x)w(x)dx-\int_a^b p_k(x)w(x)dx$$

를 생각해 보자.

임의의 x_{k+1}에 대하여

$$g[x_0, x_1, \dots, x_k, x] = g[x_0, x_1, \dots, x_k, x_{k+1}] \quad + f[x_0, \dots, x_{k+1}, x](x - x_{k+1})$$

이므로

$$\int_a^k \psi_k(x)w(x)dx = 0$$

이라고 가정하면

$$\int_a^b g(x)w(x)dx - \int_a^b p_k(x)w(x)dx$$
$$= \int_a^b g[x_0, x_1, \dots, x_k, x_{k+1}, x]\psi_{k+1}(x)w(x)dx$$

이다. 다시

$$\int_a^k \psi_{k+1}(x)w(x)dx = 0$$

라고 가정하면, 같은 이유로

$$\int_a^b g(x)w(x)dx - \int_a^b p_k(x)w(x)dx$$
$$= \int_a^b g[x_0, x_1, \dots, x_{k+2}, x]\psi_{k+2}(x)w(x)dx$$

를 얻는다.

따라서 적절한 $x_0, x_1, \dots, x_{k+m}$에 대하여

$$\int_a^b \psi_k(x)(x - x_{k+1}) \cdots (x - x_{k+1+i})w(x)dx = 0, \quad i = 0, 1, \dots, m-1$$

이면, 임의의 x_{k+m+1}에 대하여

$$\int_a^b g(x)w(x)dx - \int_a^b p_k(x)w(x)dx$$
$$= \int_a^b g[x_0, x_1, \dots, x_{k+m+1}, x]\psi_{k+m+1}(x)w(x)dx$$

가 성립한다.

주어진 가중치 함수 $w(x)$와 임의의 k차 이하의 다항식 $q(x)$에 대하여

$$\int_a^b p_{k+1}(x)q(x)w(x)dx = 0$$

인 다항식 $p_{k+1}(x)$를 찾을 수 있다. 즉 다항식 $p_{k+1}(x)$는 가중치 함수 $w(x)$에 대해 임의의 k차 이하의 다항식 $q(x)$와 수직인 함수이다. 더욱이 $p_{k+1}(x)$를 $(a,\ b)$ 안의 서로 다른 점 $\xi_0,\ \xi_1,\ \dots,\ \xi_k$에 대하여

$$p_{k+1}(x) = \alpha_{k+1}(x-\xi_0)(x-x_1)\cdots(x-\xi_k)$$

의 꼴로 나타낼 수 있다.

이제

$$x_j = \xi_j, \quad j = 0,\ 1,\ \dots,\ k$$

라 하고 $x_{k+j} \in (a,\ b),\ j = 1,\ \dots,\ k+1$이라 하면 $m = k$인 경우에 대해

$$\int_a^b \psi_k(x)(x-x_{k+1})\cdots(x-x_{k+1+i})w(x)dx = 0$$

이 성립하므로

$$\int_a^b g(x)w(x)dx - \int_a^b p_k(x)w(x)dx$$
$$= \int_a^b g[x_0,\ x_1,\ \dots,\ x_{k+m+1},\ x]\psi_{k+m+1}(x)w(x)dx$$

도 성립한다. 그런데

$$\int_a^b \psi_k(x)(x-x_{k+1})\cdots(x-x_{k+1+i})w(x)dx = 0\text{와 } \int_a^b p_{k+1}(x)q(x)w(x)dx = 0$$

을 비교하면, $m \le k$인 경우

$$q(x) = \frac{(x-x_{k+1})\cdots(x-x_{k+1+i})}{\alpha_{k+1}}, \quad i = 0,\ 1,\ \dots,\ m-1$$

은 모두 k차 이하의 다항식이다. 그러므로 다음이 성립한다.

$$\int_a^b g(x)w(x)dx - \int_a^b p_k(x)w(x)dx = \int_a^b g[x_0,\ \dots,\ x_{2k+1},\ x]\psi_{2k+1}(x)w(x)dx$$

이제

$$x_{k+j} = \xi_{j-1}, \quad j = 1, 2, \ldots, k+1$$

로 택하면

$$\begin{aligned}\psi_{2k+1}(x) &= (x-x_0)(x-x_1)\cdots(x-x_{2k+1}) \\ &= (x-\xi_0)(x-\xi_1)\cdots(x-\xi_k)(x-\xi_0)(x-\xi_1)\cdots(x-\xi_k) \\ &= \left\{\frac{p_{k+1}(x)}{\alpha_{k+1}}\right\}^2 \ge 0\end{aligned}$$

이다. 따라서 적분에 대한 평균값 정리를 적용하면

$$\int_a^b g(x)w(x)dx - \int_a^b p_k(x)w(x)dx$$
$$= g[x_0,\ x_1,\ \ldots,\ x_{2k+1},\ \eta]\int_a^b [\frac{1}{\alpha_{k+1}}p_{k+1}(x)]^2 w(x)dx$$

이 성립한다.

마지막으로 $g(x)$의 $(2k+2)$차 도함수가 연속이면

$$\int_a^b g(x)w(x)dx - \int_a^b p_k(x)w(x)dx = \frac{1}{(2k+2)!}g^{(2k+2)}(\xi)\frac{S_{k+1}}{\alpha_{k+1}^2},$$

$$S_{k+1} = \int_a^b \{p_{k+1}(x)\}^2 w(x)dx$$

이다.

참고 5.2

$x_0,\ x_1,\ \ldots,\ x_k$을 임의의 k차 이하의 다항식에 수직인 $k+1$차의 다항식 $p_{k+1}(x)=0$의 근으로 택하면

$$\int_a^b p_k(x)w(x)dx = A_0 g(x_0) + A_1 g(x_1) + \cdots + A_k g(x_k)$$

$$A_i = \int_a^b l_i(x)w(x)dx, \quad i = 0, 1, \ldots, k$$

와 같이 계산할 수 있다.

예제 5-4

(Gauss-Legendre 적분 방법) 직교인 Legendre 다항식과 근은 다음과 같다.

$$p_1(x) = x \qquad \xi_0 = 0$$

$$p_2(x) = \frac{3}{2}\left(x^2 - \frac{1}{3}\right) \qquad \xi_0 = -\frac{1}{\sqrt{3}}, \quad \xi_1 = \frac{1}{\sqrt{3}}$$

$$p_3(x) = \frac{5}{2}\left(x^3 - \frac{3}{5}x\right) \qquad \xi_0 = -\sqrt{\frac{3}{5}}, \quad \xi_1 = 0, \quad \xi_2 = \sqrt{\frac{3}{5}}$$

$w(x) = 1,\ k = 1$로 택하면

$$x_0 = \xi_0 = -\frac{1}{\sqrt{3}},\ x_1 = \xi_1 = \frac{1}{\sqrt{3}}$$

이므로, 2점 Gauss 방법

$$\int_{-1}^{1} g(x)dx \approx A_0 g\left(-\frac{1}{\sqrt{3}}\right) + A_1 g\left(\frac{1}{\sqrt{3}}\right)$$

에서

$$A_1 = \int_{-1}^{1} \frac{x - (-1/\sqrt{3})}{1/\sqrt{3} - (-1/\sqrt{3})} = 1,$$

$$A_0 = \int_{-1}^{1} \frac{x - 1/\sqrt{3}}{(-1/\sqrt{3}) - 1/\sqrt{3}} dx = 1$$

이다.

따라서

$$\int_{-1}^{1} g(x)dx \approx g\left(\frac{-1}{\sqrt{3}}\right) + g\left(\frac{1}{\sqrt{3}}\right)$$

이다.

Gauss 방법

1. 직교인 다항식을 택하고 근을 구한다.
2. 계수 A_i를 구한다.

matlab프로그램(Gauss 방법)

```
function intval = gaussint(f, a, b, N)
% Legendre다항식을 사용한 N-point 가우스 적분법
% \int_a^b f(x) dx

% p : points
% w : weight
[p w] = glpoly(N);
x = ((b-a)*p + a+b)/2; %치환적분
fx = feval(f, x);
intval = w*fx'*(b-a)/2; %치환적분


function [p w] = glpoly(N)
% 가우스 적분법의 점과 가중치 구하기
p = roots(lpoly(N))';
A(1,:) = ones(1,N);
b(1) = 2;
for i = 2:N
  A(i,:) = A(i-1,:).*p;
  b(i) = (1-(-1)^i)/i;
end
w = b/A';


function lp = lpoly(N)
%직교다항식
if(N==0)
  lp = 1;
elseif(N ==1)
  lp = [1 0];
else
  lp = ((2*N-1)*[lpoly(N-1) 0]-(N-1)*[0 0 lpoly(N-2)])/N;
end
```

문제 11

다음 Gauss 방법

$$\int_{-1}^{1} f(x)dx = A_0 f(x_0) + A_1 f(x_1) + A_2 f(x_2) + A_3 f(x_3)$$

을 유도하여라. 여기서

$$A_0 = A_2 = \frac{1}{2}\left(1 + \frac{1}{6}\sqrt{10/3}\right) \qquad A_1 = A_3 = \frac{1}{2}\left(1 - \frac{1}{6}\sqrt{10/3}\right)$$

$$-x_0 = x_2 = \sqrt{\frac{1}{7}(3 - 4\sqrt{0.3})} \qquad -x_1 = x_3 = \sqrt{\frac{1}{7}(3 + 4\sqrt{0.3})}$$

이다.

문제 12

$[a, b] = [-1, 1]$, $\omega(x) = 1$, $n = 2$일 때 Gauss 방법으로 구하면

$$\int_{-1}^{1} f(x)dx = \frac{5}{9} f\left(-\sqrt{\frac{3}{5}}\right) + \frac{8}{9} f(0) + \frac{5}{9} f\left(\sqrt{\frac{3}{5}}\right)$$

임을 보여라. 또 위의 공식을 이용하여 다음의 근삿값을 구하여라.

(1) $\int_0^{\frac{\pi}{2}} x\, dx$ (2) $\int_0^4 \frac{\sin t}{t} dt$

문제 13

적분 $\int_0^1 \exp(-x^2)dx$를 Legendre 다항식을 이용하여 5점 Gauss 방법으로 구하여라.

06

제 6 장

초깃값 문제의 수치해

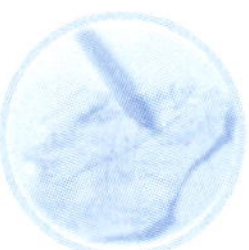

학습내용

자연과학에서 나타나는 대부분의 사물의 위치나 속도 등은 시간에 따라 변한다. 예를 들어 암석은 바람에 의한 침식이나 물에 의한 용해로 시간에 따라 변하고, 화학 반응에 의한 농도의 변화나 인구의 변화, 전류의 변화, 오염 물질의 농도도 시간에 따라 변한다. 이와 같이 질량, 모멘트, 에너지 등과 같은 물리량은 시간에 따라 변하므로, 이를 나타내 주는 기본적인 개념은 미분이다. 따라서 미분으로 나타나는 상태 방정식(미분방정식)을 풀면 우리가 원하는 양을 구할 수 있다.

미분방정식을 푸는 여러 가지 해석적인 방법은 미분방정식에서 주로 다룬다. 그러나 우리가 다루는 미분방정식은 주로 선형인 미분방정식으로 해석적으로 풀 수 있는 경우는 매우 제한적이다.

따라서 여기서는 미분방정식의 근사해를 수치적으로 구하는 방법에 대하여 다루기로 한다.

제 6 장 초깃값 문제의 수치해

6-1 Euler 방법

상미분방정식의 기본 형태는

$$\frac{dy}{dt} = f(t,\ y)$$

이다. 위의 방정식은 y의 값에 대해 특별한 제한이 주어지지 않았다. 따라서 이 방정식의 해는 무한개가 존재한다.

방정식의 해를 좀 더 구체적으로 하기 위하여 우리는 일반적으로

$$\frac{dy}{dt} = f(t,\ y), \quad y(t_0) = y_0$$

같은 조건을 둔다. 이와 같이 y의 초기 조건이 주어져 있는 문제를 **초깃값 문제**(initial value problem)라고 한다.

또 함수 $f(t,\ y)$가 y에 대하여 일차식일 때 이 방정식을 **선형 미분방정식**이라 하고, $f(t,\ y)$가 y에 대하여 일차식이 아닐 때 이 방정식을 **비선형 미분방정식**이라고 한다.

미분방정식의 해를 구하기 전에, 먼저 해의 존재성과 유일성에 대하여 알아보자.

정리 6.1

초깃값 문제

$$\frac{dy}{dt} = f(t,\ y), \quad y(t_0) = y_0$$

에 대하여, 함수 $f : [-a,\ a] \times [-b,\ b] \to R$가 연속이고 정의역에 있는 임의의 두 점 $(x,\ y_1)$, $(x,\ y_2)$에 대하여 부등식

$$|f(x,\ y_1) - f(x,\ y_2)| \leq L|y_1 - y_2|$$

를 만족하는 Lipschitz 상수 L이 존재하면, 초깃값 문제의 해가 유일하게 존재한다.

정리 6.1에 의하여 함수 f와 편도함수 $\frac{\partial y}{\partial y}$가 연속이면 유일한 해가 존재한다는 것을 알고 있다. 그러나 실제로 그 해를 해석적으로 구할 수 있는 있는 경우는 함수 f가 특별한 경우뿐이다. 따라서 우리는 초깃값 문제의 해를 수치적으로 근사한 해를 구하게 되며, 이 경우 입력 단계에서 작은 오차를 갖게 된다. 그렇더라도 오차가 작으면 우리는 그 해도 원래의 정확한 해와 근접할 것을 기대한다.

정의 6.1

초깃값 문제

$$\frac{dy}{dt} = f(t,y), \quad y(t_0) = y_0$$

가 다음 조건을 만족할 때, 이 문제는 **잘 구성되어 있다**(well-posed)고 한다.

(i) 유일한 해가 존재한다.

(ii) 실수 $\epsilon > 0$이 존재하여 $|\epsilon_0| < \epsilon$, $|\delta(x)| < \epsilon$이면 새로운 초깃값 문제

$$z'(t) = f(t,z) + \delta(z), \quad z(t_0) = y_0 + \epsilon_0$$

의 유일한 해 $z(t)$가 존재한다.

(iii) 모든 t에 대하여 $|z(t) - y(t)| < K\epsilon$인 상수 K가 존재한다.

위의 정의 6.1의 (iii)은 초기 자료가 작게 변하면 그에 따른 해도 원래의 해와 가깝다는 것을 의미한다. 이런 의미에서 우리는 이것을 해가 초기 자료에 따라 연속적으로 변한다고 한다.

다행히도 위의 초깃값 문제는 잘 구성되어 있다.

예제 6-1

$D=\{(x,\ y)|0 \le x \le 1, -\infty < y < \infty\}$일 때 초깃값 문제

$$y'(x) = -y + x + 1, \quad y(0) = 1$$

은 잘 구성되어 있다.

위의 문제에서 함수

$$f(x,\ y) = -y + x + 1$$

은 연속이고

$$\left|\frac{\partial f}{\partial x}(x,y)\right| = 1$$

이므로, 미분방정식의 해는 유일하게 존재한다.

이제 다음과 같이 오차를 포함한 방정식

$$z'(x) = -z + x + 1 + \delta, \quad z(0) = 1 + \epsilon_0$$

에 대하여 생각해 보자.

위의 두 미분방정식을 풀면 해는 각각

$$y(x) = e^{-x} + x$$

$$z(x) = (1 + \epsilon_0 - \delta)e^{-x} + x + \delta$$

이다. 따라서 $|\delta| < \epsilon, |\epsilon_0| < \epsilon$이면

$$|y(x) - z(x)| = |(\delta - \epsilon_0)e^{-x} - \delta| \le |\epsilon_0| + |\delta||1 - e^{-x}| \le 2\epsilon$$

이다.

그러므로 초깃값 문제는 잘 구성되어 있다.

일반적으로 초깃값 문제는 잘 구성되어 있다.

정리 6.2

함수 $f(x, y)$가 집합 $D=\{(x, y)|0 \le x \le 1, -\infty < y < \infty\}$에서 연속이고 y에 대하여 Lipschitz 조건을 만족하면, 초깃값 문제

$$\frac{dy}{dx}=f(x,y), \quad y(x_0)=y_0$$

는 잘 구성되어 있다.

이제 미분방정식의 초깃값 문제

$$\frac{dy}{dx}=f(x, y), \quad y(x_0)=y_0$$

의 수치해를 구하는 방법에 대하여 알아보자.

컴퓨터에서는 $y(x)$를 연속적으로 구할 수 없으므로, $y(x)$를 유한개의 $x_i=x_0+hi$에서 구하고 이들 값 $y(x_i)$을 보간법으로 연결하면 연속인 함수의 수열 $\{y_h(x)\}_h$을 얻는다. 이제 $h \to 0$일 때의 수열의 극한이 우리가 구하는 함수이다. 그러나 실제로는 h의 값을 무한히 작게 할 수는 없으므로 적당히 작은 h를 이용하여 함수를 구한다.

미분의 정의에서

$$y'(x)=\lim_{h\to 0}\frac{y(x+h)-y(x)}{h}$$

이므로, 미분방정식에서

$$y'(x) \approx \frac{y(x+h)-y(x)}{h}$$

로 놓으면

$$y_{i+1}=y_i+hf(x_i, y_i), \quad y_0=y(x_0)$$

이다.

이와 같이 미분방정식의 수치해를 구하는 방법을 **Euler 방법**이라고 한다.

Euler 방법

1. h의 값을 정한다.
2. $y_{i+1} = y_i + hf(x_i, y_i), \quad y_0 = y(x_0)$을 계산한다.

예제 6-1

$$y' = x + y, \qquad y(0) = 1$$

의 수치해를 Euler 방법으로 구하여라. 또 수치해를 정확한 해

$$y(x) = -(x+1) + 2e^x$$

와 비교하여라.

matlab프로그램(Euler 방법)

```
% Euler method
% differential equation : y' = x+ y , y(0) = 1
% exact solution :y = -(x+1) + 2exp(x)

% Mesh size
N = 10;
x = linspace(0,1,N+1);
y = zeros(1,N+1);
h = 1./ N;
y(1) = 1;
exact = 0;
error = 0;

disp(sprintf('x(i+1)\t\t exact\t\t y(i+1)\t\t error'))
```

```
for i = 1:N
y(i+1) = y(i) + h*( x(i)+y(i));
exact = -x(i+1) - 1. + 2.*exp(x(i+1));
error = y(i+1) -  exact;
disp(sprintf('%f\t %f\t %f\t %f \n', x(i+1), exact, y(i+1), error))
end
```

도함수를 근사시킨

$$y'(x) \approx \frac{y(x+h)-y(x)}{h}$$

에서, h의 값이 작으면 작을수록 수치해는 원래의 해에 더욱 가까워질 것으로 기대한다. 실제로 그런가 알아보자.

먼저 다음의 보조 정리가 성립함을 알아보자.

보조정리 6.1

임의의 실수 $a \geq 0$, $b \geq 0$에 대하여

$$|e_{i+1}| \leq a|e_i| + b, \quad i = 0, 1, \ldots, n$$

이면, $a \neq 1$일 때 부등식

$$|e_i| \leq a^i|e_0| + \frac{a^i - 1}{a-1}b, \quad i = 1, 2, \ldots, n$$

이 성립한다.

증명 (i) 먼저 $i = 1$인 경우

$$|e_1| \leq a|e_0| + b = a^1|e_0| + \frac{a^1 - 1}{a-1}b$$

이므로 부등식이 성립한다.

(ii) $i \geq 1$에 대하여

$$|e_i| \leq a^i|e_0| + \frac{a^i - 1}{a-1}b$$

이 성립한다고 가정하자. 그러면

$$\begin{aligned} |e_{i+1}| &\le a|e_i| + b \\ &\le a\left\{a^i|e_0| + \frac{a^i - 1}{a-1}b\right\} + b = a^{i+1}|e_0| + \frac{a^{i+1}-1}{a-1}b \end{aligned}$$

가 성립한다. 그러므로 수학적 귀납법에 의하여 증명이 끝난다. ▨

보조정리 6.2

임의의 실수 $x \ge -1$에 대하여

$$0 \le (1+x)^m \le e^{mx}, \qquad m \ge 0$$

가 성립한다.

증명 함수 $f(x) = e^x$를 Taylor 전개하면

$$e^x = 1 + x + \frac{x^2}{2}e^{\xi}, \qquad 0 < \xi < x$$

이므로, $0 \le 1 + x \le e^x$이다. 따라서

$$0 \le (1+x)^m \le e^{mx}$$

이 성립한다. ▨

이제 Euler 방법이 수렴함을 보이자.

정리 6.3

초깃값 문제

$$\frac{dy}{dx} = f(x, y), \quad 0 \le x \le b, \quad y(0) = y_0$$

의 해를 $y(x)$라 하자. 만약 $y \in C^2[0, L]$이고

$$|y''(x)| \le N, \quad \left|\frac{\partial f}{\partial y}\right| \le M$$

이고, 이를 Euler 방법

$$y_{i+1} = y_i + hf(x_i, y_i), \qquad y_0 = y(0)$$

에 의하여 구한 $y(x_i)$의 근사해를 y_i라 하면

$$|e_i| = |y(x_i) - y_i| \le \frac{hN}{2M}(e^{bM} - 1)$$

이 성립한다.

증명 Taylor정리로부터

$$\begin{aligned}
|e_{i+1}| &= \left| y(x_i) + hy'(x_i) + \frac{h^2}{2}y''(\xi) - \{y_i + hf(x_i, y_i)\} \right| \\
&= \left| \{y(x_i) - y_i\} + h\{f(x_i, y(x_i)) - f(x_i, y_i)\} + \frac{h^2}{2}y''(\xi) \right| \\
&= \left| \{y(x_i) - y_i\} + h\frac{\partial f(x_i, \mu)}{\partial y}\{y(x_i) - y_i\} + \frac{h^2}{2}y''(\xi) \right| \\
&\le (1 + hM)|e_i| + \frac{h^2}{2}N
\end{aligned}$$

이 성립한다. 그러므로 보조정리 6.1로부터

$$|e_i| \le (1 + hM)^i |e_0| + \frac{(1 + hM)^i - 1}{(1 + hM) - 1} \cdot \frac{Nh^2}{2}$$

을 얻는다.

그런데 $e_0 = 0$이므로

$$\begin{aligned}
|e_i| &\le \frac{(1 + hM)^i - 1}{(1 + hM) - 1} \cdot \frac{Nh^2}{2} \\
&\le \frac{hN}{2M}\{(1 + hM)^i - 1\}
\end{aligned}$$

가 성립한다. 다시 보조정리 6.2로부터

$$|e_i| \le \frac{hN}{2M}(e^{nhM} - 1) = \frac{hN}{2M}(e^{bM} - 1)$$

을 얻는다. ▨

앞의 정리로부터 $h \to 0$이면 오차 $e_i \to 0$이다. 실제 컴퓨터 계산에서도 그럴까? h의 값이 작으면 작을수록 계산의 양은 많아지고, 그러면 반올림 오차가 쌓이게 될 것이다. 그런데 위의 정리의 결과는 이런 반올림 오차를 계산에 넣고 있지 않다. Euler 방법에 의한 실제 컴퓨터 계산에서는

$$u_{i+1} = u_i + hf(x_i,\ u_i) + r_i(h), \qquad i = 0,\ 1,\ \dots,\ n-1$$

을 계산하게 된다. 물론 여기서 $r_i(h)$는 반올림 오차를 나타낸다.

이 경우 정리 6.3과 같은 방법으로 다음과 같은 오차를 얻는다.

정리 6.4

정리 6.3의 조건이 성립하고 $|r_i| < R$라고 하면

$$|e_i| = |y(x_i) - u_i| \leq e^{bM}\left\{|r_0| + \frac{1}{M}\left(\frac{hN}{2} + \frac{R}{h}\right)\right\}$$

이 성립한다.

정리 6.4에서 오차는 h에 대한 일차식이 아니다. 실제로

$$\lim_{h \to \infty}\left(\frac{hN}{2} + \frac{R}{h}\right) = \infty$$

이므로, h가 충분히 작으면 오차는 오히려 더욱 커진다. 그러면 h의 크기를 얼마로 택하는 것이 가장 좋을까?

오차의 함수 $e(h)$를

$$e(h) = \frac{hN}{2} + \frac{R}{h}$$

라 하면,

$$e'(h) = \frac{N}{2} - \frac{R}{h^2}$$

이다.

따라서

$$h < \sqrt{\frac{2R}{N}} \text{ 이면 } e'(h) < 0 \text{이므로 } e(h)\text{는 감소}$$

$$h > \sqrt{\frac{2R}{N}} \text{ 이면 } e'(h) > 0 \text{이므로 } e(h)\text{는 증가}$$

한다. 그러므로 $e(h)$의 값이 최소가 되는 경우는

$$h = \sqrt{\frac{2R}{N}}$$

인 경우이다.

문제 1

초깃값 문제

$$y'(x) = x^2 y + 1, \quad y(0) = 1$$

이 잘 구성되어 있는지 보여라.

문제 2

다음 초깃값 문제를 Euler 방법으로 구하여라. 또 Euler 방법으로 구한 해의 오차를 계산하여라.

(1) $y'(x) = y^2 + 2x - x^{4,} \quad 0 \le x \le 1, \quad y(0) = 0; \quad y(x) = x^2$

(2) $y'(x) = -2xy^2, \quad 0 \le x \le 2, \quad y(0) = 1; \quad y(x) = (1 + x^2)^{-1}$

문제 3

초깃값 문제

$$y'(x) = 1 + x\sin(xy), \qquad 0 \le x \le 2, \qquad y(0) = 0$$

을 Euler 방법으로 구하여라.

문제 4

초깃값문제

$$y'(x) = \frac{1}{x^2} - \frac{y}{x} - y^2, \quad 1 \le x \le 2, \quad y(1) = -1$$

의 해는 $y(x) = -\dfrac{1}{x}$ 이다. $h = 0.05$를 사용하여 Euler 방법으로 근사해를 구하여라. 또 오차를 구하여라.

6-2 Runge-Kutta 방법

미분방정식의 초깃값 문제

$$\frac{dy}{dx}=f(x,y), \qquad y(x_0)=y_0$$

의 수치해를 Euler 방법

$$y_{n+1}=y_n+hf(x_n,y_n), \qquad y_0=y(x_0)$$

와 같이 y_{n+1}이 바로 전 단계인 y_n의 값을 이용하여 구해질 때 이러한 방법을 1단계 방법(one-step method)이라고 한다. 즉 1단계 방법에서는 y_{n+1}이 x_n, y_n, h에 의하여 결정되어 진다. 그런데 Euler 방법은 앞에서 보았듯이 오차가 $O(h)$이다.

1단계 방법이지만 오차를 줄일 수 있는 방법은 없을까? 다음과 같은 간단한 Runge-Kutta 방법을 생각해 보자. 먼저

$$k_1=hf(x_n,y_n)$$

$$k_2=hf(x_n+\alpha h,y_n+\beta k_1)$$

라 하고

$$y_{n+1}=y_n+ak_1+bk_2$$

를 생각해 보자. 여기서 a, b, α, β는 위 식을 Taylor 전개하였을 때와 부합되도록 적당히 정해져야 할 상수이다.

이제 $y(x_{n+1})$을 x_n 근방에서 Taylor 급수 전개하면

$$\begin{aligned} y(x_{n+1}) &= y(x_n)+hy'(x_n)+\frac{h^2}{2}y''(x_n)+\frac{h^3}{6}y'''(x_n)+\cdots \\ &= y(x_n)+hf+\frac{h^2}{2}(f_x+ff_y) \\ &\quad +\frac{h^3}{6}(ff_x+2ff_{xy}+f_{yy}f^2+f_xf_y+f_y^2f)+O(h^4) \end{aligned}$$

이다. 여기서 f, f_x는 $f(x_n,y_n)$, $\frac{\partial f}{\partial x}(x_n,y_n)$을 나타낸다.

한편 Taylor 급수 전개에 의하여

$$
\begin{aligned}
k_2 &= hf(x_n + \alpha h,\ y_n + \beta k_1) \\
&= h\left\{ f + \alpha h f_x + \beta k_1 f_y + \frac{\alpha^2 h^2}{2} f_{xx} + \alpha h \beta k_1 f_{xy} + \frac{\beta^2 k_1^2}{2} f_{yy} + O(h^3) \right\}
\end{aligned}
$$

이므로,

$$
\begin{aligned}
y_{n+1} = y_n &+ (a+b)hf + bh^2(\alpha f_x + \beta f f_y) \\
&+ bh^3\left(\frac{\alpha^2}{2} f_{xx} + \alpha\beta f f_{xy} + \frac{\beta^2}{2} f^2 f_{yy} \right) + O(h^4)
\end{aligned}
$$

를 얻는다.

이제 두 식을 비교하여 h, h^2의 계수가 같아지도록 하면, 연립방정식

$$
\begin{aligned}
& a + b = 1 \\
& b\alpha = b\beta = \frac{1}{2}
\end{aligned}
$$

을 얻는다. 사실 위의 연립방정식을 만족하는 a, b, α, β의 값은 여러 가지가 있으나 간단한 것으로

$$
a = b = \frac{1}{2}, \qquad \alpha = \beta = 1
$$

로 택하면 다음의 2차의 Runge-Kutta 방법을 얻는다.

2차의 Runge-Kutta 방법

초깃값문제 $y' = f(x, y)$, $y(x_0) = y_0$에 대하여 근삿값을 다음과 같은 방법으로 구한다.

$n = 0, 1, 2, \cdots$에 대하여

1. $k_1 = hf(x_n, y_n)$를 계산한다.
2. $k_2 = hf(x_n + h, y_n + k_1)$을 계산한다.
3. $y_{n+1} = y_n + \frac{1}{2}(k_1 + k_2)$를 계산한다.

matlab프로그램(2차의 Runge-Kutta 방법)

```
% 2차의 Runge-Kutta 방법
% differential equation : y' = x+ y , y(0) = 1
% exact solution :y = -(x+1) + 2exp(x)

% Mesh size
N = 10;
x = linspace(0,1,N+1);
y = zeros(1,N+1);
h = 1./ N;
y(1) = 1;

exact = 0;
error = 0;

disp(sprintf('x(i+1)\t\t exact\t\t y(i+1)\t\t error'))

for i = 1:N
k1 = h*(x(i) + y(i));  %k1 = hf(x_n, y_n)
k2 = h*(x(i)+h + y(i)+k1); % k2 = hf(x+h, y+k1)

y(i+1) = y(i) + 0.5*(k1+k2); % y_n+1 = y_n + 1/2(k1+k2)

exact = -x(i+1) - 1. + 2.*exp(x(i+1));
error = y(i+1) -  exact;
disp(sprintf('%f\t %f\t %f\t %f \n', x(i+1), exact, y(i+1), error))
end
```

2차의 Runge-Kutta 방법을 유도하는 것과 같은 방법으로 고차의 Runge-Kutta 방법을 유도할 수 있다. 이들 중 초깃값 문제

$$y'(x) = f(x,y), \qquad y(x_0) = y_0$$

의 근사해를 구하기 위하여 자주 사용되는 방법이 다음과 같은 3차와 4차의 Runge-Kutta 방법이다.

3차의 Runge-Kutta 방법

1. $k_1 = hf(x_n,\ y_n)$

   $k_2 = hf(x_n + \frac{1}{2}h,\ y_n + \frac{1}{2}k_1)$

   $k_3 = hf(x_n + h,\ y_n + 2k_2 + k_1)$

2. $y_{n+1} = y_n + \frac{1}{6}(k_1 + 4k_2 + k_3)$

4차의 Runge-Kutta 방법

1. $k_1 = hf(x_n,\ y_n)$

   $k_2 = hf(x_n + \frac{1}{2}h,\ y_n + \frac{1}{2}k_1)$

   $k_3 = hf(x_n + \frac{1}{2}h,\ y_n + \frac{1}{2}k_2)$

   $k_3 = hf(x_n + \frac{1}{2},\ y_n + \frac{1}{2}k_2)$

   $k_4 = hf(x_n + h,\ y_n + k_3)$

2. $y_{n+1} = y_n + \frac{1}{6}(k_1 + 2k_2 + 2k_3 + k_4)$

4차의 Runge-Kutta 방법의 오차는 $O(h^5)$이다. 물론 4차의 Runge-Kutta 방법은 2차에 비해 여러 단계의 계산을 하여야하기 때문에 비용이 많이 들기는 하겠지만, 오차의 차수가 크므로 더 큰 h의 값을 택함으로 보완할 수 있다.

실제로 $f(x,\ y)$가 복잡한 함수라도 4차의 Runge-Kutta 방법은 대부분의 컴퓨터에서 감당할 수 있는 상미분방정식의 초깃값문제의 근사해를 구하는 방법으로 가장 자주 쓰이는 방법이다.

matlab프로그램(4차의 Runge-Kutta 방법)

```
% 4차의 Runge-Kutta 방법
% differential equation : y' = x+ y , y(0) = 1
% exact solution :y = -(x+1) + 2exp(x)

% Mesh size
N = 10;
x = linspace(0,1,N+1);
y = zeros(1,N+1);
h = 1./ N;
y(1) = 1;

exact = 0;
error = 0;

disp(sprintf('x(i+1)\t\t exact\t\t y(i+1)\t\t error'))

for i = 1:N
k1 = h*(x(i) + y(i));  %k1 = hf(x_n, y_n)
k2 = h*(x(i)+0.5*h + y(i)+0.5*k1); % k2 = hf(x+h/2, y+k1/2)
k3 = h*(x(i)+ 0.5*h + y(i) + 0.5*k2);% k3 = hf(x+h/2, y+k2/2)
k4 = h*(x(i)+h + y(i)+k3);% k4 = hf(x+h, y+k3)

y(i+1) = y(i) + (k1+2*k2+2*k3+k4)/6; % y_n+1 = y_n + (k1+2*k2+2*k3+k4)/6

exact = -x(i+1) - 1. + 2.*exp(x(i+1));
error = y(i+1) -  exact;
disp(sprintf('%f\t %f\t %f\t %f \n', x(i+1), exact, y(i+1), error))
end
```

지금까지는 일계 상미분 방정식의 수치해를 Runge-Kutta 방법으로 구하는 방법에 대하여 다루었다.

일반적으로 고계의 상미분방정식

$$y^{(p)}(x) = f(x,\ y',\ y'',\ \dots,\ y^{(p-1)}),$$

$$y(x_0) = y_0,\ y'(x_0) = y_0',\ \dots,\ y^{(p-1)}(x_0) = y_0^{(p-1)}$$

은 다음과 같이 일계의 연립방정식으로 나타낼 수 있다.

먼저 $y_1(x) = y(x)$라 놓으면

$$\begin{aligned} &y_1'(x) = y_2(x), && y_1(x_0) = y_0 \\ &y_2'(x) = y_3(x), && y_2(x_0) = y_0' \\ &\quad \cdots\cdots\cdot \\ &y_{p-1}'(x) = y_p(x), && y_{p-1}'(x_0) = y_0^{(p-2)} \\ &y_p'(x) = f(x,\ y_1,\ y_2,\ \dots,\ y_p), && y_p'(x_0) = y_0^{(p-1)} \end{aligned}$$

을 얻는다.

그러나 모든 연립방정식이 위와 같이 간단한 꼴로 나타나는 것은 아니고, 일반적으로 연립미분방정식

$$\begin{aligned} &y_1'(x) = f_1(x,\ y_1,\ y_2,\ \dots,\ y_p), \quad y_1(x_0) = y_{1,\,0} \\ &y_2'(x) = f_1(x,\ y_1,\ y_2,\ \dots,\ y_p), \quad y_2(x_0) = y_{2,\,0} \\ &\quad \cdots\cdots \\ &y_p'(x) = f_1(x, y_1,\ y_2,\ \dots,\ y_p), \quad y_p(x_0) = y_{p,\,0} \end{aligned}$$

의 꼴로 나타난다.

일계 상미분 연립방정식의 수치해를 구하는 방법을 알아보기 위하여 두 개의 연립방정식

$$\begin{aligned} &y'(x) = f(x,\ y,\ z), && y(x_0) = y_0 \\ &z'(x) = g(x,\ y,\ z), && z(x_0) = z_0 \end{aligned}$$

을 생각해 보자.

이것을 4차의 Runge－Kutta 방법으로 구하는 것은 다음과 같다.

연립미분방정식의 4차 Runge-Kutta 방법

1. $k_1 = hf(x_n,\ y_n,\ z_n)$

   $l_1 = hg(x_n,\ y_n,\ z_n)$

   $k_2 = hf(x_n + \frac{h}{2},\ y_n + \frac{k_1}{2},\ z_n + \frac{l_1}{2})$

   $l_2 = hg(x_n + \frac{h}{2},\ y_n + \frac{k_1}{2},\ z_n + \frac{l_1}{2})$

   $k_3 = hf(x_n + \frac{h}{2},\ y_n + \frac{k_2}{2},\ z_n + \frac{l_2}{2})$

   $l_3 = hg(x_n + \frac{h}{2},\ y_n + \frac{k_2}{2},\ z_n + \frac{l_2}{2})$

   $k_4 = hf(x_n + h,\ y_n + k_3,\ z_n + l_3)$

   $l_4 = hf(x_n + h,\ y_n + k_3,\ z_n + l_3)$

2. $y_{n+1} = y_n + \frac{1}{6}(k_1 + 2k_2 + 2k_3 + k_4)$

   $z_{n+1} = y_n + \frac{1}{6}(l_1 + 2l_2 + 2l_3 + l_4)$

matlab프로그램(연립미분방정식의 4차 Runge-Kutta 방법)

```
% 연립미분방정식에 대한 4차의 Runge-Kutta 방법
% system of differential equations
% y' = f(x,y,z) = 4y + z , y(0) = -1
% z' = g(x, y, z) = 3y+ 2z , z(0) = 7

% Mesh size
N = 10;
x = linspace(0,1,N+1);
y = zeros(1,N+1);
z = zeros(1,N+1);
```

```
h = 1./ N;
y(1) = -1;
z(1) = 7;

exacty = 0;
exactz = 0;
errory = 0;
errorz = 0;

disp(sprintf('x(i+1)\t\t exact y \t exact z \t numerical y \t numerical z
\t errory \t errorz'))

for i = 1:N
k1 = h*(4*y(i) + z(i));  %k1 = hf(x_n, y_n, z_n)
l1 = h*(3*y(i) + 2*z(i)); %l1 = hg(x_n, y_n, z_n)
k2 = h*(4*(y(i)+k1/2) + (z(i)+l1/2)); % k2 = hf(x, y+k1/2, z + l1/2)
l2 = h*(3*(y(i)+ k1/2) + 2*(z(i)+l1/2)); %l2 = hg(x+2/h, y+k1/2, z + l1/2)
k3 = h*(4*(y(i)+k2/2) + (z(i)+l2/2)  );% k3 = hf(x+h/2, y+k2/2 + z+l2/2)
l3 = h*(3*(y(i) + k2/2) + 2*(z(i) + l2/2));%l3 = hg(x+h/2, y+k2/2 + z+l2/2)
k4 = h*(4*(y(i)+k3) + (z(i)+l3));%k4 = hf(x+h, y+k3, z+l3)
l4 = h*(3*(y(i) + k3) + 2 *(z(i)+l3)); % l4 = hg(x+h, y+k3 + z+l3)

y(i+1) = y(i) + (k1+2*k2+2*k3+k4)/6; % y_n+1 = y_n + (k1+2*k2+2*k3+k4)/6
z(i+1) = z(i) + (l1+2*l2+2*l3+l4)/6; % z_n+1 = z_n + (l1+2*l2+2*l3+l4)/6

exacty = -2*exp(x(i+1)) + exp(5*x(i+1));
exactz = 6*exp(x(i+1)) + exp(5*x(i+1));

errory = y(i+1) -  exacty;
errorz = z(i+1) - exactz;
disp(sprintf('%f\t %f\t %f\t %f \t %f \t %f \t %f \n', x(i+1), exacty, exactz, y(i+1), z(i+1),
errory, errorz))
end
```

문제 5

초깃값 문제

$$y'(x) = -y + x, \qquad y(0) = 1$$

의 수치해를 [0, 1] 구간에서 다음 방법으로 구하여라.

(1) Runge-Kutta 2차 방법 (2) Runge-Kutta 4차 방법

문제 6

초깃값 문제

$$y''(x) + xy'(x) + y = 3 + 5x^2, \qquad y(0) = 1, y'(0) = 0$$

의 수치해를 [0, 1] 구간에서 Runge–Kutta 4차 방법으로 구하여라.

문제 7

Runge–Kutta 4차 방법을 이용하여 [0, 1] 구간에서

$$y'' + 0.3y' + \sin(y) = 0, \qquad y(0) = \frac{\pi}{4,} y'(0) = 0$$

의 수치해를 구하여라.

문제 8

$h = 0.01$을 사용하여 $[0,\ 10]$에서 다음 연립미분방정식

$$y''(x) = -\frac{y}{(y^2 + v^2)^{3/2}}, \qquad y(0) = 1, \quad y'(0) = 0$$

$$v''(x) = -\frac{v}{(y^2 + v^2)^{3/2}}, \qquad v(0) = 1, \quad v'(0) = 0$$

의 수치해를 구하여라.

6-3 예측-수정 방법

앞에서 다룬 Euler 방법이나 Runge-Kutta 방법은 Taylor 전개를 이론적 바탕으로 하며, 모두 1단계 방법으로 y_{n+1}의 값을 그 전단계인 y_n의 값을 이용하여 구할 수 있다.

이제 일계 미분방정식의 수치해를 구분구적법의 개념을 이용하여 앞에서와는 다른 방법으로 구하는 것에 대하여 알아보자.

먼저 초깃값 문제

$$y'(x) = f(x, y), \qquad y(x_0) = y_0$$

의 해가 유일하게 존재한다고 가정하자.

임의의 실수 $h > 0$에 대하여

$$x_{n+1} = x_n + h$$

라고 하면

$$\int_{x_n}^{x_{n+1}} y'(x)dx = \int_{x_n}^{x_{n+1}} f(x, y)dx$$

이므로

$$y(x_{n+1}) = y(x_n) + \int_{x_n}^{x_{n+1}} f(x, y)dx$$

이다.

위 식의 오른쪽 항을 적당한 구분구적법을 이용하여 적분하면

$$\int_{x_n}^{x_{n+1}} f(x, y)dx = q(x_n, x_{n+1}) + e(f, x_n, x_{n+1})$$

의 꼴로 나타날 것이다. 여기서 $e(f, x_n, x_{n+1})$은 적분과 구분구적과의 오차이다.

예를 들어

$$\int_{x_n}^{x_{n+1}} g(x)dx = hg(x_n) + \frac{h^2}{2} g'(\xi_n)$$

인 구분구적법을 사용하면

$$\begin{aligned} y(x_{n+1}) &= y(x_n) + \int_{x_n}^{x_{n+1}} f(x, y)dx \\ &= y(x_n) + hf(x_n, y(x_n)) + \frac{h^2}{2} f'(\xi_n, y(\xi_n)) \\ &= y(x_n) + hf(x_n, y(x_n)) + \frac{h^2}{2} y''(\xi_n) \end{aligned}$$

이다. 여기서 절단오차를 $\frac{h^2}{2} y''(\xi_n)$으로 택하면 우리는 Euler 방법

$$y_{n+1} = y_n + hf(x_n, y_n)$$

을 얻는다.

만약 사다리꼴 공식을 이용하여 적분하면, 즉

$$\int_{x_n}^{x_{n+1}} g(x)dx = \frac{h}{2}[g(x_n) + g(x_{n+1})] - \frac{h^3}{12} g''(\xi_n)$$

을 적용하면

$$\begin{aligned} y(x_{n+1}) &= y(x_n) + \int_{x_n}^{x_{n+1}} f(x, y)dx \\ &= y(x_n) + \frac{h}{2}[f(x_n, y(x_n)) + f(x_{n+1}, y(x_{n+1}))] - \frac{h^3}{12} y'''(\xi_n) \end{aligned}$$

을 얻는다.

여기서 절단오차를 $-\frac{h^3}{12} y'''(\xi_n)$로 택하면

$$y_{n+1} = y_n + \frac{h}{2}[f(x_n, y_n) + f(x_{n+1}, y_{n+1})]$$

을 얻는다.

그런데 위의 방법은 Euler 방법이나 Runge-Kutta 방법과는 판이하게 다르다. 왜냐하면 y_{n+1}이 양변에 모두 나타나기 때문이다. 따라서 y_{n+1}을 구하기 위해서는 Newton 방법과 같은 반복법을 이용하여 구하여야 한다. 그러나 여기서는 반복법을 구하는 번거로움 대신에 y_{n+1}의 값을 예측한 다음 다시 수정해가는 방법을 생각해 보자.

예를 들어 $n=0$인 경우를 생각해 보자. 이때 우리가 풀어야 할 방정식은

$$y_1 = y_0 + \frac{h}{2}[f(x_0, y_0) + f(x_1, y_1)]$$

이다. 이 방정식을 풀기 위하여 우변의 y_1을

$$y_1 = y_1^{(0)}$$

라고 예측하자. 그런 다음 $y_1^{(1)}$을

$$y_1^{(1)} = y_0 + \frac{h}{2}[f(x_0, y_0) + f(x_1, y_1^{(0)})]$$

으로부터 수정하여 구한다.

이런 과정을 되풀이하면

$$y_1^{(k+1)} = y_0 + \frac{h}{2}[f(x_0, y_0) + f(x_1, y_1^{(k)})]$$

를 얻는다. 이 때 수열 $\{y_1^{(k)}\}_k$의 극한이 y_1의 값이 될 것이다.

실제로 함수 $f(x, y)$의 Lipschitz 상수를 K라고 하면

$$y_1^{(k+1)} - y_1 = \frac{h}{2}[f(x_1, y_1^{(k)}) - f(x_1, y_1)]$$

이므로

$$|y_1^{(k+1)} - y_1| \leq \frac{Kh}{2}|y_1^{(k)} - y_1| \leq \left(\frac{Kh}{2}\right)^{k+1}|y_1^{(0)} - y_1|$$

이다. 따라서 $\frac{Kh}{2} < 1$이 되도록 h의 값을 작게 택하면

$$\lim_{k\to\infty} y_1^{(k)} = y_1$$

이 된다.

이와 같이 y_n으로부터 y_{n+1}의 값을 구하기 위하여 먼저 y_{n+1}의 값을 예측한 다음, 더욱 좋은 값을 찾기 위하여 y_{n+1}의 값을 수정하여 구하고, 이런 과정을 거쳐 얻어지는 수열의 극한을 y_{n+1}의 값으로 택하는 것을 **예측-수정 방법**(predictor-corrector method)이라고 한다.

특히 처음 값을 예측하기 위하여 Euler 방법을 택하고 수정하는 방법으로 사다리꼴을 택하는 예측-수정 방법을 **Heun 방법**이라고 한다.

Heun 방법

1. $y_{n+1}^{(0)} = y_n + hf(x_n, y_n)$

   $$y_{n+1}^{(k+1)} = y_n + \frac{h}{2}[f(x_n, y_n) + f(x_{n+1}, y_{n+1}^{(k)})]$$

   을 구한다.
2. $\dfrac{|y_{n+1}^{(k+1)} - y_{n+1}^{(k)}|}{|y_{n+1}^{(k)}|} < \mathrm{TOL}$일 때까지 반복적으로 구한다.

matlab프로그램(Heun 방법)

```
% 초기값 문제에 대한 Heun 방법(예측 수정 방법)
% y'= f(x,y), y(x0)= y0
% differential equation : y' = x+ y , y(0) = 1
% exact solution :y = -(x+1) + 2exp(x)


N = 15;
TOL = 1e-5;
x = linspace(0,1,N+1);
y = zeros(1,N+1);
h = 1./ N;
y(1) = 1; % initial value

exact = 0;
```

```
error = 1;

for i = 1:N
  error = 1;
    ytemp = y(i) + h*(x(i) + y(i));
  while(error > TOL)
    y(i+1) = y(i) + h*((x(i) + y(i))+(x(i+1)+ytemp))/2;
    error = abs((y(i+1)-ytemp)/y(i+1));
    ytemp = y(i+1);
  end
exact = -x(i+1) - 1. + 2.*exp(x(i+1));
error = y(i+1) -  exact;
disp(sprintf('%f\t %f\t %f\t %f \n', x(i+1), exact, y(i+1), error))
end
```

Heun의 방법은 1단계 방법이지만, 이를 일반화하여 다단계 방법(multistep method)으로 구하는 것을 생각해 보자.

이를 테면 적분값

$$\int_{x_n}^{x_{n+1}} g(x)dx$$

를 x_{n+1}, x_n, x_{n-1}, …, x_{n-p}에서의 값을 포함하는 구분구적법을 사용하면

$$\int_{x_n}^{x_{n+1}} g(x)dx \approx a_{n+1}g(x_{n+1}) + a_n g(x_n) + \cdots + a_{n-p}g(x_{n-p})$$

의 꼴로 나타날 것이다.

이 방법을 초깃값 문제에 적용하면

$$y_{n+1} = y_n + a_{n+1}f(x_{n+1},\ y_{n+1}) + a_n f(x_n,\ y_n) + \cdots + a_{n-p}f(x_{n-p},\ y_{n-p})$$

이다. 여기서 y_{n+1}의 값을 제외하고는 모두 아는 값이다. 따라서 y_{n+1}의 값은 고정점 반복법을 이용하여 구할 수 있다.

그러나 예측수정 방법을 이용하여 구하기 위하여 적분값 $\int_{x_n}^{x_{n+1}} g(x)dx$를 $x_n, x_{n-1}, \ldots, x_{n-p}$에서의 값을 포함하는 또 다른 구분구적법을 사용하면

$$\int_{x_n}^{x_{n+1}} g(x)dx \approx b_n g(x_n) + \cdots + b_{n-p} g(x_{n-p})$$

으로 나타나고, 이것을 이용하면 y_{n+1}의 값은

$$y_{n+1} = y_n + b_n f(x_n, y_n) + \cdots + b_{n-p} f(x_{n-p}, y_{n-p})$$

이다. 그런데 $y_n, y_{n-1}, \ldots, y_{n-p}$의 값은 모두 아는 값이므로 y_{n+1}의 값을 구할 수 있다. 따라서 우리는 이 값을 예측값으로 사용할 수 있다.

다음은 3차의 Adams-Bashford-Moulton 방법을 이용한 예측-수정 방법이다.

3차의 Adams-Bashford-Moulton 예측-수정 방법

1. $n \geq 2$에 대하여 다음을 구한다.

   $$y_{n+1}^{(0)} = y_n + \frac{h}{12}[23f_n - 16f_{n-1} + 5f_{n-2}]$$

2. $y_{n+1}^{(k+1)} = y_n + \frac{h}{12}[5f(x_{n+1}, y_{n+1}^{(k)}) + 8f(x_n, y_n) - f(x_{n-1}, y_{n-1})]$을 구한다.

3. $\frac{|y_{n+1}^{(k+1)} - y_{n+1}^{(k)}|}{|y_{n+1}^{(k)}|} < TOL$일 때까지 반복적으로 구한다.

matlab프로그램(3차의 Adams-Bashford-Moulton 예측-수정방법)

```
% 초기값 문제에 대한 Adams-Bashforth-Moulton 방법
% y'= f(x,y), y(x0)= y0
% differential equation : y' = x+ y , y(0) = 1
% exact solution :y = -(x+1) + 2exp(x)



N = 15;
TOL = 1e-5;
```

```
x = linspace(0,1,N+1);
y = zeros(1,N+1);
h = 1./ N;
y(1) = 1; % initial value

exact = 0;
error = 1;


% y(2), y(3)을 계산하기 위한 4차 Runge Kutta 방법

for i = 1:2
k1 = h*(x(i) + y(i));  %k1 = hf(x_n, y_n)
k2 = h*(x(i)+0.5*h + y(i)+0.5*k1); % k2 = hf(x+h/2, y+k1/2)
k3 = h*(x(i)+ 0.5*h + y(i) + 0.5*k2);% k3 = hf(x+h/2, y+k2/2)
k4 = h*(x(i)+h + y(i)+k3);% k4 = hf(x+h, y+k3)

y(i+1) = y(i) + (k1+2*k2+2*k3+k4)/6; % y_n+1 = y_n + (k1+2*k2+2*k3+k4)/6

exact = -x(i+1) - 1. + 2.*exp(x(i+1));
end


% Admas-Bashforth-Moulton 방법

for i = 3:N
  error = 1;
  fn = x(i) + y(i);
  fn_1 = x(i-1) + y(i-1);
  fn_2 = x(i-2) + y(i-2);

  ytemp = y(i) + h*(23*fn - 16*fn_1 + 5*fn_2 )/12;
  while(error > TOL)
    fnntemp = x(i+1) + ytemp;
    fn = x(i) + y(i);
```

```
    fn_1 = x(i-1) + y(i-1);
    y(i+1) = y(i) + h*(5*fnntemp + 8*fn - fn_1)/12;
    error = abs((y(i+1)-ytemp)/y(i+1));
    ytemp = y(i+1);
  end
exact = -x(i+1) - 1. + 2.*exp(x(i+1));
error = y(i+1) -  exact;
disp(sprintf('%f\t %f\t %f\t %f \n', x(i+1), exact, y(i+1), error))
end
```

또 4차의 Adams-Bashford-Moulton 예측-수정 방법은 다음과 같다.

4차의 Adams-Bashford-Moulton 예측-수정 방법

1. $n \geq 3$에 대하여

   $$y_{n+1}^{(0)} = y_n + \frac{h}{24}[55f_n - 59f_{n-1} + 37f_{n-2} - 9f_{n-3}]$$

   을 구한다. 여기서 $f_n = f(x_n, y_n)$을 의미한다.

2. $$y_{n+1}^{(k+1)} = y_n + \frac{h}{24}[9f(x_{n+1}, y_{n+1}^{(k)}) + 19f(x_n, y_n) - 5f(x_{n-1}, y_{n-1}) + f(x_{n-2}, y_{n-2})]$$

   을 구한다.

3. $\frac{|y_{n+1}^{(k+1)} - y_{n+1}^{(k)}|}{|y_{n+1}^{(k)}|} < TOL$ 일 때까지 반복적으로 구한다.

matlab프로그램(4차의 Adams-Bashford-Moulton 예측-수정 방법)

```
% 초기값 문제에 대한 4차 Adams-Bashforth-Moulton 방법
% y'= f(x,y), y(x0)= y0
% differential equation : y' = x+ y , y(0) = 1
% exact solution :y = -(x+1) + 2exp(x)
```

```
N = 15;
TOL = 1e-5;
x = linspace(0,1,N+1);
y = zeros(1,N+1);
h = 1./ N;
y(1) = 1; % initial value

exact = 0;
error = 1;


% y(2), y(3), y(4)을 계산하기 위한 4차 Runge Kutta 방법

for i = 1:3
k1 = h*(x(i) + y(i));  %k1 = hf(x_n, y_n)
k2 = h*(x(i)+0.5*h + y(i)+0.5*k1); % k2 = hf(x+h/2, y+k1/2)
k3 = h*(x(i)+ 0.5*h + y(i) + 0.5*k2);% k3 = hf(x+h/2, y+k2/2)
k4 = h*(x(i)+h + y(i)+k3);% k4 = hf(x+h, y+k3)

y(i+1) = y(i) + (k1+2*k2+2*k3+k4)/6; % y_n+1 = y_n + (k1+2*k2+2*k3+k4)/6

exact = -x(i+1) - 1. + 2.*exp(x(i+1));
end


% Admas-Bashforth-Moulton 방법

for i = 4:N
  error = 1;
  fn = x(i) + y(i);
  fn_1 = x(i-1) + y(i-1);
  fn_2 = x(i-2) + y(i-2);
  fn_3 = x(i-3) + y(i-3);

  ytemp = y(i) + h*(55*fn - 59*fn_1 + 37*fn_2 -9*fn_3)/24;
```

```
  while(error > TOL)
    fnntemp = x(i+1) + ytemp;
    fn = x(i) + y(i);
    fn_1 = x(i-1) + y(i-1);
    fn_2 = x(i-2) + y(i-2);
    y(i+1) = y(i) + h*(9*fnntemp + 19*fn -5* fn_1 + fn-2)/24;
    error = abs((y(i+1)-ytemp)/y(i+1));
    ytemp = y(i+1);
  end
exact = -x(i+1) - 1. + 2.*exp(x(i+1));
error = y(i+1) -  exact;
disp(sprintf('%f\t %f\t %f\t %f \n', x(i+1), exact, y(i+1), error))
end
```

문제 9

미분방정식

$$y'(x) = x + \frac{1}{y}, \qquad y(0) = 1$$

의 근사해를 Heun 방법으로 구간 [0, 2] 사이에서 구하여라. 단, h = 0.1을 사용하여라.

문제 10

미분방정식

$$y'(x) = x^2 + y, \qquad y(0) = 1$$

의 근사해를 h = 0.05를 사용하여 구간 [0, 1]에서 다음 방법으로 구하여라.

(1) 3차의 Adams-Bashford-Moulton 예측-수정 방법

(2) 4차의 Adams-Bashford-Moulton 예측-수정 방법

6-4 수치 방법의 안정성

미분방정식의 초깃값 문제를 컴퓨터를 이용하여 수치해를 구할 때 이론적으로 기대했던 것보다 오차가 훨씬 커지는 경우가 있다. 예를 들면 미분방정식

$$y'(x) = 2y + 1, \qquad y(0) = 1$$

의 해는

$$y(x) = \frac{1}{2}e^{-2x} + \frac{1}{2}$$

이다. 그런데 이 미분방정식을 1단계 방법인 Euler 방법

$$y_{n+1} = y_n + hf(x_n, y_n)$$

과 중심차분을 이용한 2단계

$$y_{n+1} = y_{n-1} + 2f(x_n, y_n)$$

으로 구하면, 이론적인 절단오차는 각각 $O(h)$, $O(h^2)$이므로 2단계 방법이 더 정확하다.

그러나 이들 방법을 컴퓨터를 이용하여 계산하면, $x = 4$의 근방에서 Euler 방법은 $\frac{1}{2}$에 수렴하지만 2단계 방법은 오히려 오차가 커진다. 더욱이 2단계 방법의 오차는 부호가 번갈아 나타나는 수치적 불안정성(numerical instability)을 보인다.

matlab프로그램(2단계 Euler 방법의 수치 불안정)

```
% 수치적 불안정성 : 1단계 방법과 2단계 방법
% differential equation : y' = -2y + 1 , y(0) = 1
% exact solution :y = 0.5*exp(-2x) + 0.5

% Mesh size
N = 64;
x = linspace(0,4,N+1);
y = zeros(1,N+1); % 1단계 방법 :Euler method
```

```
z = zeros(1,N+1); %2단계 방법 :중심 차분
h = 4./ N;
y(1) = 1;
z(1) = 1;
exact = 0;
errory = 0;
errorz = 0;

%disp(sprintf('x(i+1)\t\t exact \t\t 1단계방법\t\t 2단계 방법 \t\t \
%           error y \t\t error z'))

y(2) = y(1) + h*(-2*y(1)+1);


%2차의 runge kutta 방법 : z(2) 계산

k1 = h*(-2*z(1)+1);  %k1 = hf(x_n, y_n)
k2 = h*(-2*(z(1)+k1)+1 ); % k2 = hf(x+h, y+k1)
z(2) = z(1) + 0.5*(k1+k2); % y_n+1 = y_n + 1/2(k1+k2)




for i = 2:N
y(i+1) = y(i) + h*(-2*y(i)+1);
z(i+1) = z(i-1) + 2*h*(-2*z(i) +1 );

exact = 0.5*(exp(-2*x(i+1))+1);

errory = y(i+1) -  exact;
errorz = z(i+1) - exact ;
disp(sprintf('%f\t %f\t %f\t %f\t %f\t %f\n', x(i+1), exact, y(i+1),z(i+1),
errory, errorz))
end

>> numericalinstalbility
```

x	y	방법1	방법2	방법1오차	방법2오차
0.125000	0.889400	0.882813	0.889648	-0.006588	0.000248
0.187500	0.843645	0.834961	0.843994	-0.008684	0.000350
0.250000	0.803265	0.793091	0.803650	-0.010175	0.000385
0.312500	0.767631	0.756454	0.768082	-0.011176	0.000451
0.375000	0.736183	0.724398	0.736629	-0.011786	0.000446
0.437500	0.708431	0.696348	0.708924	-0.012083	0.000493
3.125000	0.500965	0.500630	0.497152	-0.000335	-0.003813
3.187500	0.500852	0.500551	0.505203	-0.000301	0.004351
3.250000	0.500752	0.500482	0.495851	-0.000269	-0.004900
3.312500	0.500663	0.500422	0.506240	-0.000241	0.005577
3.375000	0.500585	0.500369	0.494291	-0.000216	-0.006294
3.437500	0.500517	0.500323	0.507668	-0.000193	0.007151
3.500000	0.500456	0.500283	0.492374	-0.000173	-0.008082
3.562500	0.500402	0.500247	0.509574	-0.000155	0.009172
3.625000	0.500355	0.500216	0.489981	-0.000139	-0.010374
3.687500	0.500313	0.500189	0.512079	-0.000124	0.011766
3.750000	0.500277	0.500166	0.486961	-0.000111	-0.013316
3.812500	0.500244	0.500145	0.515339	-0.000099	0.015095
3.875000	0.500215	0.500127	0.483126	-0.000088	-0.017089
3.937500	0.500190	0.500111	0.519557	-0.000079	0.019367
4.000000	0.500168	0.500097	0.478237	-0.000071	-0.021931

사실 앞의 2단계 방법은 $f(x, y) = -2y+1$이므로, 이 방법은 차분방정식

$$y_{n+1} + 4hy_n - y_{n-1} = 2h, \qquad y_0 = 1$$

로 나타난다. 이 차분방정식을 풀면 일반해는

$$y_n = c_1\beta_1^n + c_2\beta_2^n + \frac{1}{2}$$

이다. 여기서 β_1, β_2는 특성방정식

$$\beta^2 + 4h\beta - 1 = 0$$

의 해이며 그 값은

$$\beta_1 = -2h + \sqrt{1+4h^2}, \qquad \beta_2 = -2h - \sqrt{1+4h^2}$$

이다.

그런데 제곱근 $\sqrt{1+4h^2}$ 을 Taylor 전개하면

$$\beta_1 = 1 - 2h + O(h^2)$$

$$\beta_2 = -(1+2h) + O(h^2)$$

이 되므로

$$y_n = c_1\{1-2h+O(h^2)\}^n + c_2(-1)^n\{1+2h+O(h^2)\}^n + \frac{1}{2}$$

을 얻는다.

한편 $x_n = nh, \lim_{h\to 0}(1+h)^{1/h} = e$ 이므로

$$\lim_{h\to 0}(1+2h)^n = \lim_{h\to 0}(1+2h)^{\frac{1}{2h}\cdot 2x_n} = e^{2x_n}$$

$$\lim_{h\to 0}(1-2h)^n = \lim_{h\to 0}(1-2h)^{\frac{-1}{2h}\cdot(-2x_n)} = e^{-2x_n}$$

이다. 따라서 $h\to 0$ 이면

$$y_n = c_1 e^{-2x_n} + \frac{1}{2} + c_2(-1)^n e^{2x_n}$$

이 된다.

그러므로 오른쪽의 처음 두 항은 미분방정식의 정확한 해

$$y(x) = \frac{1}{2}e^{-2x} + \frac{1}{2}$$

에 수렴하지만 세 번째 항은 진동한다. 이것은 미분을 중앙차분법으로 근사시킴으로 얻어진 항이다.

물론 계수 c_2의 값을 0으로 택하면 문제가 없겠으나 컴퓨터는 반올림 오차를 가지고 있으므로 이를 장담할 수 없다. 따라서 $c_2 \neq 0$인 경우라도 처음에는 별 문제가 없으나 x의 값이 커지면서 오차는 점점 더 커지고 이것이 수치적 불안정성을 가지고 온다.

따라서 우리는 해석적으로 정확한 방법이라도 수치적으로 문제가 생길 수 있으므로 도함수를 차분법으로 근사시킬 때에는 주의를 기울여야 한다.

Euler 방법과 같이 1단계 방법은 h의 값이 충분히 작으면 수치적 불안정성을 가지고 오지 않는다. 그러나 k차의 다단계 방법의 경우에는 특성방정식을 풀면 일반해가

$$y_n = c_1\beta_1^n + c_2\beta_2^n + \cdots + c_k\beta_k^n$$

으로 나타난다.

이때 $h \to 0$이면 이들 중 하나(예를 들면 β_1)는 정확한 해에 수렴하지만 나머지 $\beta_2,\ \beta_3,\ \ldots,\ \beta_k$는 단지 미분방정식에서 미분을 차분으로 이산화하는 과정의 외적요인에 의해 생기는 군더더기이다.

특히 다단계 방법에서 $h \to 0$일 때

$$|\beta_i| < 1, \qquad i = 2, 3, \ldots, k$$

인 경우, 이 다단계 방법은 **강하게 안정적**(strongly stable)이라고 한다. 이런 경우에는 n이 충분히 커지면

$$\beta_i^n \to 0$$

이므로, 수치해는 정확한 해에 수렴하게 된다. 즉

$$y_n \to c_1\beta_1^n$$

이 된다.

그렇지 않은 경우에는 근삿값 y_n은 기하학적으로 증가하게 된다.

그러므로 우리는 다단계 유한차분법을 이용하여 초깃값 문제를 풀 때 수치 방법이 강하게 안정적이 되도록 하여야 한다.

예제 6-2

초깃값문제

$$y' = -100y, \quad y(0) = 1$$

을 Euler 방법으로 구할 때 $h = 0.1$로 택하면

$$\frac{y_{n+1} - y_n}{0.1} = -100y_n$$

이 되어

$$y_{n+1} = -9y_n, \quad y_0 = 1$$

이 되어 y_n은 발산한다.

예제 6-3

미분방정식

$$y'(x) = \lambda y$$

에 4차의 Adams-Bashford-Moulton 방법을 적용하면

$$y_{n+1} - y_n - \frac{h\lambda}{24}(55y_n - 59y_{n-1} + 37y_{n-2} - 9y_{n-3}) = 0$$

이므로, 특성방정식은

$$\beta^4 - \beta^3 - \frac{h\lambda}{24}(55\beta^3 - 59\beta^2 + 37\beta - 9) = 0$$

이다. 이것을

$$\rho(\beta) + h\lambda\sigma(\beta) = 0$$

$$\rho(\beta) = \beta^4 - \beta^3$$

$$\sigma(\beta) = -\frac{1}{24}(55\beta^3 - 59\beta^2 + 37\beta - 9)$$

으로 나타내면, $h \to 0$이면 $h\sigma(\beta) \to 0$이므로 $\rho(\beta) = 0$이어야 한다. 이때 $\rho(\beta) = 0$의 근은 다음과 같다.

$$\beta_1 = 1, \ \beta_2 = \beta_3 = \beta_4 = 0$$

그런데 $h \neq 0$이므로 방정식 $\rho(\beta) + h\lambda\sigma(\beta) = 0$의 해 $\beta_1, \beta_2, \beta_3, \beta_4$에 대하여 일반해는

$$y_n = c_1\beta_1^n + c_2\beta_2^n + c_3\beta_3^n + c_4\beta_4^n$$

으로 나타난다. 따라서 β_1^n은 방정식 $y'(x) = \lambda y$의 해에 수렴하고 다른 것들은 군더더기이다.

한편 방정식 $\rho(\beta) + h\lambda\sigma(\beta) = 0$의 해는 h에 대하여 연속함수이므로 h를 충분히 작게하면

$$|\beta_i| < 1, \qquad i = 2,3,4$$

가 되도록 할 수 있다.

그러므로 4차의 Adams-Bashford-Moulton 방법은 강하게 안정적이다.

참고 6.1

다단계 방법에 대한 특성방정식 $\rho(\beta)+h\lambda\sigma(\beta)=0$을 **안정 다항식**(stability polynomial)이라고 한다. 이 때 $\rho(\beta)=0$의 근이 단순근 $\beta=1$을 제외한 모든 근의 절댓값이 1보다 작을 때 이 방법은 강하게 안정적이다.

예제 6-4

미분방정식

$$y'(x)=\lambda y$$

에 Milne 방법

$$y_{n+1}=y_{n-1}+\frac{h}{3}(f_{n+1}+4f_n+f_{n-1})$$

을 적용하면, 차분방정식

$$y_{n+1}-y_{n-1}-\frac{h\lambda}{3}(y_{n+1}+4y_n+y_{n-1})=0$$

을 얻는다.

따라서 안정 다항식 $\rho(\beta)+h\lambda\sigma(\beta)=0$에서 $\rho(\beta)=\beta^2-1$이므로 $\rho(\beta)=0$의 근은 $\beta_1=1, \beta_2=-1$이다. 그러므로 이 방법은 강하게 안정적인 것은 아니다.

한편 특성방정식의 근은

$$\beta_1=1+\lambda h+O(h^2), \qquad \beta_2=-(1-\frac{\lambda h}{3})+O(h^2)$$

이므로, 일반해는

$$y_n=c_1(1+\lambda h+O(h^2))^n+c_2(-1)^n(1-\frac{\lambda h}{3}+O(h^2))^n$$

이다. 따라서 $h\to 0$이면

$$y_n=c_1e^{\lambda x_n}+c_2(-1)^n e^{-\lambda x_n/3}$$

이다.

그러므로 $\lambda>0$이면 정확한 해에 수렴한다. 그러나 $\lambda<0$인 경우에는 군더더기 항이 진동하므로 불안정하다. 즉 Milne 방법은 불안정하다.

참고 6.2

예제 6.3의 Milne의 방법과 같이 λ의 부호에 따라 안정이 바뀌는 방법을 **약하게 안정적**(weakly stable)이라고 한다.

예제 6-5

미분방정식 $y'(x) = \lambda y$에 2차의 Adams-Bashford 방법

$$y_{n+1} = y_n + \frac{h}{2}(3f_n - f_{n-1})$$

을 적용하면, 차분방정식

$$y_{n+1} - y_n - \frac{h\lambda}{2}(3y_n - y_{n-1}) = 0$$

을 얻는다. 따라서 특성방정식은

$$\beta^2 - (1 + \frac{3h\lambda}{2})\beta + \frac{h\lambda}{2} = 0$$

이다.

만약 $\lambda < 0$인 경우 $-1 < h\lambda < 0$이 되도록 h를 택하면, 이차방정식의 근의 절댓값은 모두 1보다 작아진다. 따라서 오차가 커지지 않으므로 절대적으로 안정적이다. 그러나 $|h\lambda| > 1$이면, 한 근의 절댓값이 1보다 커지므로 불안정하게 된다. 따라서 수치 방법이 안정적이 되기 위해서는 조건 $-1 < h\lambda < 0$을 만족하도록 h의 값을 택하여야 한다.

참고 6.3

안정 다항식의 근의 절댓값이 모두 1보다 작게 되도록 $h\lambda$을 택하는 다단계 방법을 **절대적으로 안정적**(absolutely stable)이라고 한다. 또 미분방정식 $y'(x) = \lambda y$의 해는 $e^{h\lambda}$ 정도로 증가할 것이다. 따라서 어떤 다단계 방법도 이와 같이 증가하는 근을 갖는다. 이런 근을 주근(principal root)이라고 한다. 어떤 다단계 방법의 군더더기 근의 절댓값이 주근보다 작은 경우, 이 방법은 **상대적으로 안정적**(relatively stable)이라고 한다.

문제 11

미분방정식 $y'(x) = \lambda y$에 적용한 2차의 Adams-Moulton 방법

$$y_{n+1} = y_n + h(f_{n+1} - \frac{1}{2}f_n + \frac{1}{2}f_{n-1})$$

은 $-\infty < h\lambda < 0$에 절대적으로 안정적임을 보여라.

문제 12

미분방정식

$$y'(x) = -100y, \quad y(0) = 1$$

을 Euler 방법으로 구할 때, 근사해가 절대적으로 안정적이기 위한 h의 범위를 구하여라.

문제 13

초깃값 문제

$$y'(x) = -2y + 1, \quad y(0) = 1$$

을 Milne 방법

$$y_{n+1}^{(0)} = y_{n-3} + \frac{4h}{3}(2f_n - f_{n-1} + 2f_{n-2})$$

$$y_{n+1}^{(1)} = y_{n-1} + \frac{h}{3}(f_{n+1}^{(0)} + 4f_n + f_{n-1})$$

으로 구하여라. 단, $x = 0$부터 $x = 6$까지 $h = \frac{1}{2}$을 사용하여라. 이 해는 안정적인가?

07

제 7 장

경계값 문제의 수치해

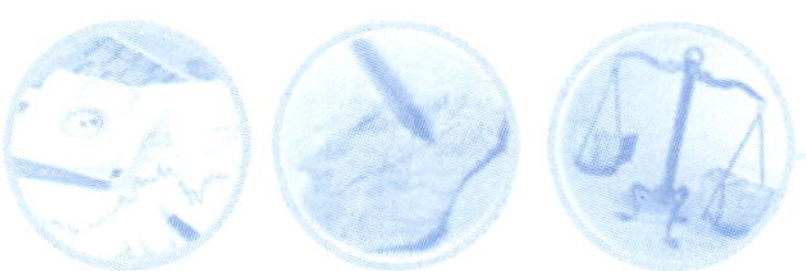

학습내용

상미분 방정식의 초깃값 문제는 함수에 주어진 조건이 처음 시작점에서 주어졌다. 이와는 달리 함수에 주어진 조건이 구간의 양끝에서 주어지는 경우가 있다. 예를 들어 용수철의 진동은

$$my''(t)+ky(t)=0, \quad 0<t<1$$
$$y(0)=0, \quad y(1)=0$$

와 같은 모양으로 나타난다. 이러한 문제를 경곗값 문제라고 하는데, 이 때 조건 $y(0)=0$, $y(1)=0$와 같이 경계에서의 조건을 경계조건이라고 한다. 물론 위의 경우는 일반해가

$$y(t)=c_1\sin(\omega t)+c_2\cos(\omega t), \qquad \omega^2=\frac{k}{m}$$

로 나타나지만, 해석적으로 풀리지 않는 문제가 많이 있다.

여기서는 이런 경곗값 문제를 수치적으로 어떻게 풀 수 있을까에 대해서 생각해 보기로 한다.

제 7 장 경계값 문제의 수치해

7-1 사격 방법

미분방정식

$$y''(x) = f(x, y, y'), \quad a < x < b$$

$$y(a) = \alpha, \quad y(b) = \beta$$

을 수치적으로 구하는 방법에 대해 생각해 보자.

우선 우리는 앞에서 다룬 초깃값문제를 이용하여 위의 경곗값 문제의 근사해를 구할 수 있는지 생각해 보자. 주어진 문제를 초깃값 문제로 변형하여 임의의 λ에 대하여

$$y''(x) = f(x, y, y'), \quad a < x < b$$

$$y(a) = \alpha, \quad y'(a) = \lambda$$

로 만들고, 초깃값 문제를 수치적으로 풀어 해 $y^{(\lambda)}(x)$를 구한다.

만약에 이것이 경계 조건 $y^{(\lambda)}(b) = \beta$를 만족하면 $y^{(\lambda)}(x)$가 원래 주어진 경곗값 문제의 해가 될 것이다. 그렇지 않으면 다른 λ의 값을 택하여 $y^{(\lambda)}(b) = \beta$이 될 때까지 시행한다.

이것은 마치 처음 속도 $y'(a) = \lambda$로 화살을 쏘아 과녁 $y(b) = \beta$에 맞추는 것과 같다. 이런 의미에서 이 방법을 **사격 방법**(shooting method)이라고 한다.

어떻게 하면 사격 방법을 효과적으로 사용할 수 있을까? 다시 말하면 임의로 λ의 값을 택하여 여러 번의 시행착오를 거치는 대신에 기계적으로 반복하여 택하는 방법은 없을까? 어쨌든 우리는 λ의 값에 대하여 $y^{(\lambda)}(x)$를 구하고, 그것이 $y^{(\lambda)}(b)=\beta$이기를 바란다. 즉 함수

$$g(\lambda)=y^{(\lambda)}(b)-\beta$$

에 대하여 $g(\lambda)=0$이 되는 λ의 값을 구하면 된다.

사격 방법에서는 초깃값 $y'(a)=\lambda$를 모르므로 먼저 λ의 값을 예측하여야 한다. 그 다음 반복법으로 λ의 값을 수정하여야 한다. 이제 λ_0, λ_1을 λ의 두 예측값이라 하고 초깃값을 푸는 방법으로 구한 $x=b$에서의 값을 각각

$$y(\lambda_0 : b), \quad y(\lambda_1 : b)$$

라 하자.

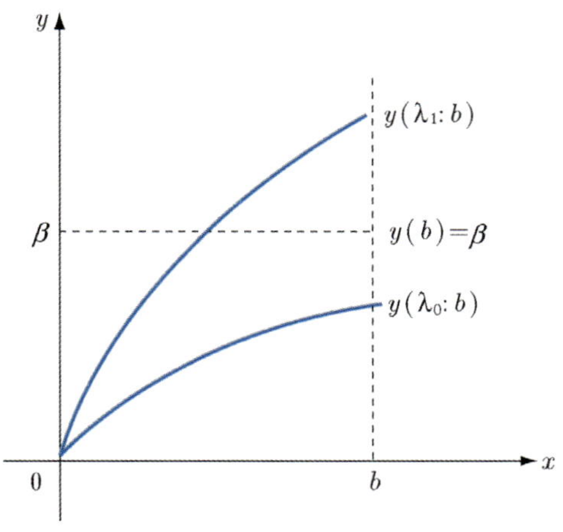

〈그림 7-1〉 사격 방법

일반적으로 초기 기울기 λ의 값은 보간법에 의하여 더 좋게 택할 수 있다. 다음 <그림 7-2>에서와 같이 점 P_0와 P_1을 잇는 직선과 $y(b)=\beta$와 만나는 점의 λ의 값을 λ_2라고 하면

$$\lambda_2=\lambda_0+(\lambda_1-\lambda_0)\frac{y(b)-y(\lambda_0 : b)}{y(\lambda_1 : b)-y(\lambda_0 : b)}$$

이다.

이와 같은 과정을 되풀이하면

$$y(\lambda_k : b) - y(b)$$

의 값이 충분히 작을 때의 수치해가 우리가 구하는 경곗값 문제의 해이다.

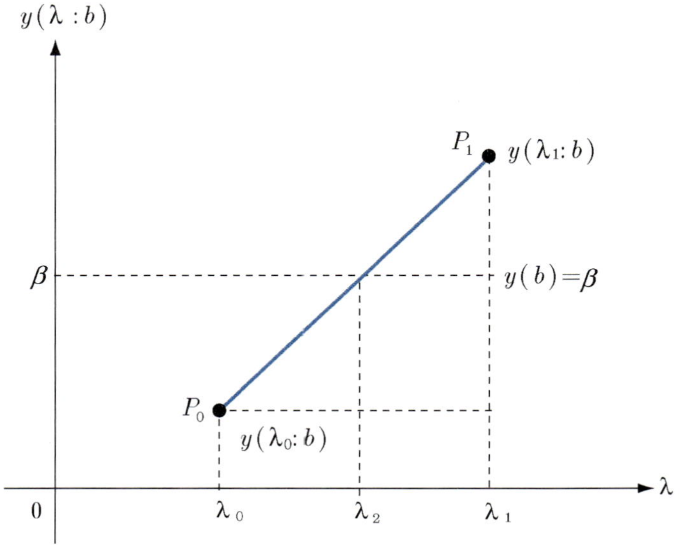

〈그림 7-2〉 사격방법

사격방법

1. 임의의 λ_0 값을 택한다.
2. 초깃값 문제

$$y''(x) = f(x, y, y'), \qquad a < x < b$$
$$y(a) = \alpha, \qquad y'(a) = \lambda_0$$

   의 해 $y^{(\lambda_0)}(b)$를 구한다.
3. $|y^{(\lambda_0)}(b) - y(b)| < \mathrm{TOL}$이면 계산을 멈춘다.
4. 다른 λ_1을 택하여 2-3의 과정을 시행한다.
5. $|\lambda_k - \lambda_{k-1}| < \mathrm{TOL}$일 때까지

$$\lambda_{k+1} = \lambda_{k-1} + (\lambda_k - \lambda_{k-1}) \frac{y(b) - y(\lambda_{k-1} : b)}{y(\lambda_k : b) - y(\lambda_{k-1} : b)}$$

   을 구한다.
6. 2-5의 과정을 시행한다.

참고 7.1

사격 방법은 선형 문제나 비선형 문제나 모두 적용할 수 있다. 물론 수렴성은 보장할 수 없으나 적용하기가 쉬운 이점이 있다.

예제 7-1

경곗값 문제

$$y''(x) = y + 1,\ y(0) = 1,\ y(1) = 2$$

의 해는

$$y(x) = \frac{3 - 2e^{-1}}{e - e^{-1}} e^{x} + \frac{2e - 3}{e - e^{-1}} e^{-x} - 1$$

이다. 이것을 사격방법으로 구하려면, 연립 미분방정식

$$\frac{dy^{(\lambda)}}{dx} = z^{(\lambda)}, \qquad y^{(\lambda)}(0) = 1$$

$$\frac{dz^{(\lambda)}}{dx} = y^{(\lambda)} + 1, \qquad z^{(\lambda)}(0) = \lambda$$

를 풀게 된다. 이것을 해석적으로 풀면

$$y^{(\lambda)}(x) = \frac{2 + \lambda}{2} e^{x} + \frac{2 - \lambda}{2} e^{-x} - 1$$

$$z^{(\lambda)}(x) = \frac{2 + \lambda}{2} e^{x} - \frac{2 - \lambda}{2} e^{-x}$$

이다. 그러므로

$$\begin{aligned} g(\lambda) = y^{(\lambda)}(1) - y(1) &= \frac{2 + \lambda}{2} e + \frac{2 - \lambda}{2} e^{-1} - 3 \\ &= 2\cosh(1) + \lambda \sinh(1) - 3 \end{aligned}$$

이고 $g(\lambda) = 0$의 해를 구하면

$$\lambda \approx -0.0733$$

이다.

matlab프로그램(사격 방법)

```
% 사격방법( shooting method)
% y'' = y+1
% y(0) = 1, y(1) =2

% Mesh size
N = 10;
x = linspace(0,1,N+1);
h = 1./ N;
TOL = 1e-5;

exact = 0;
error = 0;


% 4차 Runge Kutta 방법
% y' = f(y,z) = z , y(0) = 1
% z' = g(y, z) =  y+1 , z(0) = r

% lambda 1 구하기
y = zeros(1,N+1);
z = zeros(1,N+1);
y(1) = 1; %initial value

r1 = 1; % intial guess

z(1) = r1 ; %lambda
yendexact = 2 ;% boundary value

error = 1
r2=r1
iter = 1;

while(error > TOL)


% 4차 Runge Kutta 방법
% y' = f(y,z) = z , y(0) = 1
```

```
% z' = g(y, z) =  y+1 , z(0) = r

% lambda 1 구하기
y = zeros(1,N+1);
z = zeros(1,N+1);
y(1) = 1;
z(1) = r2 ; %lambda

for i = 1:N
fn = z(i);
k1 = h*fn;  %k1 = hf(x_n, y_n, z_n)
gn = y(i)+1;
l1 = h*gn; %l1 = hg(x_n, y_n, z_n)

fnn = z(i)+l1/2;
k2 = h*fnn; % k2 = hf(x, y+k1/2, z + l1/2)
gnn = y(i) + k1/2+1;
l2 = h*gnn; %l2 = hg(x+2/h, y+k1/2, z + l1/2)

fnnn = z(i)+l2/2;
k3 = h*fnnn;% k3 = hf(x+h/2, y+k2/2 + z+l2/2)
gnnn = y(i) + k2/2 +1;
l3 = h*gnnn;%l3 = hg(x+h/2, y+k2/2 + z+l2/2)

fnnnn = z(i)+l3;
k4 = h*fnnnn;%k4 = hf(x+h, y+k3, z+l3)
gnnnn = y(i) + k3 + 1;
l4 = h*gnnnn; % l4 = hg(x+h, y+k3 + z+l3)

y(i+1) = y(i) + (k1+2*k2+2*k3+k4)/6; % y_n+1 = y_n + (k1+2*k2+2*k3+k4)/6
z(i+1) = z(i) + (l1+2*l2+2*l3+l4)/6; % z_n+1 = z_n + (l1+2*l2+2*l3+l4)/6

end

if( iter == 1)
  if(abs(y(N+1)- yendexact)<TOL)
    break;
  else
```

```
    yend1 = y(N+1);
    r2 = 2;
  end
else
  yend2 = y(N+1);
  rtemp = r2;
  r2 =r1 + (r2-r1)*(yendexact - yend1)/(yend2-yend1);
  r1 = rtemp;

  error = abs(yend2 - yendexact);
  yend1 = yend2;
end

iter = iter+1

end
```

문제 1

다음 미분방정식의 수치해를 사격 방법으로 구하여라.

(1) $y''(x) = 2y^3, \quad y(1) = 1, y(2) = \frac{1}{2}$

(2) $y''(x) = e^y, \quad y(0) = y(1) = 0$

문제 2

미분방정식

$$2yy'' - (y')^2 + 4y^2 = 0, \quad y(\frac{\pi}{6}) = \frac{1}{4}, \quad y(\frac{\pi}{2}) = 1$$

의 수치해를 구하고 오차를 계산하여라. 미분방정식의 해는 $y(x) = \sin^2 x$ 이다.

7-2 유한차분법

미분방정식

$$y''(x) = f(x, y, y'), \qquad a < x < b$$

$$y(a) = \alpha, \qquad y(b) = \beta$$

을 사격 방법이 아닌 다른 수치적 방법으로 구하는 것에 대해 생각해 보자.

구간 $[a, b]$를 양의 정수 n에 대하여

$$h = \frac{b-a}{n}$$

이 되도록 나누고

$$x_0 = a, \qquad x_i = a + ih \ (i = 1, 2, \ldots, n-1), \qquad x_n = b$$

라 하자.

이제 미분을 Taylor 전개에 의하여 차분으로 근사시키면

$$y'(x) = \frac{y(x+h) - y(x-h)}{2h} + O(h^2)$$

$$y''(x) = \frac{y(x+h) - 2y(x) + y(x-h)}{h^2} + O(h^2)$$

이다. 따라서 y_i를 $y(x_i)$의 근삿값이라 하면 주어진 방정식은

$$\frac{y_{i+1} - 2y_i + y_{i-1}}{h^2} = f\left(x_i, y_i, \frac{y_{i+1} - y_{i-1}}{2h}\right), \quad i = 1, 2, \ldots, n-1$$

로 나타난다.

그런데 $y_0 = \alpha, y_n = \beta$는 경계조건에 의하여 이미 알고 있는 값이므로, 위의 관계에서 우리는 $n-1$개의 연립 방정식을 얻는다.

이와 같이 유한차분을 이용하여 미분방정식을 연립방정식으로 바꾸어 근사해를 구하는 것을 **유한차분법**(finite difference method)이라고 한다.

특히 $A(x) > 0$, $F = F(x) < 0$, $D = D(x)$, $G = G(x)$인 선형인 미분방정식

$$L(y) = Ay'' + Dy' + Fy = G$$

에 유한차분을 적용하면

$$L_h(y) = A\frac{y(x+h) - 2y(x) + y(x-h)}{h^2} + D\frac{y(x+h) - y(x-h)}{2h} + Fy(x) = G(x)$$

를 얻는다. 따라서 연립방정식

$$\alpha_0 y_i + \alpha_1 y_{i+1} + \alpha_2 y_{i-1} = G_i, \quad i = 1, 2, \dots, n-1$$

을 얻는다. 여기서 $y_0 = \alpha$, $y_n = \beta$이며

$$\alpha_0 = -\frac{2A}{h^2} + F, \quad \alpha_1 = \frac{A}{h^2} + \frac{D}{2h}, \quad \alpha_2 = \frac{A}{h^2} - \frac{D}{2h}$$

이다.

그러므로

$$A(x) - \frac{h|D(x)|}{2} > 0$$

이 되도록 h의 값을 작게 택하면, 앞에서 정의된 연립방정식

$$\alpha_0 y_i + \alpha_1 y_{i+1} + \alpha_2 y_{i-1} = G_i, \quad i = 1, 2, \dots, n-1$$

의 계수행렬은 3-대각행렬이며 약대각지배행렬이 된다.

따라서 연립방정식은 유일한 해 $y_1, y_2, \dots, y_{n-1}$을 가진다.

유한차분법

1. 자연수 n에 대하여 $h = \dfrac{b-a}{n}$라 둔다.
2. 도함수를 차분으로 바꾸어 연립방정식

   $$\alpha_0 y_i + \alpha y_{i+1} + \alpha_2 y_{i-1} = G_i, \quad i = 1, 2, \dots, n-1$$

   을 만든다.
3. 연립방정식을 푼다.

matlab프로그램(유한차분법)

```
% 유한차분법
% y'' - xy = x^2 , y(1) = 2, y(2) = 1

xa = 1; % x = [xa, xb]
xb = 2;

% Mesh size
N = 10;
x = linspace(xa,xb,N+1);
h = 1./ N;

% 유한 차분법을 사용하여 미분방정식을 Ay=b꼴로 바꾼다.

A = zeros(N-1, N-1);

y = zeros(N+1,1);
y(1) = 2; y(N+1)=1;
b = zeros(N-1,1);

for i =1:N-1
  A(i,i) = -(2+h*h*x(i+1));
  b(i,1) = h*h*x(i+1)*x(i+1);
end
b(1,1) =  h*h*x(2)*x(2) - y(1);
b(N-1,1) = h*h*x(N)*x(N) - y(N+1);

for i =2:N-1
  A(i, i-1)=1;
  A(i-1,i)=1;
end
y(2:N,1)=A\b;
```

참고 7.2

경곗값 문제에서 도함수 $y'(x)$를 반드시

$$y'(x)=\frac{y(x+h)-y(x-h)}{2h}+O(h^2)$$

와 같이 근사시킬 필요는 없다. 대신

$$y'(x)=\frac{y(x+h)-y(x)}{2h}+O(h),$$

$$y'(x)=\frac{y(x)-y(x-h)}{2h}+O(h)$$

을 이용하여도 된다. 그러나 유한차분법으로 만든 연립방정식의 해가 유일하게 존재하도록 하여야 한다. 더욱이 같은 값이라면 오차가 적은 것이 좋다.

이제 미분방정식과 유한차분법에 의하여 얻어진 해의 오차에 대하여 알아보자. 임의의 함수 $y\in C^4[x-h,\ x+h]$에 대하여, Taylor 전개를 이용하면

$$\frac{y(x+h)-2y(x)+y(x-h)}{h^2}-y''(x)=\frac{h^2}{12}y^{(4)}(\xi)$$

$$\frac{y(x+h)-y(x-h)}{2h}-y'(x)=\frac{h^2}{6}y^{(3)}(\eta)$$

가 성립하는 $\xi,\ \eta\in(x-h,\ x+h)$가 존재하므로

$$L_h(y)-L(y)=\frac{Ah^2}{12}y^{(4)}(\xi)+\frac{Dh^2}{6}y^{(3)}(\eta)$$

이다. 따라서 $M_k=\max_{a\le x\le b}|y^{(k)}(x)|$라 하면

$$|L_h(y)-L(y)|\le\frac{Ah^2}{12}M_4+\frac{|D|h^2}{6}M_3$$

가 성립한다. 즉 $h\to 0$이면 $L_h(y)\to L(y)$이다.

이와 같은 경우 유한차분법 $L_h(y)$는 **일의적**(consistent)이라고 한다.

오차를 계산하기 위하여 다음의 보조 정리를 살펴보자. 먼저

$$R=(a,b),\qquad S=\{a,b\},\ h=(b-a)/n,\ x_i=a+ih,$$
$$R_h=\{x_1,\ x_2,\ \ldots,\ x_{n-1}\},\ S_h=\{x_0,\ x_n\}$$

라 하자.

보조정리 7.1

이산작용소

$$L_h(y)=\alpha_0 y(x)+\alpha_1 y(x+h)+\alpha_2 y(x-h)$$

라 하고, $-\alpha_0>0, \alpha_1>0, \alpha_2>0$는 부등식 $-\alpha_0\geq\alpha_1+\alpha_2$을 만족하는 함수이다. 만약 S_h 위에서 $y\geq 0$이고 R_h 위에서 $-L_h(y)\geq 0$이면 $R_h\cup S_h$ 위에서 $y\geq 0$이다.

증명 어떤 점 $\bar{x}\in R_h$에 대하여 $y(\bar{x})<0$인 최솟값이라고 가정하고, $M=-y(\bar{x})$라 하자.
가정에서 $L_h(y)\leq 0$이므로

$$-\alpha_0 y(\bar{x})\geq\alpha_1 y(\bar{x}+h)+\alpha_2 y(\bar{x}-h)$$

가 성립한다. 따라서

$$\begin{aligned}0&\geq\alpha_1 y(\bar{x}+h)+\alpha_2 y(\bar{x}-h)-\alpha_0 M\\&\geq\alpha_1 y(\bar{x}+h)+\alpha_2 y(\bar{x}-h)+(\alpha_1+\alpha_2)M\\&=\alpha_1(y(\bar{x}+h)+M)+\alpha_2(y(\bar{x}-h)+M)\end{aligned}$$

이 성립한다. 그런데

$$\alpha_1>0,\ \ \alpha_2>0,\ y(\bar{x}+h)+M\geq 0,\ \ y(\bar{x}-h)+M\geq 0$$

이므로, 위 부등식은 $y(\bar{x}+h)=y(\bar{x}-h)=-M$인 경우에만 성립한다.
같은 방법으로 $y(\bar{x}+2h)=y(\bar{x}-2h)=-M$임을 보일 수 있다.
이와 같은 과정을 계속하면, 임의의 $x\in R_h\cup S_h$에 대하여 $y(x)=-M$임을 보일 수 있다. 그러나 이것은 S_h 위에서 $y(x)\geq 0$이라는 가정에 모순이다.
따라서 $y(x)\geq 0$이다. ▨

보조정리 7.2

이산 작용소 $L_h(y)$가 보조정리 7.1의 가정을 만족한다고 하자. 만약

$$|y(x)| \leq v(x), \quad x \in S_h$$

$$|L_h(y)| \leq -L_h(v), \quad x \in R_h$$

이면,

$$|y| \leq v, \quad x \in R_h \cup S_h$$

이다.

증명 가정에 의하여 분명히 R_h 위에서 $L_h(v) \leq 0$이고, S_h 위에서 $v \geq 0$이다. 그러므로 보조정리 7.1에 의하면 $R_h \cup S_h$ 위에서 $v \geq 0$이다.

이제 $v \geq |y|$임을 보이기 위하여, $R_h \cup S_h$ 위에서

$$v \geq y, \quad v \geq -y$$

임을 보이자.

(i) $R_h \cup S_h$ 위에서 $v \geq y$를 보이기 위하여 $\omega = v - y$라 하자. 그런데 S_h 위에서 $v \geq |y|$이므로, S_h 위에서 $\omega \geq 0$이다. 더욱이

$$L_h(\omega) = L_h(v) - L_h(y) \leq L_h(y) + L_h(v) \leq 0$$

가 성립하므로, 보조정리 7.1에 의하여, $R_h \cup S_h$ 위에서 $\omega \geq 0$이다. 즉 $R_h \cup S_h$ 위에서 $v \geq y$가 성립한다.

(ii) $R_h \cup S_h$ 위에서

$$v \geq -y$$

를 보이기 위하여 $\overline{\omega} = v + y$라 하자. 그런데 S_h 위에서 $v \geq |y|$이므로, S_h 위에서 $v \geq -y$ 즉 $\omega \geq 0$이다. 더욱이

$$L_h(\overline{\omega}) = L_h(v) + L_h(y) \leq L_h(y) + L_h(v) \leq 0$$

가 성립하므로, 보조정리 7.1에 의하여. $R_h \cup S_h$ 위에서 $\overline{\omega} \geq 0$이다. 즉 $R_h \cup S_h$ 위에서

$$v \geq -y$$

가 성립한다.

따라서 (i), (ii)에 의하여 $R_h \cup S_h$ 위에서 $|y| \leq v$이다. ▨

보조정리 7.3

이산 작용소 $L_h(y)$가 보조정리 7.1의 가정을 만족하고,

$$-L_h(\omega(x)) > 0, \qquad x \in R_h$$
$$\omega(x) \geq 0, \qquad x \in S_h$$

라 하자. 그러면 임의의 함수 $e(x)$에 대하여

$$|e(x)| \leq W \max_{x \in R_h} \left\{ \frac{|L_h(e)|}{-L_h(\omega)} \right\} + \max_{x \in S_h} |e(x)|$$

가 성립한다. 여기서 $W = \max_{x \in R_h \cup S_h} |\omega(x)|$이다.

증명 함수 $v(x)$를

$$v(x) = \omega(x) \max_{x \in R_h} \left\{ \frac{|L_h(e)|}{-L_h(\omega)} \right\} + \max_{x \in S_h} |e(x)|$$

라 하자. 분명히 임의의 상수 $c \geq 0$에 대하여

$$-L_h(c) \geq 0$$

이므로

$$-L_h(v) \geq -L_h(\omega) \max_{x \in R_h} \left\{ \frac{|L_h(e)|}{-L_h(\omega)} \right\} \geq |L_h(e)|, \; x \in R_h$$

이다.

더욱이 S_h 위에서

$$\omega(x) \geq 0$$

이므로 보조정리 7.1에 의하여

$$|e(x)| \leq v(x), \qquad x \in S_h$$

가 성립한다.

그러므로 보조정리 7.2에 의하여

$$|e(x)| \leq v(x), \quad x \in R_h$$

이다. ▨

정리 7.1

함수 $y(x)$와 $y_h(x)$를 각각 미분방정식과 차분방정식의 해라고 하고 $r=(b-a)/2$이라 하자. 함수 $y\in C^4$이고 $M_k=\max_{x\in R_h\cup S_h}|y^{(k)}(x)|$라 하면 다음이 성립한다.

(1) $x\in R_h\cup S_h$에 대하여 $A(x)-r|D(x)|>0$이면

$$|y(x)-y_h(x)| \\ \le \frac{h^2r^2}{24}max_{x\in R_h\cup S_h}\frac{AM_4+2|D(x)|M_3}{A-r|D(x)|}+\max_{x\in S_h}|y(x)-y_h(x)|$$

(2) $D=0$인 경우에는

$$|y(x)-y_h(x)|\le\frac{h^2r^2}{24}M_4+\max_{x\in S_h}|y(x)-y_h(x)|$$

(3) $x\in R$에 대하여 $D(x)\ge 0$이거나 $D(x)\le 0$이면

$$|y(x)-y_h(x)|\le\frac{h^2r^2}{6}M_4+\frac{h^2r}{3}M_3+\max_{x\in S_h}|y(x)-y_h(x)|$$

증명 오차 $e(x)=y_h(x)-y(x)$라 하면, $L_h(y)=G=L_h(y_h)$이므로

$$L_h(e)=L(y)-L_h(y)$$

를 얻는다. 따라서

$$|L_h(e)|=|L(y)-L_h(y)|\le\frac{Ah^2}{12}M_4+\frac{|D|h^2}{6}M_3$$

을 얻는다.

(1) $c=\dfrac{a+b}{2},\ \omega(x)=1-\dfrac{(x-c)^2}{r^2}$이라 하고 보조정리 7.2를 적용하자.

$F\le 0$이므로

$$-L_h(\omega)=\frac{2}{r^2}\{A(x)+(x-c)D(x)\}-F(x)\left\{1-\frac{(x-c)^2}{r^2}\right\} \\ \ge\frac{2}{r^2}\{A(x)-r|D(x)|\}>0$$

이다. 더욱이 $W=\max_{x\in R_h\cup S_h}|\omega(x)|=1$이므로 보조정리 7.3에 의하여 부등식이 증명된다.

(2) $D=0$인 경우에는 (1)의 결과에서 $D=0$을 대입하면 된다.

(3) 주어진 부등식을 증명하기 위하여

$$\omega(x)=\frac{r^2M_4h^2}{24}\left\{3-\frac{2(x-c)}{r}-\frac{(x-c)^2}{r^2}\right\}$$
$$+\frac{rM_3h^2}{6}\left(1+\frac{x-c}{r}\right)+\max_{x\in S_h}|e(x)|$$

을 생각해 보자. 그러면 $\omega(x)\ge|e(x)|$이고 $D(x)\ge 0$인 경우에

$$-L_h(\omega)\ge\frac{M_4h^2}{12}\left\{A+D(r+(x-c))-F\left(\frac{3r^2}{2}-r(x-c)-\frac{(x-c)^2}{2}\right)\right\}$$
$$+\frac{rM_3h^2}{6}\left\{-F(1-\frac{x-c}{r})+\frac{D}{r}\right\}$$
$$\ge\frac{AM_4h^2}{12}+\frac{DM_3h^2}{6}\ge|L_h(e)|$$

가 성립한다. 또

$$W=\max_{x\in R_h\cup S_h}|\omega(x)|=\frac{r^2M_4h^2}{6}+\frac{rM_3h^2}{3}+\max_{x\in S_h}|e(x)|$$

이므로, 보조정리 7.2로부터 주어진 부등식이 증명된다.

$D\le 0$인 경우에는 $-(x-c)$ 대신 $x-c$를 대입하여 부등식을 증명하면 된다. ▨

! 문제 3

다음 미분방정식을 유한차분법을 이용하여 구하여라.

(1) $4y''+x^2y'=3x^2+1,\quad y(0)=1, y(3)=2$

(2) $y''+4y'\sin x-4y\cos x=-\sin x,\quad y(0)=0, y(\frac{\pi}{2})=1$

(3) $y''-100y'=e^y,\quad y(0)=0, y(1)=1$

(4) $y''-y'=-4xe^x,\quad y(0)=y'(0)-1,\ y(1)=-y'(1)-e$

문제 4

경곗값문제

$$y'' - y' = x^2, \qquad 0 < x < 2$$
$$y(0) = 1, \quad y(2) = 2$$

를 $h = \frac{1}{2}$로 택하여 유한차분법으로 풀어라.

문제 5

경곗값 문제

$$y''(x) + (4x - 2)y'(x) + y = 1, \quad 0 < x < 1$$
$$y(0) = 1, \quad y(2) = 2$$

를 $h = \frac{1}{2}$로 택하여 유한차분법으로 구하여라.

문제 6

비선형 미분방정식

$$(y-1)^2 y'' + 2(y-1)(y')^2 = 0, \qquad y(0) = 2, y(1) = 3$$

의 수치해를 유한차분법으로 구하여라. 이 방정식의 해는

$$y(x) = 1 + (7x + 1)^{1/3}$$

이다.

7-3 유한요소법

유한차분법 대신으로 경계값 문제에 자주 범용되는 방법이 소위 유한요소법이다. 유한요소법을 적용한 경우 결과적으로 생기는 연립방정식의 모양은 유한차분법에서와 아주 흡사하므로, 연립방정식을 푸는 알고리즘이 유용하게 쓰인다. 그러나 근본적인 개념은 아주 다르다. 유한차분법이 도함수를 근사시킨 차분을 이용하여 문제를 해결하는 것에 비하여, 유한요소법은 해와 주어진 함수의 일차결합으로 만든 근사함수의 차가 최소가 되는 함수를 찾는 것이다.

경곗값 문제 $Ly = f(x), \quad y(a) = 0, \quad y(b) = 0$를 생각해 보자.

먼저 일차독립인 n개의 함수 $\{\phi_i(x)\}_{i=1}^{n}$을 택하고, 이들의 일차결합으로 미분방정식의 근사해를 구하여 보자. 즉

$$y(x) \approx Y(x) = \sum_{i=1}^{n} c_i \phi_i(x)$$

라 하자.

물론 우리가 구하여야 할 값은 c_i인데, 특히 해의 차이

$$\Delta(x) = LY(x) - f(x) = \sum_{i=1}^{n} c_i L(\phi_i(x)) - f(x)$$

의 값이 최소가 되도록 하는 c_i의 값을 구하도록 하자.

미지수 c_i의 값을 구하는 조건으로 다시 n개의 일차독립이며

$$\int_a^b \omega_j(x)dx = 1, \qquad j = 1, \ldots, n$$

인 가중함수 $\{\omega_i(x)\}_{i=1}^{n}$를 택하고, 가중평균이 $\int_a^b \omega_j(x)\Delta(x)dx = 0,\ j = 1, \ldots, n$, 즉

$$\sum_{i=1}^{n} c_i \int_a^b \omega_j(x) L(\phi_i(x))\,dx = \int_a^b \omega_j(x) f(x)dx$$

이 되도록 한다.

그러면 우리는 연립방정식 $Mc = b$를 얻는다. 여기서

$$M_{ji} = \int_a^b \omega_j(x) L(\phi_i(x)) dx, \quad b_j = \int_a^b \omega_j(x) f(x) dx$$

이다. 이 연립방정식을 풀어 미지수 c_i의 값을 구하여 근사해를 구하는 방법을 **가중차이방법**(method of weighted residual)이라고 한다.

가중차이방법

1. 일차독립인 n개의 함수 $\{\phi_i(x)\}_{i=1}^n$을 택한다.
2. 차이 $\Delta(x) = LY(x) - f(x) = \sum_{i=1}^n c_i L(\phi_i(x)) - f(x)$를 구한다.
3. 가중함수 $\{\omega_i(x)\}_{i=1}^n$를 택한다.
4. $\int_a^b \omega_i(x) \Delta(x) dx = 0,\ i = 1, \ldots, n$을 이용하여 연립방정식 $Mc = b$를 만든다.
5. 위의 연립방정식 $Mc = b$를 푼다.

가중차이방법 중 가중함수를 δ함수인

$$\omega_j(x) = \delta(x - x_j)$$

로 택하면, δ 함수의 성질

$$\int_a^b f(x) \delta(x - x_k) dx = f(x_k)$$

로부터, 연립방정식

$$\sum_{i=1}^n c_i L(\phi_i(x_k)) = f(x_k)$$

를 얻는다. 따라서 n개의 서로 다른 점 $\{x_1, x_2, \ldots, x_n\}$을 택하고 함숫값이 같도록 하여 연립방정식을 얻고, 이를 풀어 c_i의 값을 구하면 된다.

이와 같이 근사해를 구하는 방법을 **병치법**(collocation method)이라고 한다.

matlab프로그램(collocation 방법)

```
% Collocation 방법
%y'' + 1/4 * y = x^2 , y(0) =0, y(pi) = 0;


xa = 0; xb= pi;% x = [xa, xb]
% Mesh size
N = 20;%[xa, xb]를 20등분함
h = (xb-xa)/ N;
x = xa-h + [0:N+2]*h;
% xa = x_2 , xb = x_{N+2}
% x_1 = xa - h, x_{N+3} = xb + h


% Collocation 방법을 적용하여 Ax = b꼴로 바꾸기
% 기저함수로 4장의 Bspline function을 사용함
% y = \sum_{i=0}^{N+2} c_i B_i(x)
% c_1 = - c_3, C_{N+3} = -C_{N+1}
% c_2 = C_{N+2} = 0


A = zeros(N-1, N-1);

c = zeros(N+3,1);
c(2) = 0; c(N+2)=0;
y =zeros(N+1,1);
yexact = zeros(N+1, 1);
b = zeros(N-1,1);

for i =1:N-1
  A(i,i) = 1 - 12/h/h;
  b(i,1) = x(i+2)^2;
end
```

```
for i =2:N-1
  A(i, i-1)=1/4 + 6/h/h;
  A(i-1,i)=1/4 + 6/h/h;
end

c(3:N+1,1)=A\b;
c(1) = -c(2);
c(N+3) = -c(N+1);
% y(x(i)) = c(i-1) 4*c(i) + c(i+1)
y(:) = c(1:N+1) + 4*c(2:N+2)+c(3:N+3);
yexact(:) = 32*(sin(x(2:N+2)./2) + cos(x(2:N+2)./2) -1) + ...
4*(x(2:N+2).*x(2:N+2)- pi*pi*sin(x(2:N+2)./2));

plot(x(2:N+2),yexact,'+',x(2:N+2),y, 'o')
```

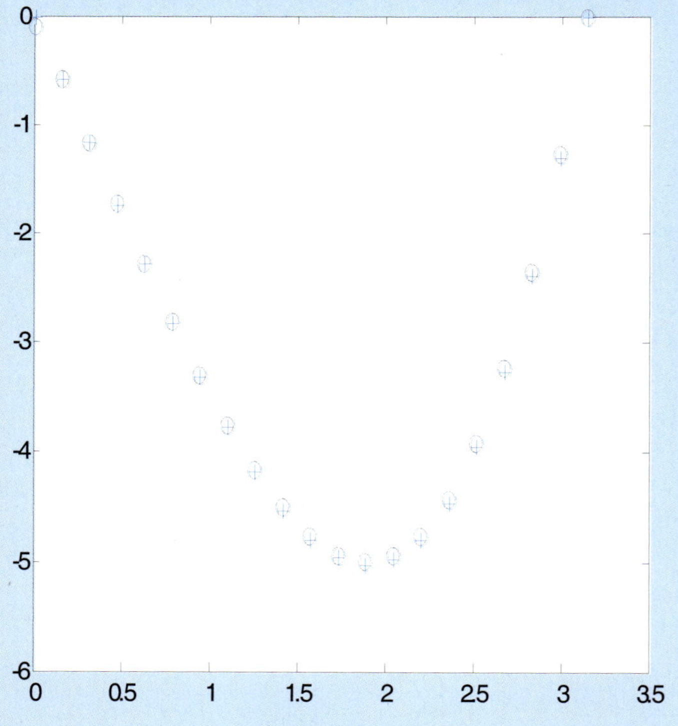

가장 자주 사용되는 방법은 가중 함수를 기저함수로 택하는 것이다. 즉

$$\{\omega_i(x) \mid i = 1, 2, \ldots, n\} = \{\phi_j(x) \mid j = 1, 2, \ldots, n\}$$

로 택하는 것이다. 이러한 방법을 Galerkin 방법이라고 한다.

그러면

$$\sum_{i=1}^{n} c_i \int_a^b \phi_i(x) L(\phi_j(x)) dx = \int_a^b \phi_j(x) f(x) dx$$

를 얻는다. 이로부터 우리는 연립방정식

$$Mc = b$$

를 얻는다. 여기서 행렬 M과 벡터 b의 성분은 각각

$$M_{ji} = \int_a^b \phi_i(x) L(\phi_j(x)) dx,$$

$$b_j = \int_a^b \phi_j(x) f(x) dx$$

와 같이 나타난다.

Galerkin 방법

1. 일차독립인 n개의 함수 $\{\phi_i(x)\}_{i=1}^{n}$을 택한다.
2. $M_{ji} = \int_a^b \phi_i(x) L(\phi_j(x)) dx$, $b_j = \int_a^b \phi_j(x) f(x) dx$를 계산한다.
3. 연립방정식 $Mc = b$을 푼다.
4. $Y(x) = \sum_{i=1}^{n} c_i \phi_i(x)$을 구한다.

예제 7-2

미분방정식

$$y'' + \frac{1}{4}y = x^2, \qquad y(0) = 0, y(\pi) = 0$$

을 $n = 20$, 일차독립인 함수를

$$\phi_k(x) = \begin{cases} \frac{1}{h}(x - x_{k-1}), & x_{k-1} \le x \le x_k \\ \frac{1}{h}(x_{k+1} - x), & x_k \le x \le x_{k+1} \\ 0, & otherwise \end{cases}$$

로 택하여 Galerkin 방법으로 해를 구하여 보자.

이 때 정확한 해는

$$y(x) = 32\left\{\sin\left(\frac{x}{2}\right) + \cos\left(\frac{x}{2}\right) - 1\right\} + 4\left\{x^2 - \pi^2 \sin\left(\frac{x}{2}\right)\right\}$$

이다.

그러면 $Y(x) = \sum_{i=1}^{n} c_i \phi_i(x)$에 대하여 연립방정식

$$\begin{bmatrix} -2+\frac{h^2}{6} & 1+\frac{h^2}{24} & 0 & \cdots & 0 \\ 1+\frac{h^2}{24} & -2+\frac{h^2}{6} & 1+\frac{h^2}{24} & \cdots & 0 \\ 0 & 1+\frac{h^2}{24} & -2+\frac{h^2}{6} & \cdots & 0 \\ \cdots & \cdot & \cdot & \cdots & \cdot \\ 0 & 0 & 0 & \cdots & -2+\frac{h^2}{6} \end{bmatrix} \begin{bmatrix} c_1 \\ c_2 \\ c_3 \\ \cdot \\ \cdot \\ \cdot \\ c_n \end{bmatrix} = h^4 \begin{bmatrix} 1+\frac{1}{6} \\ 2^2+\frac{1}{6} \\ 3^2+\frac{1}{6} \\ \cdot \\ \cdot \\ \cdot \\ n^2+\frac{1}{6} \end{bmatrix}$$

을 얻는다.

이 연립방정식을 풀어 $Y(x) = \sum_{i=1}^{n} c_i \phi_i(x)$를 구하면 다음과 같다.

matlab프로그램(Galerkin 방법)

```
%Galerkin 방법
%y'' + 1/4 * y = x^2 , y(0) =0, y(pi) = 0;


xa = 0; xb= pi;% x = [xa, xb]
% Mesh size

N = 20;
x = linspace(xa,xb,N+1);
h = (xb-xa)/ N;

% 유한 요소법을 사용하여 미분방정식을 Ay=b꼴로 바꾼다.
A = zeros(N-1, N-1);
y = zeros(N+1,1);
y(1) = 0; y(N+1)=0;
yexact = zeros(N+1, 1);
b = zeros(N-1,1);

for i =1:N-1
  A(i,i) = -2 + h*h/6;
  b(i,1) = i*i + 1/6;
end
b(:) = h*h*h*h.*b(:);
for i =2:N-1
  A(i, i-1)=1 + h*h/24;
  A(i-1,i)=1 + h*h/24;
end
y(2:N,1)=A\b;

yexact(:) = 32*(sin(x(:)./2) + cos(x(:)./2) -1) +4* (x(:).*x(:)
- pi*pi*sin(x(:)./2));
plot(x,yexact,'+', x,y,'o')
>>galerkinexam
```

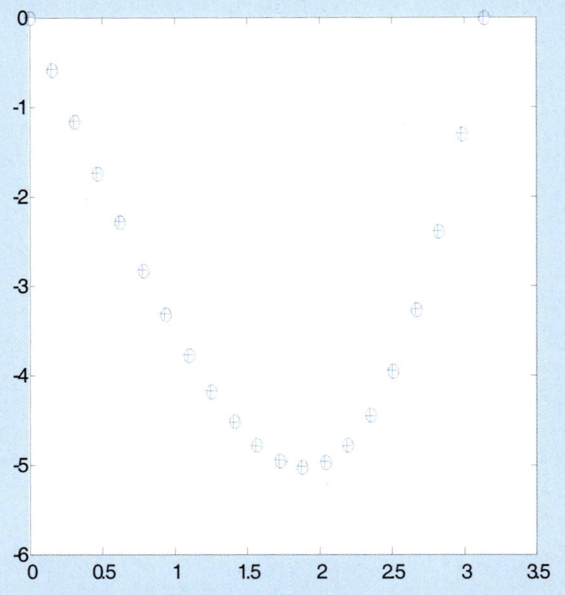

문제 7

경곗값 문제

$$y'' + y = 2e^{-x}, \qquad y(0) = 0, y(\frac{\pi}{2}) = 0$$

의 해는

$$y(x) = -e^{-\pi/2}\sin x - \cos x + e^{-x}$$

이다. 다음 방법으로 수치해를 구하고 서로 비교하여라.

(1) 해와의 오차의 범위를 TOL $= 10^{-4}$로 하여 사격방법으로 구하여라.

(2) 유한차분법으로 구하여라.

(3) 유한요소법으로 구하여라.

(4) 같은 정도의 미지수를 갖도록 하여 구한 유한차분법과 유한요소법의 오차를 비교하여라.

08

제8장

편미분방정식의 수치해

학습내용

지금까지는 함수의 변수가 하나인 미분방정식의 수치해를 어떻게 구할 것인가에 대하여 알아보았다. 그러나 열전도를 나타내는 방정식, 파동을 나타내는 방정식 등과 같이 많은 현상들은 여러 가지 변수에 의하여 결정되어지므로, 이런 함수의 미분방정식 즉 편미분방정식의 수치해를 구하는 방법에 대하여 알아보자.

물론 변수가 여러 개 있는 편미분 방정식이라 하더라도 변수가 하나있는 상미분방정식의 수치해법을 확장하면 될 것이다.

제 8 장 편미분방정식의 수치해

8-1 편미분방정식

우리가 자주 접하게 되는 편미분 방정식으로

파동방정식: $\dfrac{\partial^2 u}{\partial x^2}+\dfrac{\partial^2 u}{\partial y^2}-\dfrac{\partial^2 u}{\partial t^2}=0$

열방정식 : $\dfrac{\partial^2 u}{\partial x^2}+\dfrac{\partial^2 u}{\partial y^2}-\dfrac{\partial u}{\partial t}=0$

Laplace 방정식: $\dfrac{\partial^2 u}{\partial x^2}+\dfrac{\partial^2 u}{\partial y^2}=0$

쌍조화방정식: $\dfrac{\partial^4 u}{\partial x^4}+2\dfrac{\partial^4 u}{\partial x^2 \partial y^2}+\dfrac{\partial^4 u}{\partial y^2}=0$

Navier-Stokes 방정식: $\dfrac{\partial u}{\partial t}+u\dfrac{\partial u}{\partial x}+v\dfrac{\partial u}{\partial y}+\dfrac{\partial p}{\partial x}=\dfrac{\partial^2 u}{\partial x^2}+\dfrac{\partial^2 u}{\partial y^2}$

$$\frac{\partial v}{\partial t}+u\frac{\partial v}{\partial x}+v\frac{\partial v}{\partial y}+\frac{\partial p}{\partial y}=\frac{\partial^2 v}{\partial x^2}+\frac{\partial^2 v}{\partial y^2}$$

와 같은 것들이 있다.

일반적으로 2차의 선형 편미분 방정식은

$$A\frac{\partial^2 u}{\partial x^2}+2B\frac{\partial^2 u}{\partial x \partial y}+C\frac{\partial^2 u}{\partial y^2}=F(x, y, u, \frac{\partial u}{\partial x}, \frac{\partial u}{\partial y})$$

의 모양으로 나타난다. 여기서 A, B, C는 x, y에 대한 함수이고 $u=u(x, y)$이다. 우리는 이들 방정식을 다음과 같이 분류한다.

$B^2 - AC < 0$인 경우: 타원형 방정식(elliptic partial differential equation)

$B^2 - AC = 0$인 경우: 포물형 방정식(parabolic partial differential equation)

$B^2 - AC > 0$인 경우: 쌍곡형 방정식(hyperbolic partial differential equation)

참고 8.1

위의 분류는 마치 이차곡선

$$ax^2 + 2bxy + cy^2 + dx + ey + f = 0$$

을 $b^2 - ac$의 부호에 따라

$b^2 - ac < 0$인 경우: 타원(elliptic curve)

$b^2 - ac = 0$인 경우: 포물선(parabolic curve)

$b^2 - ac > 0$인 경우: 쌍곡선(hyperbolic curve)

라고 분류하는 것과 같다.
그러나 함수 u가 타원, 포물선, 쌍곡선이라는 뜻은 아니다.

문제 1

다음 편미분방정식이 타원형, 포물형, 쌍곡형인지를 판별하여라.

(1) $u_t = u_{xx} - u - u^3 - x^3 e^{-3t}$

(2) $u_{xx} - u_{yy} = 2(x-y)(x+y+2)u^3$

(3) $u_{xx} - 2u_y = 0$

(4) $3u_{xx} - 4u_{xy} - 5u_{yy} = 0$

(5) $u_{xx} + 2xu_{xy} + (1-y^2)u_{yy} = 0$

(6) $(1+u_y^2)u_{xx} - 2u_x u_y u_{xy} + (1+u_x^2)u_{yy} = 0$

8-2 포물형 편미분방정식

포물형 편미분방정식의 수치해를 구하기 위하여 간단한 열 방정식(heat equation)

$$u_t = u_{xx}, \quad 0 < x < 1, \quad t > 0$$

$$u(x, 0) = f(x), \quad 0 \le x \le 1$$

$$u(0, t) = g_1(t), \quad u(1,t) = g_2(t), \quad t \ge 0$$

에 대하여 생각해 보자. 여기서 초기조건 $f(x)$와 경계조건 $g(t)$는 알고 있는 함수이다.

물론 이 경우에는

$$u(x, t) = X(x)T(t)$$

라 놓으면,

$$X(x)T'(t) = X''(x)T(t)$$

즉

$$\frac{T'}{T} = \frac{X''}{X} = \lambda(\text{상수})$$

이다. 따라서 위의 상미분방정식을 풀고, Fourier 급수를 이용하면 선형인 포물형 편미분방정식의 해를 구할 수 있다.

이제 근사해를 구하는 방법을 알아보자. 구하고자 하는 시간 T에서의 함수를 $u(x, T)$라 하면, 자연수 M, N에 대하여

$$h = \Delta x = \frac{1}{M}, \quad k = \Delta t = \frac{T}{N}$$

이라 하고,

$$x_i = ih, \quad i = 0, 1, 2, \ldots, M$$

$$t_j = jk, \quad j = 0, 1, 2, \ldots, N$$

라 하자. 또 $u(x_i, t_j)$를 u_{ij}로 나타내자.

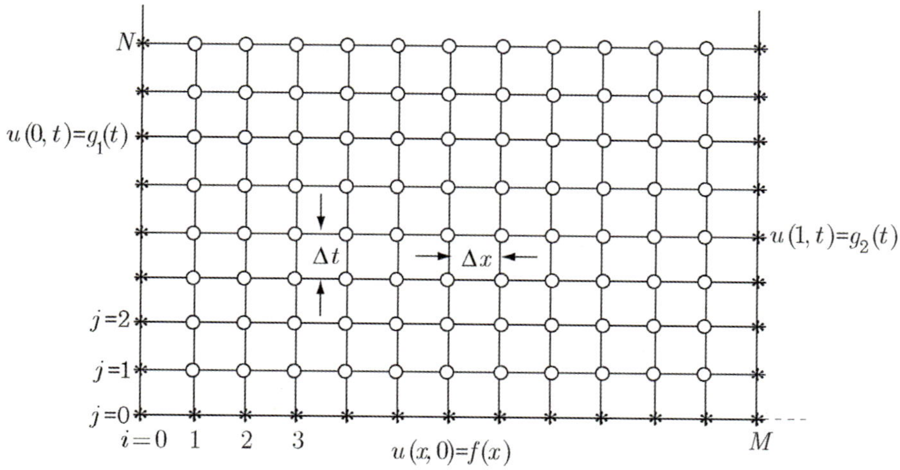

〈그림 8-1〉 격자

유한차분법

$$u_t(x_i,t_j) \approx \frac{u_{ij+1}-u_{ij}}{k}$$

$$u_{xx}(x_i,t_j) \approx \frac{u_{i+1j}-2u_{ij}+u_{i-1j}}{h^2}$$

을 이용하여 방정식을 근사시키면

$$\frac{u_{ij+1}-u_{ij}}{k} = \frac{u_{i+1j}-2u_{ij}+u_{i-1j}}{h^2}$$

을 얻는다. 따라서 위 식을 정리하면

$$u_{ij+1} = ru_{i+1j} + (1-2r)u_{ij} + ru_{i-1j}$$

를 얻는다. 여기서

$$r = \frac{k}{h^2}$$

이다.

그런데 초기조건과 경계조건을 알고 있으므로, 우리는 u_{ij+1}의 값을 $t = t_j$에서의 u_{ij} 값들의 일차결합으로 구할 수 있다. 이와 같이 구하는 것을 **전진차분법**(forward difference method)이라고 한다.

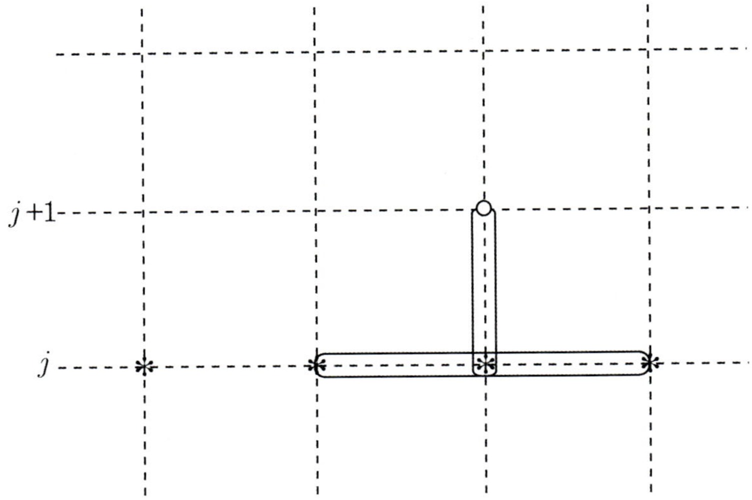

〈그림 8-2〉 전진차분법

전진차분법

1. 자연수 M, N에 대하여

$$h = \frac{1}{M}, \quad k = \frac{T}{N}$$

을 정한다.

2. $r = \frac{k}{h^2}$이라 놓고

$$u_{ij+1} = ru_{i+1j} + (1-2r)u_{ij} + ru_{i-1j}$$

를 계산한다.

matlab프로그램(전진차분법)

```
function [u, x, t] = heatforwardfdm(xf, tf, f, g1, g2, M, N)
% solve u_t = u_xx , u(x,0) = f(x), u(0, t) =g1(t), u(1,t)=g2(t)
% 0 <= x <= xf , 0<= t <= tf
% f : initial condition
% g1, g2 : boundary condition
% M : x축의 분할개수
```

```
% N : t축의 분할개수

if nargin < 5
  M = 20; N=20;
end

if nargin <6
  N=M;
end

dx = xf/M;
dt = tf/N;

x = [0:M]'*dx;
t = [0:N]*dt;

%초기조건
for i = 1:M+1
  u(i, 1) = f(x(i));
end

%경계조건
for j = 1 :N+1
  u([1 M+1], j) = [g1(t(j)); g2(t(j))];
end
r = dt/dx/dx;

for j = 1:N
  for i = 2:M
    u(i, j+1) = r*(u(i+1,j)+u(i-1,j)) + (1-2*r)*u(i, j);
  end
end
%End of heatforwardfdm
```

```
>> f = inline('sin(pi*x)','x');
>> g1 = inline('0');
>> g2 = inline('0');
>> [u, x, t] = heatforwardfdm(1,1,f, g1, g2, 10, 100)
>> mesh(t, x, u)
>> [u, x, t] = heatforwardfdm(1,1,f, g1, g2, 10, 200)
>> mesh(t, x, u)
```

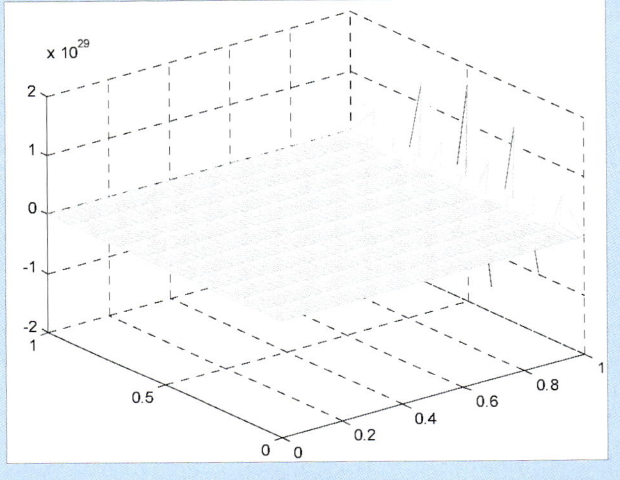

$M = 10, N = 100$

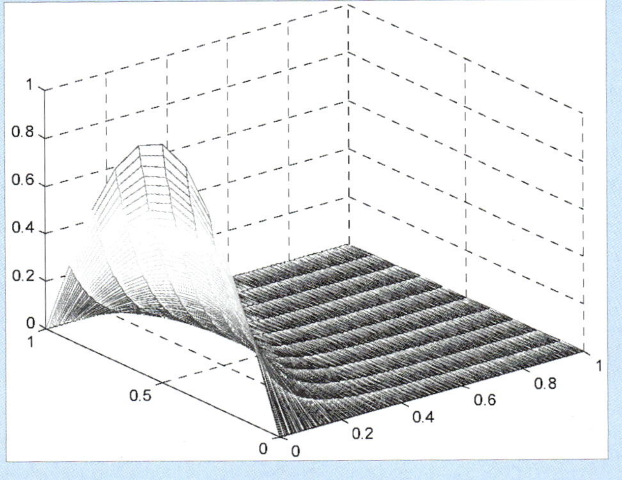

$M = 10, N = 200$

예제 8-1

포물형 편미분방정식

$$u_t = u_{xx}, \quad 0 < x < 1, \ t > 0$$

$$u(x, 0) = u_0, \quad u(0, t) = u(1, t) = 0$$

을 전진차분법으로 근사해를 구할 때, 근사해가 유한하려면 h와 k 사이에는 어떤 관계가 있는지 알아보자.

만약 $h = \frac{1}{2}, k = \frac{T}{N}, \ r = \frac{k}{h^2}$이라 하면

$$u_{11} = (1-2r)u_0$$

$$u_{12} = (1-2r)u_{11} = (1-2r)^2 u_0$$

$$\cdots$$

$$u_{in} = (1-2r)^n u_0$$

이다. 그런데 $\min\{0, u_0\} \le u_{in} \le \max\{0, u_0\}$이므로

$$0 \le u_{in} = (1-2r)^n u_0 \le u_0$$

이다. 따라서

$$0 \le 1 - 2r \le \frac{1}{2},$$

즉

$$r = \frac{k}{h^2} \le \frac{1}{2}$$

이어야 한다.

예제 8.1에서 보았듯이 전진차분법은 그 전의 함숫값의 일차결합으로 계산할 수 있기 때문에 간편하다. 그러나 해가 의미가 있기 위해서는

$$r = \frac{k}{h^2} \le \frac{1}{2}$$

라는 조건이 필요하다. 따라서 h의 값이 작은 경우에는 k의 값은 훨씬 작아야 하므로 많은 단계를 필요로 하고, 이로 인한 반올림 오차를 조심하여야 한다. 이와 같이 근사해가 유한한 값을 갖기 위한 h와 k의 조건을 **안정조건**(stability condition)이라고 한다.

좀 더 일반적으로 다음 비선형 포물형 방정식에 대하여 생각해 보자.

$$u_t = p(x,t)u_{xx} + q(x,t)u_x + f(x,t,u), \quad 0 < x < 1,\ t > 0$$

$$u(x,0) = u_0(x), \quad 0 \le x \le 1$$

$$u(x,0) = g_1(t), \quad u(1,t) = g_2(t), \quad t \ge 0$$

먼저 상수 v, P, Q, F에 대하여

$$0 < v < p(x,t) \le P, \quad |q(x,t)| \le Q$$

이고, 유계인 함수 f에 대하여 f_u가 존재하고

$$-F \le f_u(x,t,u) \le 0$$

이면, 비선형 방정식의 해가 유일하게 존재함이 알려져 있다.

위 미분방정식의 근사해를 전진차분법으로 구하면

$$u_{ij+1} = (rp_{ij} - \beta q_{ij})u_{i-1j} + (1 - 2rp_{ij})u_{ij} + (rp_{ij} + \beta q_{ij})u_{i+1j} + kf_{ij}$$

이다. 여기서 $r = \dfrac{k}{h^2}$, $\beta = \dfrac{k}{2h}$이다. 그런데 $0 < v < p(x,t) \le P$이므로

$$k \le \frac{h^2}{Fh^2 + 2P}$$

가 되도록 택하면, $h \to 0$, $k \to 0$이면 근사해는 해에 수렴한다.

앞에서 언급했듯이 전진차분법의 경우에는 k의 값이 안정 조건을 만족하도록 작게 택하여야 한다. 이런 제약 조건을 극복하기 위하여 다음과 같이

$$u_t(x_i, t_j) \approx \frac{u_{ij} - u_{ij-1}}{k}$$

로 택하면, 미분방정식은

$$\frac{u_{ij} - u_{ij-1}}{k} = \frac{u_{+1j} - 2u_{ij} + u_{i-1j}}{h^2}$$

이 된다. 이와 같이 근사해를 구하는 방법을 **후진(Euler)차분법**(backward(Euler) difference method)이라고 한다.

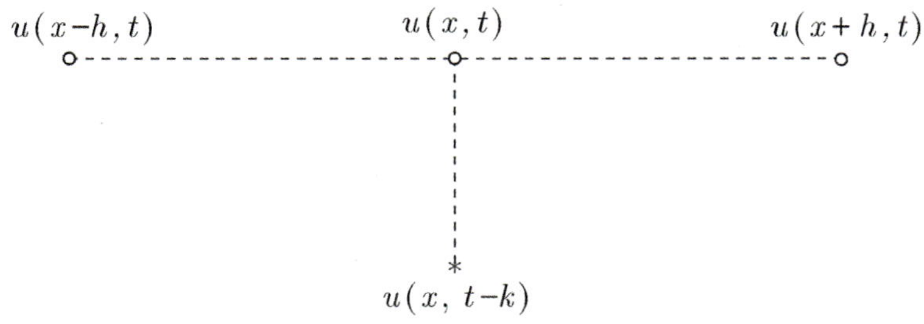

〈그림 8-3〉 후진차분법

이제 $r=\frac{k}{h^2}$이라 하고 위의 방정식을 정리하면

$$-ru_{i-1j}+(1+2r)u_{ij}-ru_{i+1j}=u_{ij-1}$$

를 얻는다.

이것을 행렬을 이용하여 나타내면

$$\begin{bmatrix} 1+2r & -r & 0 & \cdots & 0 \\ -r & 1+2r & -r & \cdots & 0 \\ & & \cdots & & \\ & & -r & 1+2r & -r \\ & & & -r & 1+2r \end{bmatrix} \begin{bmatrix} u_{1j} \\ u_{2j} \\ . \\ . \\ u_{M-1j} \end{bmatrix} = \begin{bmatrix} u_{1j-1}+ru_{0j} \\ u_{2j-1} \\ . \\ . \\ u_{M-1\alpha-1}+ru_{Mj} \end{bmatrix}$$

이다. 그런데 계수행렬은 약대각지배인 3-대각행렬이므로 역행렬이 존재한다. 따라서 우리는 이 방정식을 풀어 u_{ij}의 값을 구할 수 있다.

후진차분법은 전진차분법과는 달리 연립방정식을 풀어야 하는 번거로움이 있다. 그러나 이 경우 k는 h의 값과 관계없이 이 방법은 안정적이라는 이점이 있다.

후진차분법

1. h와 k의 값을 정하고 $r=\frac{k}{h^2}$이라 한다.
2. 연립방정식

   $$-ru_{i-1j}+(1+2r)u_{ij}-ru_{i+1j}=u_{ij-1}$$

   을 푼다.

matlab프로그램(후진차분법)

```
function [u, x, t] = heatbackwardfdm(xf, tf, f, g1, g2, M, N)
% solve u_t = u_xx , u(x,0) = f(x), u(0, t) =g1(t), u(1,t)=g2(t)
% 0 <= x <= xf , 0<= t <= tf
% f : initial condition
% g1, g2 : boundary condition
% M : x축의 분할개수
% N : t축의 분할개수

if nargin < 5
  M = 20; N=20;
end

if nargin <6
  N=M;
end

dx = xf/M;
dt = tf/N;

x = [0:M]'*dx;
t = [0:N]*dt;

% 초기조건
for i = 1:M+1
  u(i, 1) = f(x(i));
end

%경계조건
for j = 1 :N+1
  u([1 M+1], j) = [g1(t(j)); g2(t(j))];
end
r = dt/dx/dx;
r1 = 1 + 2*r;
```

```
%implicit scheme
% solve Ax = b

for i = 1:M-1
  A(i, i) = r1;
  if( i>1)
    A(i-1, i) = -r;
    A(i, i-1) = -r;
  end
end

for j = 2:N+1
  b = [r*u(1,j); zeros(M-3,1);r*u(M+1,j)] + u(2:M, j-1);
  u(2:M, j) = A\b;
end

>> f = inline('sin(pi*x)','x');
>> g1 = inline('0');
>> g2 = inline('0');
>> [u, x, t] = heatbackwardfdm(1,1,f, g1, g2, 10, 100)
>> mesh(t, x, u)
>> [u, x, t] = heatbackwardfdm(1,1,f, g1, g2, 20, 20)
>> mesh(t, x, u)
```

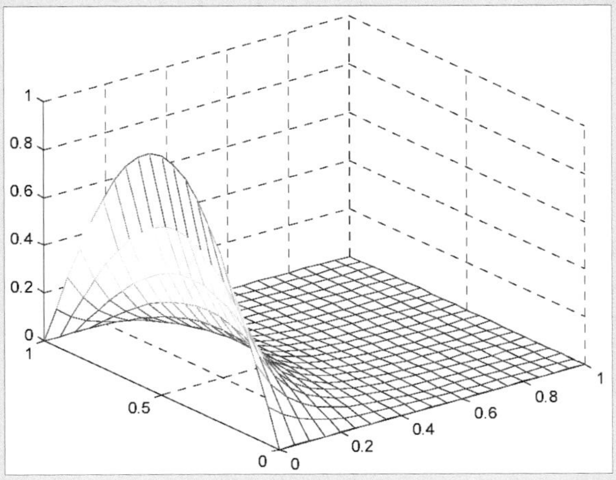

$M = 20, N = 20$

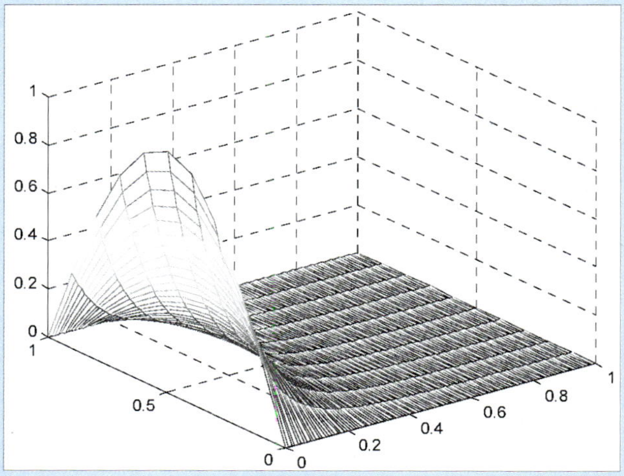

$M=10, N=100$

앞의 전진차분법이나 후진차분법의 오차는 $O(k+h^2)$이다. 이제 오차를 줄이는 방법을 생각해 보자.

대칭성을 이용하면

$$u_t(x_i, t_{j-\frac{1}{2}}) = \frac{u_{ij} - u_{ij-1}}{k} + O(k^2)$$

이므로, 방정식을

$$u_t(x_i, t_{j-\frac{1}{2}}) = \frac{1}{2}\{u_{xx}(x_i, t_j) + u_{xx}(x_i, t_{j-1})\}$$

라고 생각한다.

그러면 차분방정식

$$\frac{u_{ij} - u_{ij-1}}{k} = \frac{1}{2}\left\{\frac{u_{i+1j} - 2u_{ij} + u_{i-1j}}{h^2} + \frac{u_{i+1j-1} - 2u_{ij-1} + u_{i-1j-1}}{h^2}\right\}$$

을 얻는다.

이 경우를 연립방정식으로 나타내면 다음과 같다.

$$\begin{bmatrix} 1+r-\frac{r}{2} & 0 & \cdots & 0 \\ \frac{-r}{2} & 1+r & \frac{-r}{2} & \cdots & 0 \\ & & \cdots & \\ & & \frac{-r}{2} & 1+r & \frac{-r}{2} \\ & & & \frac{-r}{2} & 1+r \end{bmatrix} \begin{bmatrix} u_1 j \\ u_{2j} \\ \cdot \\ \cdot \\ u_{M-1j} \end{bmatrix} = \frac{1}{2} \begin{bmatrix} u_{0j}+u_{0j-1} \\ 0 \\ \cdot \\ 0 \\ u_{Mj}+u_{Mj-1} \end{bmatrix}$$

이와 같은 방법으로 근사해를 구하는 것을 **Crank-Nicolson 방법**이라고 한다.

이 경우에도 후진차분법과 마찬가지로 임의의 k의 값에 대하여 안정적이다. 더욱이 오차는 $O(k^2+h^2)$이다.

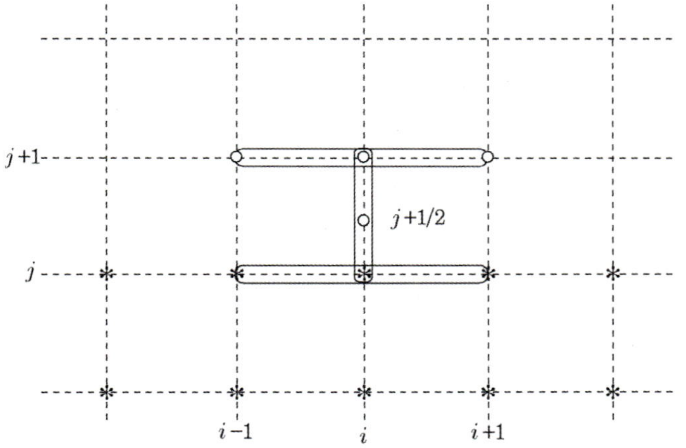

〈그림 8-4〉 Crank-Nicolson 방법

Crank-Nicolson 방법

1. h와 k의 값을 정한다.
2. 연립방정식

$$\frac{u_{ij}-u_{ij-1}}{k}=\frac{1}{2}\left\{\frac{u_{i+1j}-2u_{ij}+u_{i-1j}}{h^2}+\frac{u_{i+1j-1}-2u_{ij-1}+u_{i-1j-1}}{h^2}\right\}$$

을 푼다.

matlab프로그램(Crank-Nicolson 방법)

```
function [u, x, t] = heatcn(xf, tf, f, g1, g2, M, N)
%  solve  u_t  =  u_xx  ,  u(x,0)  =  f(x),  u(0,  t)  =g1(t),
u(1,t)=g2(t)
% 0 <= x <= xf , 0<= t <= tf
% f : initial condition
% g1, g2 : boundary condition
% M : x축의 분할개수
% N : t축의 분할개수

if nargin < 5
  M = 20; N=20;
end

if nargin <6
  N=M;
end

dx = xf/M;
dt = tf/N;

x = [0:M]'*dx;
t = [0:N]*dt;

% 초기조건
for i = 1:M+1
  u(i, 1) = f(x(i));
end

%경계조건
for j = 1 :N+1
  u([1 M+1], j) = [g1(t(j)); g2(t(j))];
end
r = dt/dx/dx;
r1 = 2*(1+r);
```

```
r2 = 2*(1-r);

%implicit scheme
% solve Ax = b

for i = 1:M-1
  A(i, i) = r1;
  if( i>1)
    A(i-1, i) = -r;
    A(i, i-1) = -r;
  end
end

for j = 2:N+1
  b = [r*u(1,j); zeros(M-3,1);r*u(M+1,j)] ...
   + r*(u(1:M-1,j-1)+ u(3:M+1,j-1)) +  r2*u(2:M, j-1);
  u(2:M, j) = A\b;
end
%End of heatcn

>> f = inline('sin(pi*x)','x');
>> g1 = inline('0');
>> g2 = inline('0');
>> [u, x, t] = heatcn(1,1,f, g1, g2, 20, 20);
>> mesh(t,x,u)
```

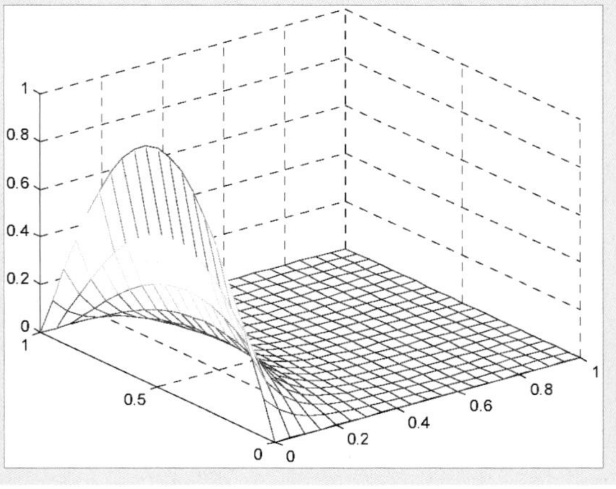

문제 2

다음 미분방정식의 근사해를 전진차분법으로 구하여라.

$$u_t = u_{xx}, \quad 0 < x < 2, \quad 0 < t \le 2$$

$$u(0,t) = u(2,t) = 0, \qquad t > 0$$

$$u(x,0) = \sin(\frac{\pi}{2}x), \qquad 0 \le x \le 2$$

문제 3

다음 방정식의 근사해를 구하여라.

$$u_t = u_{xx}, \quad 0 < x, \quad t < 1$$

$$u(x,0) = (x - x^2)e^x$$

$$u(0,t) = u(1,t) = 0$$

문제 4

다음 미분방정식의 근사해를 후진 Euler차분법과 Crank–Nicolson 방법으로 구하여라. 또 이 방정식의 해 $u(x,t) = (x^2+1)e^{-t}$와 비교하여라.

$$u_t = u_{xx} + xu_x - 3u, \quad 0 < x < 1, \ t > 0$$

$$u(0,\ t) = e^{-t}, \quad u(1,\ t) = 2e^{-t}, \quad t > 0$$

$$u(x,\ 0) = x^2 + 1, \qquad 0 \le x \le 1$$

8-3 타원형 편미분방정식

타원형 편미분 방정식

$$u_{xx}+u_{yy}=f(x,\ y),\quad (x,\ y)\in\Omega$$
$$u(x,\ y)=g(x,\ y),\quad (x,\ y)\in\partial\Omega$$

의 근사해를 구하는 방법에 대하여 알아보자. 여기서 $\Omega=[a,\ b]\times[c,\ d]$이고 $\partial\Omega$는 Ω의 경계를 뜻한다.

이와 같은 방정식을 **Poisson 방정식**이라고 부른다. 또 이와 같이 경계에서의 값이 주어진 경계조건을 **Dirichlet 경계조건**이라고 한다.

특히 $f(x,\ y)=0$인 경우에는

$$u(x,\ y)=X(x)Y(y)$$

라 두고, 이를 미분 방정식에 대입하면

$$X''Y+XY''=0$$

을 얻는다. 따라서 상미분방정식

$$\frac{X''}{X}=-\frac{Y''}{Y}=\lambda(\text{상수})$$

을 풀어 해를 구할 수 있다. 즉 상미분방정식

$$X''-\lambda X=0$$
$$Y''+\lambda Y=0$$

을 풀어 해석적으로 해를 구한다.

참고 8.2

타원형 방정식

$$u_{xx}+u_{yy}=f(x,y)$$

은 열 방정식

$$u_t=u_{xx}+u_{yy}-f(x,y)$$

에서 충분히 시간이 흘러 온도의 변화가 없으면, 즉 $u_t=0$일 때 생기는 방정식과 같다.

타원형 방정식의 수치해를 구하는 방법을 알아보자.

먼저 자연수 M, N을 택하고

$$h = \frac{b-a}{M}, \quad k = \frac{d-c}{N}$$

이라 하고

$$x_i = a + ih, \quad i = 0, 1, \ldots, M$$
$$y_j = c + jk, \quad j = 0, 1, \ldots, N$$

라 하고 $u_{ij} = u(x_i, y_j)$로 나타내자. 이제 5-점 방법

$$u_{xx}(x_i, y_j) \approx \frac{u_{i+1j} - 2u_{ij} + u_{i-1j}}{h^2}$$
$$u_{yy}(x_i, y_j) \approx \frac{u_{ij+1} - 2u_{ij} + u_{ij-1}}{k^2}$$

을 이용하여 보자.

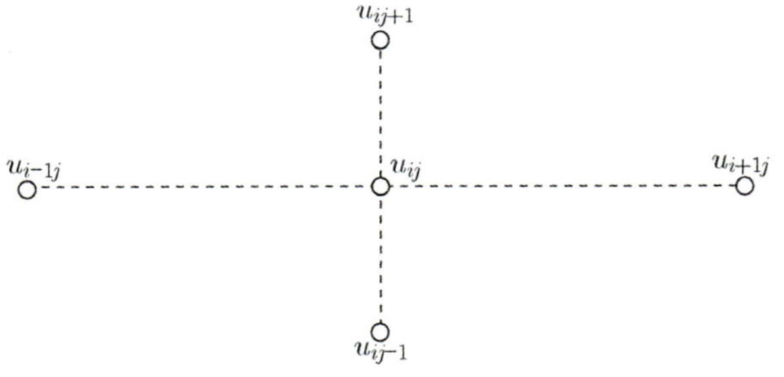

〈그림 8-5〉 5-점 방법

이것을 방정식에 대입하면

$$\frac{u_{i+1j} - 2u_{ij} + u_{i-1j}}{h^2} + \frac{u_{ij+1} - 2u_{ij} + u_{ij-1}}{k^2} = f(x_i, y_j)$$

을 얻는다. 특히 $h = k$가 되도록 택하면 연립방정식

$$u_{i+1j} + u_{i-1j} - 4u_{ij} + u_{ij+1} + u_{ij-1} = h^2 f(x_i, y_j)$$

을 얻는다. 이 방정식의 계수행렬은 분할 불가분이고 약대각지배 행렬이므로 역행렬이 존재한다. 따라서 우리는 유일한 해를 구할 수 있다.

일반적인 이계 선형인 타원형 편미분방정식

$$u_{xx}+u_{yy}+pu_x+qu_y+ru+s(x,y)=0,\quad (x,y)\in\Omega$$
$$u(x,y)=g(x,y),\quad (x,y)\in\partial\Omega$$

의 근사해를 생각해 보자. 여기서 $r(x,y)\le 0$이다.

유한차분법

$$u_{xx}(x_i,y_j)\approx\frac{u_{i+1j}-2u_{ij}+u_{i-1j}}{h^2},\quad u_{yy}(x_i,y_j)\approx\frac{u_{ij+1}-2u_{ij}+u_{ij-1}}{k^2}$$

$$u_x(x_i,y_j)\approx\frac{u_{i+1j}-u_{i-1j}}{2h},\quad u_y(x_i,y_j)\approx\frac{u_{ij+1}-u_{ij-1}}{2k}$$

을 적용하면,

$$h^2(2-kq)u_{ij-1}+k^2(2-hp)u_{i-1j}-2(2h^2+2k^2-h^2k^2r)u_{ij}$$
$$+k^2(2+hp)u_{i+1j}+h^2(2+kq)u_{ij+1}=-2h^2k^2s$$

를 얻는다.

따라서 $p(x,y)$, $q(x,y)$, $r(x,y)$, $s(x,y)$가 영역 $\Omega\cup\partial\Omega$ 위에서 연속이고

$$|p(x,y)|\le P,\ |q(x,y)|\le Q\text{일 때 } Ph<2,\quad Qk<2$$

가 되도록 택하면 유한차분법에 의한 연립방정식의 계수행렬이 분할 불가분이고 약대각지배 행렬이므로 계수행렬은 역행렬을 가진다. 그러므로 이러한 유한차분법으로 근사해를 구할 수 있다.

Poisson 문제

1. 자연수 M, N을 택하고 $h=\dfrac{b-a}{M}$, $k=\dfrac{d-c}{N}$이라 둔다.
2. 연립방정식

$$\frac{u_{i+1j}-2u_{ij}+u_{i-1j}}{h^2}+\frac{u_{ij+1}-2u_{ij}+u_{ij-1}}{k^2}=f(x_i,y_j)$$

을 푼다.

matlab프로그램(Poisson 문제)

```
function [u, x, y] = poissonfdm(x0, xf, y0, yf, f, bx0, bxf, by0, byf, M, N)
% solve u_xx + u_yy = f(x,y)
% x0 <= x <= xf , y0<= y<= yf
% bx0, bxf, by0, byf : boundary condition
% u(x0, y) = bx0(y), u(xf, y) = bxf(y)
% u(x, y0)=by0(x), u(x, yf) = byf(x)
% M : x축의 분할개수
% N : t축의 분할개수

TOL = 1e-5 ;
omega = 0.7;
if nargin < 10
  M = 20; N=20;
end

if nargin <9
  N=M;
end

dx = (xf-x0)/M;
dy = (yf-y0)/N;

x = x0+ [0:M]*dx;
y = y0 + [0:N]*dy;

u = ones(M+1, N+1);

%경계조건
for i = 1:M+1
  u(i, [1 N+1]) = [by0(x(i)) byf(x(i))];
end
```

```
for j = 1:N+1
  u([1 M+1], j) = [bx0(y(j));bxf(y(j))];
end


for j = 1:N
  for i = 1:M
    F(i,j) = f(x(i), y(j));
  end
end

% SOR method
% solve Ax = b
dx2 = dx*dx; dy2 = dy*dy; dxy2 = dx2*dy2;
error = 1;

while(error>TOL)
utemp = u;
for j = 2:N
  for i = 2:M
    east = u(i+1,j); west = u(i-1,j);
    north = u(i,j+1); south = u(i, j-1);
    u(i,j) = u(i,j) - omega ...
      *(dy2*(east + west)-2*(dx2 +dy2)*u(i,j)+dx2*(north+south)-dxy2*F(i,j))...
    /(-2*(dx2 +dy2));
  end
end
error = norm(utemp - u);
end
```

문제 5

다음 편미분방정식의 근사해를 5-점 방법으로 구하여라. 또 해 $u(x, y) = xy$와 비교하여라.

$$u_{xx} + u_{yy} = 0, \quad 0 < x, y < 1$$
$$u(x, 0) = 0, \quad u(x, 1) = x$$
$$u(0, y) = 0, \quad u(1, y) = y$$

문제 6

다음 편미분방정식의 근사해를 5-점 방법으로 구하여라. 또 해 $u(x, y) = e^{xy}$와 비교하여라.

$$u_{xx} + u_{yy} = (x^2 + y^2)e^{xy}, \quad 0 < x < 2, \quad 0 < y < 1$$
$$u(0, y) = 1, \quad u(2, y) = e^{2y}$$
$$u(x, 0) = 1, \quad u(x, 1) = e^{x}$$

문제 7

다음 편미분방정식의 근사해를 5-점 방법과 중심차분을 이용하여 구하여라.

$$u_{xx} + u_{yy} - \frac{1}{y}u_y = 0, \quad (x,y) \in \Omega = (0,1) \times (0,1)$$
$$u(x,y) = x + 3, \quad (x,y) \in \partial\Omega$$

8-4 쌍곡형 편미분방정식

파동방정식으로 불리는 쌍곡형 편미분 방정식

$$u_{tt} - u_{xx} = 0$$

과 초기조건

$$u(x,0) = f_1(x), \quad u_t(x,0) = f_2(x)$$

의 근사해에 대하여 알아보자.

물론 위의 문제는 간단한 선형 문제이기 때문에 해석적으로 해를 구할 수 있다. 이제 $\xi = x + t$, $\eta = x - t$라 하자. 그러면 $u_{tt} - u_{xx} = 0$은

$$u_{\xi\eta} = 0$$

으로 변형된다. 위 방정식을 η에 대하여 적분하면

$$u_{\xi} = F_1(\xi)$$

이다. 여기서 $F_1(\xi)$은 일종의 적분상수로 임의의 미분 가능한 함수이다.

다시 ξ에 대하여 적분하면

$$u = \int_0^{\xi} F_1(z)dz + G_2(\eta)$$

를 얻는다. 여기서 $G_2(\eta)$은 일종의 적분상수로 임의의 미분 가능한 함수이다. 이제

$$G_1(\xi) = \int_0^{\xi} F_1(z)dz$$

라고 놓으면,

$$u(\xi, \eta) = G_1(\xi) + G_2(\eta)$$

즉

$$u(x, t) = G_1(x + t) + G_2(x - t)$$

를 얻는다. 이 방정식을 파동방정식의 일반해라고 한다.

연쇄법칙에 의하여

$$u_t = \frac{\partial G_1}{\partial \xi}\frac{\partial \xi}{\partial t} + \frac{\partial G_2}{\partial \eta}\frac{\partial \eta}{\partial t} = \frac{\partial G_1(\xi)}{\partial \xi} - \frac{\partial G_2(\eta)}{\partial \eta}$$

을 얻는다. 이제 초기조건을 적용하면

$$u(x,0) = G_1(x) + G_2(x) = f_1(x),$$

$$u_t(x,0) = G_1{}'(x) - G_2{}'(x) = f_2(x)$$

이므로,

$$G_1{}'(x) + G_2{}'(x) = f_1{}'(x)$$

을 얻는다. 따라서

$$G_1{}'(x) = \frac{1}{2}[f_1{}'(x) + f_2(x)]$$

$$G_2{}'(x) = \frac{1}{2}[f_1{}'(x) - f_2(x)]$$

을 얻는다.

이들을 적분하면

$$G_1(x) = \frac{1}{2}[f_1(x) + \int_0^x f_2(z)dz]$$

$$G_2(x) = \frac{1}{2}[f_1(x) - \int_0^x f_2(z)dz]$$

이므로,

$$u(x,t) = \frac{1}{2}[f_1(x+t) + f_1(x-t)] + \int_{x-t}^{x+t} f_2(z)dz]$$

를 얻는다. 이 식을 D'Alembert 공식이라고 부른다.

D'Alembert 공식으로부터 $u(x, t)$의 값은 구간 $[x-t, x+t]$ 안에 있는 $f_1(x)$, $f_2(x)$의 정보가 필요하다. 이러한 의미에서 구간 $[x-t, x+t]$을 $u(x, t)$의 종속구간(interval of dependence)이라고 한다.

파동방정식의 근사해를 구하기 위해서는

$$u_{tt}(x_i,t_j) \approx \frac{u_{ij+1} - 2u_{ij} + u_{ij-1}}{k^2}$$

$$u_{xx}(x_i,t_j) \approx \frac{u_{i+1j} - 2u_{ij} + u_{i-1j}}{h^2}$$

을 대입하면,

$$\frac{u_{ij+1} - 2u_{ij} + u_{ij-1}}{k^2} - \frac{u_{i+1j} - 2u_{ij} + u_{i-1j}}{h^2} = 0$$

을 얻는다.

이를 정리하면

$$u_{ij+1} = 2u_{ij} - u_{ij-1} + \frac{k^2}{h^2}(u_{i+1j} - 2u_{ij} + u_{i-1j})$$

이므로, u_{ij+1}의 값을 $u(\cdot,t_j), u(\cdot,t_{j-1})$의 일차결합으로 계산할 수 있다.

그런데 $u(x_i,t_1)$의 값은 위의 식으로 구할 수 없으므로 다른 방법을 사용하여야 한다.

예를 들면 Taylor 전개에 의하여

$$u_{i1} \approx u_{i0} + ku_t(x_i,0) + \frac{k^2}{2}u_{tt}(x_i,0)$$

이므로,

$$u_{tt}(x_i,0) = u_{xx}(x_i,0)$$

을 이용하면

$$u_{i1} \approx u_{i0} + ku_t(x_i,0) + \frac{k^2}{2}u_{xx}(x_i,0)$$

으로 나타낼 수 있다. 따라서

$$u_{i1} \approx f_1(x_i) + kf_2(x_i) + \frac{k^2}{2}\frac{f_1(x_{i+1}) - 2f_1(x_i) + f_1(x_{i-1})}{h^2}$$

을 이용하여 구할 수 있다.

열방정식의 근사해를 전진차분법으로 구할 때 h와 k 사이의 제약이 있었던 것과 마찬가지로, 위의 파동방정식의 근사해를 구하는 데에는

$$\frac{k}{h} \le 1$$

인 조건이 필요하다.

이 조건을 Courant-Freidrichs-Lewy 조건이라고 한다. 이것은 근사해가 종속 조건을 만족해야 하기 때문이다.

Courant-Freidrichs-Lewy 조건과 같은 안정조건을 극복하기 위해서 열 방정식에서와 같이 Crank-Nicolson 방법을 적용하면, 연립방정식

$$u_{i-1j+1} - 2\left(1 + \frac{h^2}{k^2}\right)u_{ij+1} + u_{i+1j+1}$$
$$= -u_{i-1j-1} - u_{i+1j-1} - 4\frac{h^2}{k^2}u_{ij} + 2\left(1 + \frac{h^2}{k^2}\right)u_{ij-1}$$

을 얻는다.

그런데 위의 연립방정식의 계수행렬은 약대각지배인 3-대각 행렬이므로 역행렬이 존재한다. 따라서 해를 유일하게 구할 수 있다.

문제 8

파동방정식

$$u_{tt} - u_{xx} = 0$$
$$u(x,0) = x, \quad u_t(x,0) = x^2$$

의 근사해를 유한차분법을 이용하여 $u(0, 10)$의 값을 구하여라.

문제 9

파동방정식

$$u_{tt} - u_{xx} = 0$$
$$u(x,0) = 1, \quad u_t(x,0) = -1$$

의 근사해를 Crank–Nicolson 방법을 이용하여 $u(-3,3)$의 값을 구하여라.

문제 10

파동방정식

$$u_{tt} - u_{xx} = 0, \quad 0 < x < 1$$
$$u(x,0) = 2x + e^{x}, \quad u_t(x,0) = -e^{x}$$
$$u(0,t) = e^{-t}, \quad u(1,t) = 2 + e^{1-t}$$

의 해는

$$u(x,t) = 2x + e^{x-t}$$

이다. 근사해를 전진차분법과 Crank–Nicolson 방법을 이용하여 $u(x,\ t)$의 값을 구하여라.

❖ 메모

09

제 9 장 최적문제

학습내용

문제해결에서 중요한 응용문제는 함수의 극댓값, 극솟값, 최댓값, 최솟값 등을 구하는 문제이다. 특히 극값을 구하는 문제는 함수의 도함수의 값이 0이 되는 값을 구하는 것과 깊은 관계가 있고, 이것은 방정식의 해를 구하는 것과 연관이 있다.

이와 같이 극값을 구하는 문제는 경곗값 문제를 변형하여 범함수의 최솟값을 구하는 문제로 바꾸어 미분방정식의 해를 구하는데 자주 이용된다. 이에 대하여 알아보자.

제 9 장 최적문제

9-1 급강하 방법

함수 $f:\mathbb{R}^n \to \mathbb{R}$ 에 대하여 벡터 $x=(x_1,\ x_2,\ \ldots,\ x_n)^T$의 노름을 $\|x\|=(\sum_{i=1}^{n} x_i^2)^{\frac{1}{2}}$ 이라 할 때, 함수 f의 최솟값을 구하는 방법에 대하여 알아보자.

먼저 다음과 같은 극소화점을 정의하자.

정의 9.1

함수 $f:X\subset \mathbb{R}^n \to \mathbb{R}$ 에 대하여

$$f(x^*) \le f(x), \qquad \forall x \in X \subset R^n$$

인 $x^* \in X$를 f의 X 위에서의 **극소화점**(minimizer)이라고 한다. 한편 $f \in C^1(X)$일 때

$$\nabla f(x) = g(x) = (\frac{\partial f}{\partial x_1}, \frac{\partial f}{\partial x_2}, \ldots, \frac{\partial f}{\partial x_n})^T$$

을 f의 x에서의 **그래디언트**(gradient, 경사도)라고 한다. 또 $f \in C^2(X)$일 때 행렬

$$H(x) = (h_{ij}(x))_{n\times n}, \qquad h_{ij}(x) = \frac{\partial^2 f(x)}{\partial x_i \partial x_j}$$

을 f의 x에서의 **헤시안**(Hessian) 행렬이라고 한다. 이 경우 H는 대칭행렬이다.

정의 9.2

함수 f의 x에서의 그래디언트 $g(x)$에 대하여

$$g(x^*) = 0$$

인 점 x^*를 f의 **안정점**(stable point)이라고 한다.

Taylor 전개에 의하면 함수 f가 $f \in C^1(X)$일 때

$$f(x+h) = f(x) + g(x)^T h + o(\|h\|)$$

이고, $f \in C^2(X)$이면

$$f(x+h) = f(x) + g(x)^T h + \frac{1}{2} h^T H(x) h + o(\|h\|^2)$$

이다. 따라서 다음 정리를 얻는다.

정리 9.1

함수 f가 $f \in C^1(X)$이고 x^*가 f의 극소화점이면 x^*는 f의 안정점이다.

증명 함수 f의 Taylor 전개식에서 $x = x^*, h = \alpha g(x^*)$라 하면

$$f(x^* + h) = f(x^*) + \alpha \|g(x^*)\|^2 + o(\|h\|)$$

이다. 만약 x^*가 f의 안정점이 아니라고 가정하면, $g(x^*) \neq 0$이므로 적당한 α의 값에 따라

$$\alpha \|g(x^*)\|^2 + o(\|h\|) < 0$$

이다. 그러면

$$f(x^* + h) < f(x^*)$$

이 되므로, 가정에 모순이다.

따라서 f의 극소화점 x^*는 안정점이다. ▨

위의 정리는 f의 모든 극소화점은 안정점이라는 것을 말해 준다. 그렇다고 해서 모든 안정점이 극소화점이라는 것은 아니다. 즉 안정점은 극소화점이 될 필요조건이지 충분조건은 아니다.

다음은 안정점이 극소화점이 될 충분조건이다.

정리 9.2

함수 f가 $f \in C^2(X)$이고 $x^* \in X$가 f의 안정점이라고 하자. 이때 Hessian 행렬 $H(x^*)$가 양의 정부호이면, 점 x^*는 f의 극소화점이다.

증명 함수 f의 Taylor 전개식에서 $g(x^*) = 0$이므로

$$f(x^* + h) = f(x^*) + g(x^*)^T h + \frac{1}{2} h^T H(x^*) h + o(\|h\|^2)$$

$$= f(x^*) + \frac{1}{2} h^T H(x^*) h + o(\|h\|^2)$$

이다.

그런데 Hessian 행렬 $H(x^*)$가 양의 정부호이므로

$$h^T H(x^*) h \geq \alpha \|h\|^2, \qquad \forall h \in X$$

인 양수 $\alpha > 0$가 존재한다.

따라서

$$f(x^* + h) - f(x^*) \geq \frac{1}{2} \alpha \|h\|^2 + o(\|h\|^2)$$

이고, 우변은 충분히 작은 $\|h\|$의 값에 대하여 양이므로 x^*의 근방에서

$$f(x^* + h) > f(x^*)$$

이다. 즉 점 x^*는 f의 극소화점이다. ▨

이제 함수 f의 극소화점을 구해보자. 함수 f가 일변수 함수인 경우에는 도함수를 구하여 $f'(x)=0$인 임계점을 찾아 극소화점을 판별하면 되겠지만, 다변수 함수인 경우에는 이것이 만만치 않다.

그런 이유로 대부분의 경우 극소화점은 반복법을 사용하여 구한다. 즉 반복적으로

$$x^{(k+1)} = x^{(k)} + \tau_k d^{(k)}$$

을 구하되,

$$f(x^{(k+1)}) \le f(x^{(k)})$$

이 되도록 실수 τ_k와 벡터 $d^{(k)}$를 택하여야 한다. 이때 벡터 $d^{(k)}$의 방향을 **조사 방향**(search direction)이라고 한다.

특히 함수 f와 벡터 x와 d에 대하여

$$f(x+\tau d) < f(x), \qquad 0 < \tau < \tau_0$$

인 실수 τ_0가 존재할 때, 벡터 d의 방향을 f의 x에서의 **강하 방향**(descent direction)이라고 한다.

이제 강하 방향을 어떻게 정할 것인가를 알아보자.

정리 9.3

함수 f가 $f \in C^1(X)$이고 $g(x) = \nabla f(x)$라 하자. 벡터 d에 대하여 $g(x)d < 0$이면, d는 f의 x에서의 강하 방향이다.

증명 함수 f의 Taylor 전개식

$$f(x+\tau d) = f(x) + \tau g(x)^T d + O(\tau^2)$$

로부터, $g(x)d < 0$이므로, 충분히 작은 실수 τ를 택하여

$$\tau g(x)d + O(\tau^2) < 0$$

이 되도록 할 수 있다.

그러므로 d는 f의 x에서의 강하 방향이다. ▨

그러면 벡터 d에 대하여

$$g(x)^T d = 0$$

이면, 벡터 d는 f의 x에서의 강하 방향일까?

아직은 알 수가 없지만 다음과 같은 정리가 성립한다.

정리 9.4

함수 f가 $f \in C^2(X)$이고 f의 Hessian 행렬을 $H(x)$라고 할 때, $g(x)d = 0$이고 $d^T H(x) d < 0$이면, d는 f의 x에서의 강하 방향이다.

증명 함수 f의 Taylor 전개식

$$f(x+\tau d) = f(x) + \tau g(x)^T d + \frac{1}{2}\tau^2 d^T H(x) d + O(\tau^3)$$

로부터, $g(x)d = 0$이고 $d^T H(x) d < 0$이므로, 충분히 작은 실수 τ를 택하여

$$\frac{1}{2}\tau^2 d^T H(x) d + O(\tau^3) < 0$$

이 되도록 할 수 있다. 그러므로 d는 f의 x에서의 강하 방향이다. ▨

함수 f의 Taylor 전개식

$$f(x+\tau d) = f(x) + \tau g(x)^T d + O(\tau^2)$$

에서

$$g(x)^T d = \|g(x)\| \|d\| \cos\theta$$

이므로, $g(x)d$의 값이 최소가 되는 경우는

$$d = -g(x)$$

인 경우이다.

그러므로 다음 정리를 얻는다.

정리 9.5

함수 f가 $f \in C^1(X)$이고 $g(x) = \nabla f(x)$라 하자. 그러면 함수 f가 가장 빨리 강하하는 방향 d는

$$d = -g(x)$$

인 경우이다.

정리 9.5로부터 함수 f가 가장 빨리 강하하는 방향 d는 $d^{(k)} = -g(x^{(k)})$라는 것을 알았다. 그렇다면 모든 양의 실수 τ와 $x^{(k+1)} = x^{(k)} + \tau d^{(k)}$ 에 대하여 항상

$$f(x^{(k+1)}) \le f(x^{(k)})$$

일까? 이때 함수 f가 최소가 되도록 하는 $\tau = \tau_k$의 값을 정하는 방법을 **직선 조사**(line search)라고 한다.

일반적으로 직선 조사는 복잡하다. 그러나 함수 f의 Hessian 행렬이 양의 정부호를 가지는 이차함수인 경우에는 비교적 쉽게 구할 수 있다.

이차함수를

$$f(x) = \frac{1}{2}x^T Hx - b^T x + c$$

라고 하면,

$$f(x + \tau d) = \frac{1}{2}\tau^2 d^T Hd + \tau g(x)^T d + \tilde{c}$$

의 꼴로 나타낼 수 있다.

그런데 행렬 H가 양의 정부호를 갖고 $d \ne 0$이므로

$$d^T Hd > 0$$

이다. 따라서 τ에 대한 이차함수 $f(x + \tau d)$는

$$\tau = -\frac{g(x)^T d}{d^T Hd}$$

일 때 최솟값을 가진다.

정리 9.5에 따라 조사 방향을 $d^{(k)}=-g(x^{(k)})$로 택하는 것이 바람직하므로 우리가 원하는 반복법은

$$x^{(k+1)}=x^{(k)}-\tau_k g(x^{(k)})$$

이다.

이와 같이 극소화점을 찾는 것을 **급강하 방법**(method of steepest descent)이라고 한다.

특히 함수 f가 이차함수

$$f(x)=\frac{1}{2}x^T Hx-b^T x+c$$

인 경우에는

$$g(x)=\nabla f(x)=Hx-b$$

이므로

$$g^{(k)}=g(x^{(k)})=Hx^{(k)}-b$$

라 하면,

$$\tau=-\frac{g(x)d}{d^T Hd}$$

이므로 $d=-g^{(k)}$로 택하면

$$\tau_k=\frac{(g^{(k)})^T g^{(k)}}{(g^{(k)})^T Hg^{(k)}}$$

이다. 따라서

$$x^{(k+1)}=x^{(k)}-\tau_k g(x^{(k)})$$

라고 놓으면 된다.

그런데 $g^{(k)}=Hx^{(k)}-b$이므로 $g^{(k)}$도 반복적으로

$$g^{(k+1)}=g^{(k)}-\tau_k Hg^{(k)}$$

와 같은 방법으로 구할 수 있다.

그러므로 $f \in C^2(X)$인 이차함수인 경우의 급강하 방법은 다음과 같다.

급강하 방법

1. $g(x) = Hx - b$라 놓는다.
2. 임의의 벡터 $x^{(0)}$를 택한다.
3. $g^{(k)} = g(x^{(k)}) = 0$ 이 될 때까지 아래 과정을 반복한다.

$$\tau_k = \frac{(g^{(k)})^T g^{(k)}}{(g^{(k)})^T H g^{(k)}}$$

$$x^{(k+1)} = x^{(k)} - \tau_k g(x^{(k)})$$

$$g^{(k+1)} = g^{(k)} - \tau_k H g^{(k)}$$

matlab프로그램(급강하 방법)

```
function [xm, fxm] = steepestdescent(H, b, c, x0, maxiter)


% H : f(x) = 1/2 x^t Hx - b^tx +c
% H : 2x2 대칭행렬
% b : 열벡터
% x0 : 열벡터
% x0 : 초기 추측
% fxm : 함수의 최솟값
% xm : 최솟값을 갖는 위치
% example

TOL = 1e-5;

if nargin < 4
  maxiter = 100;
end



for iter = 1: maxiter
  g = H*x0 - b;
```

```
  gtemp = g;
  tau = (g'*g)/(g'*H*g);
  x0 =x0 - tau*g;
  g = g - tau*H*g;
  if(abs(norm(g))<TOL)
    xm = x0;
    fxm = 0.5*xm'*H*xm -b'*xm +c;
    break;
  end
end
```

문제 1

함수 $f:\mathbb{R}^2\rightarrow\mathbb{R}$ 이

$$f(x_1,\, x_2) = x_1^3 + x_2^3 - 2x_1^2 + 3x_2^2 - 8$$

에 대하여 다음 물음에 답하여라.

(1) $\nabla f(x_1,\, x_2)$를 구하여라.

(2) $\nabla f(x_1,\, x_2) = 0$을 풀어라.

(3) (2)에서 구한 점$(x_1,\, x_2)$에서 극값을 가지는가?

문제 2

급강하 방법을 이용하여 함수 $f:\mathbb{R}^2\rightarrow\mathbb{R}$

$$f(x_{1,}x_2) = \frac{1}{3}x_1^3 + x_1x_2^2 + 3$$

의 극소화점을 구하여라.

9-2 공액 그래디언트 방법

급강하 방법은 적용하기 간단한 방법이지만, 몇 번 만에 수렴할 지를 잘 모른다. 그러나 n개의 변수를 가지고 있는 함수의 극값을 이론적으로 n번 만에 구할 수 있는 방법이 있다. 이것이 앞으로 다룰 **공액 그래디언트 방법**(conjugate gradient method)이다. 그러나 이것도 n의 값이 크면 중간에 반복 시행을 하는데 시간이 많이 걸리는 단점이 있다.

여기서는 양의 정부호인 헤시안 행렬을 가지는 함수의 극값을 구하는 방법에 대하여 알아보자. 급강하 방법에서와 마찬가지로 함수

$$f(x) = \frac{1}{2}x^T Hx - b^T x + c, \qquad x \in \mathbb{R}^n$$

의 극소화점 $x = H^{-1}b$를 반복법

$$x^{(k+1)} = x^{(k)} + \tau_k d^{(k)} \tag{1}$$

에 의하여 구하여 보자.

그래디언트를 $g^{(k)} = g(x^{(k)}) = Hx^{(k)} - b$라 놓고,

$$\tau_k = -\frac{(d^{(k)})^T g^{(k)}}{(d^{(k)})^T Hd^{(k)}} \tag{2}$$

로 택하면

$$f(x^{(k+1)}) < f(x^{(k)})$$

임을 알고 있다.

(1)의 양변에 H를 곱하고 b를 빼면

$$g^{(k+1)} = g^{(k)} + \tau_k Hd^{(k)} \tag{3}$$

이다. 다시 양변에 $d^{(k)}$를 곱하면 (2)에 의하여

$$(d^{(k)})^T g^{(k+1)} = (d^{(k)})^T g^{(k)} + \tau_k (d^{(k)})^T Hd^{(k)} = 0$$

이다. 즉 $x^{(k+1)}$에서의 그래디언트 $g^{(k+1)}$는 조사방향 $d^{(k)}$와 수직이다.

조사방향을

$$d^{(k+1)} = -g^{(k+1)} + \beta_k d^{(k)}, \qquad d^{(0)} = -g^{(0)} \tag{4}$$

로 택한다고 하자. 여기서 β_k는 결정되어져야 할 상수이다. 특히 $\beta_k = 0$으로 택하면 급강하 방법과 같다.

한편 $d^{(k)} = 0$이면 (2)에서 τ_k의 값이 정의되지 않는다. 그러나 (4)에서 $d^{(k-1)} \neq 0$인 경우에 대해서 살펴보자. (4)의 첫 번째 식의 양변에 k대신 $k-1$을 대입하고 $g^{(k)}$를 곱하면

$$(g^{(k)})^T d^{(k)} = -\|g^{(k)}\|^2 + \beta_{k-1}(g^{(k)})^T d^{(k-1)}$$

를 얻는다. 그런데 $(g^{(k)})^T d^{(k-1)} = 0$이므로, $d^{(k)} = 0$인 경우에는 $\|g^{(k)}\| = 0$이므로

$$g^{(k)} = Hx^{(k)} - b = 0$$

이다. 즉 $x^{(k)}$가 극소화점이다.

다시 말하면 조사방향 $d^{(k)} = 0$은 이미 극소화점을 찾은 후에 계산되므로 τ_k의 값을 $d^{(k)}$의 값에 관계없이 (2)와 같은 방법으로 계산하여도 아무런 문제가 없다. 더욱이 $x^{(k)} \neq x$이면 $\|g^{(k)}\| \neq 0$이므로 $\tau_k \neq 0$이다. 즉 $x^{(k)}$가 극소화점 x가 아니면 $\tau_k \neq 0$이다.

따라서 β_k의 값을 택하는 것과 관계없이 (1)-(4)의 반복법은

(i) 모든 k에 대하여 $x^{(k)} \neq x$, $d^{(k)} \neq 0$, $\tau_k \neq 0$이 되어 끝이 나지 않던지

(ii) 적당한 m에 대하여 $x^{(k)} \neq x$, $d^{(k)} \neq 0$, $\tau_k \neq 0$ $(k = 0, 1, \ldots, m-1)$, $x^{(m)} = x$ 이 끝이 나든지

둘 중의 하나이다.

이제 각 시행에서 오차 $\|x^{(k)} - x\|$의 값을 최소화하는 β_k의 값을 구하여 보자. 먼저 벡터의 내적을

$$(x, y)_{H^{-1}} = x^T H^{-1} y, \qquad x, y \in \mathbb{R}^n$$

으로 정의하고, 이에 대응하는 노름을

$$\|x\|_{H^{-1}} = \left\{(x, x)_{H^{-1}}\right\}^{\frac{1}{2}} = (x^T H^{-1} x)^{\frac{1}{2}}$$

로 정의하자.

그러면 행렬 H가 양의 정부호를 가지므로 H^{-1}도 양의 정부호를 갖게 되어 노름은 잘 정의되어진다.

관계식 $x^{(k)} - x = H^{-1}g^{(k)}$로부터

$$\|x^{(k)} - x\|_H = \|g^{(k)}\|_{H^{-1}}$$

를 얻는다. 그런데 (3)과 (4)로부터

$$g^{(k)} = g^{(0)} + \sum_{l=1}^{k} \tau_{l-1} H d^{(l-1)} = g^{(0)} + \sum_{i=1}^{k} \alpha_i H^i g^{(0)}$$

의 꼴로 나타난다. 이제

$$S_k = \mathrm{span}\{Hg^{(0)}, H^1 g^{(0)}, \ldots, H^k g^{(0)}\}, \quad T_k = \{g \mid g = g^{(0)} + h, h \in S_k\}$$

이라 하자. 그러면 다음 정리가 성립한다.

정리 9.6

다음 조건

$$\|g^{(k)}\|_{H^{-1}} = \min_{g \in T_k} \|g\|_{H^{-1}} \tag{5}$$

아래에서, 반복법 (1)-(4)에서의 β_k는

$$\beta_k = \frac{(g^{(k+1)})^T H d^{(k)}}{(d^{(k)})^T H d^{(k)}} \tag{6}$$

로 주어진다. 더욱이 $l \neq k$이면

$$(g^{(k)})^T g^{(l)} = 0, \qquad (d^{(k)})^T H d^{(l)} = 0 \tag{7}$$

이다.

증명 $h^{(k)} = g^{(k)} - g^{(0)}$라 하면 조건 (5)는

$$\|g^{(0)} + h^{(k)}\|_{H^{-1}} = \min_{h \in S_k} \|g^{(0)} + h\|_{H^{-1}}$$

와 동치이다. 따라서 임의의 $h \in S_k$를 $-g^{(0)}$에 가까운 벡터로 간주하면 그 오차는

$$h - (-g^{(0)}) = h + g^{(0)}$$

이다.

그러므로 위의 문제는 부분공간 S_k 위에서 $-g^{(0)}$에 가장 가까운 벡터 $h^{(k)}$를 찾는 문제와 같다.

물론 $h^{(k)}$는 유일하게 존재하고, $g^{(0)}+h^{(k)}$는 S_k 위의 임의의 벡터 h와 수직이다. 즉

$$(g^{(0)}+h^{(k)})^T H^{-1} h = 0, \qquad \forall\, h \in S_k$$

이다. 분명히

$$g^{(k)} = g^{(0)} + h^{(k)}$$

이고

$$(g^{(k)})^T H^{-1} h = 0, \qquad \forall\, h \in S_k$$

이다. 그런데 임의의 $g \in T_{k-1}$에 대하여

$$h = Hg \in S_k$$

이므로, $g^{(k)}$는

$$(g^{(k)})^T g^{(k)} = 0, \qquad \forall\, g \in T_{k-1}$$

이다. 또

$$g^{(l)} \in T_l \subset T_{k-1}, \qquad (l < k)$$

이므로 (7)의 첫 번째 식이 성립한다.

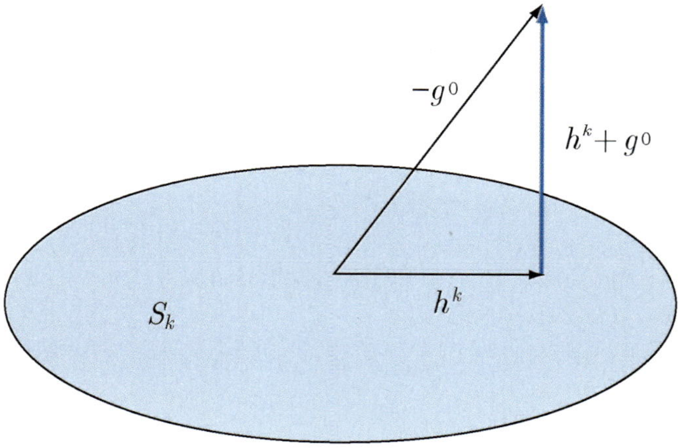

〈그림 9-1〉 수직 벡터

이제 (7)의 두 번째 등식을 증명하기 위하여 $l < k$라 가정하자. 그러면

$$\begin{aligned}(d^{(k)})^T H d^{(l)} = (Hd^{(k)})^T d^{(l)} &= \frac{1}{\tau_k}(g^{(k+1)} - g^{(k)})^T d^{(l)} \\ &= \frac{1}{\tau_k}(g^{(k+1)} - g^{(k)})^T(-g^{(l)} + \beta_{l-1} d^{(l-1)}) \\ &= \frac{\beta_{l-1}}{\tau_k}(g^{(k+1)} - g^{(k)})^T d^{(l-1)}\end{aligned}$$

이다. 그런데 $d^{(0)} = -g^{(0)}$ 이므로

$$(d^{(k)})^T H d^{(l)} = \frac{\prod_{i=0}^{l-1}\beta_i}{\tau_k}(g^{(k+1)} - g^{(k)})^T d^{(0)} = 0$$

을 얻는다.

마지막으로, (4)와 (7)로부터

$$0 = (d^{(k+1)})^T H d^{(k)} = (-g^{(k+1)} + \beta_k d^{(k)})^T H d^{(k)}$$

이므로 (6)이 성립한다.

식 (3)으로부터

$$Hd^{(k)} = \frac{1}{\tau_k}(g^{(k+1)} - g^{(k)})$$

을 (6)에 대입하면

$$\beta_k = \frac{(g^{(k+1)})^T g^{(k+1)}}{(g^{(k)})^T g^{(k)}}$$

를 얻는다. 또

$$(d^{(k)})^T g^{(k)} = -(g^{(k)})^T g^{(k)}$$

이므로

$$\tau_k = \frac{(g^{(k)})^T g^{(k)}}{(d^{(k)})^T H d^{(k)}}$$

이다. $\square$

참고 9.1

실제로 β_k는 헤시안 행렬 H와 무관하므로, 공액 그래디언트 방법은 이차함수가 아닌 경우에도 적용된다.

함수 $f \in C^2(X)$의 안정점을 다음과 같이 구한다.

공액 그래디언트 방법

1. $x^{(0)}$를 택하고 $g^{(0)} = Hx^{(0)} - b$를 계산한다.
2. $d^{(0)} = -g^{(0)}$라 한다.
3. 다음을 차례로 계산한다.

$$\tau_k = \frac{(g^{(k)})^T g^{(k)}}{(d^{(k)})^T H d^{(k)}}$$

$$x^{(k+1)} = x^{(k)} + \tau_k d^{(k)}$$

$$g^{(k+1)} = g^{(k)} + \tau_k H d^{(k)}$$

$$\beta_k = \frac{(g^{(k+1)})^T g^{(k+1)}}{(g^{(k)})^T g^{(k)}}$$

$$d^{(k+1)} = -g^{(k+1)} + \beta_k d^{(k)}$$

matlab프로그램(공액 그래디언트 방법)

```
function [xm, fxm] = conjugategradmethod(H, b, c, x0)


% H : f(x) = 1/2 x^t Hx - b^t*x +c
% H : 2x2 대칭행렬
% b : 열벡터
% x0 : 열벡터
% x0 : 초기 추측
% fxm : 함수의 최솟값
```

```
% xm : 최솟값을 갖는 위치

N = size(b,1);

for iter = 1: N
  g = H*x0 - b;
  d = -g;
  gtemp = g;
  tau = (g'*g)/(d'*H*d);
  x0 =x0 + tau*d;
  gtemp = g;
  g = g + tau*H*d;
  beta =(g'*g)/(gtemp'*gtemp);
  d = -g + beta*d;
end
xm = x0;
fxm = 0.5*xm'*H*xm -b'*xm +c;
```

앞에서 언급한 것과 같이 공액 그래디언트 방법은 유한 번에 계산을 마칠 수 있다.

정리 9.7

함수 $f \in C^2(X)$의 안정점을 x라 하면

$$x^{(m)} = x$$

인 $m \leq n$ 이 존재한다.

증명 그렇지 않다고 가정하면, $g^{(k)} \neq 0$인 $n+1$개의 서로 수직인 벡터가 존재한다. 그런데 R^n의 차원이 n이므로 이는 모순이다. ▨

문제 3

공액 그래디언트방법을 이용하여 함수 $f:\mathbb{R}^2 \to \mathbb{R}$

$$f(x_1, x_2) = \frac{1}{3}x_1^3 + x_1 x_2^2 + 3$$

의 극소화점을 구하여라.

문제 4

$x^{(0)} = (0, 0, 0)^T$로 택하여 다음 연립방정식의 해를 공액 그래디언트 방법으로 구하여라.

$$\begin{bmatrix} 2 & 0 & -1 \\ -2 & -10 & 0 \\ -1 & -1 & 4 \end{bmatrix} \begin{bmatrix} x_1 \\ x_2 \\ x_3 \end{bmatrix} = \begin{bmatrix} 1 \\ -12 \\ 2 \end{bmatrix}$$

문제 5

$x^{(0)} = (0, 0, 0, 0)^T$로 택하여 다음 연립방정식 해를 공액 그래디언트 방법으로 구하여라.

$$\begin{bmatrix} 10 & 1 & 2 & 3 & 4 \\ 1 & 9 & -1 & 2 & -3 \\ 2 & -1 & 7 & 3 & -5 \\ 3 & 2 & 3 & 12 & -1 \\ 4 & -3 & -5 & -1 & 15 \end{bmatrix} \begin{bmatrix} x_1 \\ x_2 \\ x_3 \\ x_4 \\ x_5 \end{bmatrix} = \begin{bmatrix} 12 \\ -27 \\ 14 \\ -17 \\ 12 \end{bmatrix}$$

참고문헌

[1] 정상권, 하성남, 수치해석, 경문사(2002)

[2] O. Axelsson and V. Barker, *Finite Element Solution of Boundary Value Problems*, Academic Press(1984)

[3] G. Borse, *Numerical Mehtods with Matlab*, PWS(1997)

[4] R. Burden and J. Faires, *Numerical Analysis*, 8th ed., Brooks/Cole(2005)

[5] S. Chapra, *Applied Numerical Methods with Matlab*, 3rd ed., McGraw−Hill (2012)

[6] W. Cheney and D. Kincaid, *Numerical Mathematics and Computing*, 4th ed., Brooks/Cole(1999)

[7] S. Conte and Carl de Boor, *Elementary Numerical Analysis*, McGraw−Hill(1980)

[8] J. Franklin, *Matrix Theory*, Prentice−Hall(1968)

[9] D. Greenspan and V. Casulli, *Numerical Analysis for Applied Mathematics, Science, and Engineering*, Addison−Wesley(1988)

[10] G. Strang, *Linear Algebra and its Applications*, 4th ed., Thomson(2006)

[11] R. Varga, *Matrix Iterative Analysis*, Prentice−Hall(1962)

문제풀이 및 해답

1장 방정식의 해

문제 1. (1) $|e_n| \leqq \frac{1}{2}(b_n - a_n) = \frac{1}{2^2}(b_{n-1} - a_{n-1}) = \cdots = \frac{1}{2^n}(b_1 - a_1)$

(2) 그렇다.

(3) $|m_n - m_{n+1}| = \frac{1}{2^2}(b_n - a_n) = \frac{1}{2^3}(b_{n-1} - a_{n-1}) = \cdots = \frac{1}{2^{n+2}}(b_0 - a_0)$

(4) $n \in N$에 대하여 $I_n = [a_n, b_n]$ $(a_n \leq b_n)$이라 하자. 모든 $n \in N$에 대하여 $I_n \subset I_1$이므로 $a_n \leq b_1$이다. 그러므로 집합 $A = \{a_n\}$은 위로 유계이고, 최소 상계 $p(=\sup A)$가 존재한다. 임의의 자연수 k에 대하여 $a_k \leq p$이고, 귀류법에 의해 모든 $n \in N$에 대하여 $p \leq b_n$ 임을 보일 수 있으므로 $a_k \leq b_n$이다.

(5) 축소 구간 정리를 이용한다.

(6) 수열 $\{a_n\}$은 증가수열이고 수열 $\{b_n\}$은 감소수열이므로 $a_n \leq a_{n+1}$ $b_{n+1} \leq b_n$이다.

문제 2. 1.5708

```
>> f=inline('x -tan(x)','x');
>> bisection(f, 1, 2)
```

문제 3. (1) 구간 $[0, 1]$에서 이분법을 이용하면 0.3473을 얻는다.

```
>> f=inline('x^3 -3*x+1','x');
```

```
>> bisection(f, 0, 1)
```

(2) 구간 $[0.5, 2]$에서 이분법을 이용하면 1.2362을 얻는다.

```
>> f=inline('x^3 -2*sin(x)','x');
>> bisection(f, 0.5, 2)
```

문제 4. 구할 수 있다.

문제 5. 1.6180

```
>> f=inline('x^3 -2*x-1','x');
>> secant(f, 1, 2)
```

문제 6. (1) 0.5671

```
>> f=inline('x-exp(-x)','x');
>> df=inline('1+exp(-x)','x');
>> newton(f, df, 1) %x0 =1
```

(2) 1.5100

```
>>  f=inline('sin(x)-100*x+150','x');
>>  df=inline('cos(x)-100','x');
>>  newton(f, df, 1.5)  %x0 =1.5
```

문제 7. 수렴 안할 수도 있다. 초깃값 x_0을 방정식의 해에 충분히 가까이 선택해야 한다.

문제 8. 1.2060

```
>> g=inline('x-(2*sin(pi*x)+x)/(2*pi*cos(pi*x)+1)','x');
>> fixedpointiteration(g, 1)  %x0 =1
```

문제 9. (1) 구간 $[1, 2]$에서 $g(x) = \sqrt[3]{x+1}$ (초깃값 $x_0 = 1.5$일 때, 근사해 1.3247)

(2) 구간 $[\frac{\pi}{4}, \frac{\pi}{2}]$에서 $g(x) = x + \dfrac{e^{-x} - \cos x}{e^{-x} - \sin x}$ (초깃값 $x_0 = 1$일 때, 근사해 1.2927)

문제 10. 반복함수 $g(x) = \frac{1}{2}(x + \frac{2}{x})$라고 놓으면, 함수 $g : [1,2] \to [1,2]$가 연속이고 미분가능하며 모든 점 $x \in [1,2]$에 대하여 $|g'(x)| \le \frac{1}{2}$이므로 정리 1.5에 의하여 반복수열 $x_{n+1} = g(x_n)$은 임의의 시작점 $x_0 \in [1, 2]$에 대하여 유일한 고정점 x^*에 수렴한다. 반복수열 $\{x_n\}$의 극한은 $x^* = \lim_{n \to \infty} x_{n+1} = \lim_{n \to \infty} \frac{1}{2}(x_n + \frac{2}{x_n}) = \frac{1}{2}(x^* + \frac{2}{x^*})$을 만족시키므로 $x^* = \sqrt{2}$이다.

문제 11. 0.7148

```
>> g=inline('exp(0.5*x)/2','x');
>> fixedpointiteration(g, 0.5) %x0 =0.5
```

문제 12. (1) $x_1 = 0$이므로 $x_2 = g(x_1) = 2(x_1 - \frac{1}{x_1})$을 구할 수 없다.

(2) $x_1 = x_3 = \cdots = x_{2k-1} = \cdots = -\dfrac{1}{\sqrt{3}}$, $x_2 = x_4 = \cdots = x_{2k} = \cdots = \dfrac{1}{\sqrt{3}}$

(k는 양의 정수)

(3) $x_1 = x_3 = \cdots = x_{2k-1} = \cdots = \dfrac{1}{\sqrt{3}}$, $x_2 = x_4 = \cdots = x_{2k} = \cdots = -\dfrac{1}{\sqrt{3}}$

(k는 양의 정수)

(4) $x_0 = \dfrac{1}{\sqrt{3}}$를 시작점으로 하면 -0.5774와 0.5774가 규칙적으로 반복해서 나타나서 절대오차가 TOL=1.e-5보다 작아지지 않으므로 주어진 최대반복횟수(100번)만큼 반복시행 후 끝낸다. 또 $x_0 = -\dfrac{1}{\sqrt{3}}$를 시작점으로 하면 0.5774와 -0.5774가 규칙적으로 반복해서 나타나서 절대오차가 TOL=1.e-5보다 작아지지 않으므로 주어진 최대반복횟수(100번)만큼 반복 시행 후 끝낸다.

```
>> f=inline('x^2+1','x');
>> df=inline('2*x','x');
>> x0=1/sqrt(3);   %x_0 = 1/√3
>> newton(f, df, x0)
>> x0=-1/sqrt(3);   %x_0 = -1/√3
>> newton(f, df, x0)
```

문제 13. $g' = \dfrac{ff''}{(f')^2}$, $g'' = \dfrac{(f')^2 f'' + ff''' f' - 2f(f'')^2}{(f')^3}$ 이므로 주어진 식이 성립한다.

문제 14. $g'(x^*) = g''(x^*) = 0$이고 $g'''(x)$가 $x = x^*$에서 연속이면 삼차로 수렴한다.

문제 15. 연속인 $h(x)$에 대하여 $f(x) = (x - x^*)^2 h(x) = 0$, $h(x^*) \neq 0$이므로 $f'(x) = (x - x^*)^2 h'(x) + 2(x - x^*)h(x)$이다. $g(x) = x - \dfrac{f(x)}{f'(x)} = x - \dfrac{(x - x^*)h(x)}{2h(x) + (x - x^*)h'(x)}$을 미분하면

$$g'(x^*) = 1 - \frac{1}{2} \neq 0$$

이므로 Newton방법은 이차적으로 수렴하지 않는다.

문제 16. $g(x) = x - 2\dfrac{f(x)}{f'(x)}$ 이면 $g'(x^*) = 0$이므로 이차적으로 수렴한다.

문제 17. $f^{(m+1)}(x)$가 $x = x^*$의 근방에서 연속일 때, $h(x^*) \neq 0$이며 연속인 $h(x)$에 대하여 $f(x) = (x - x^*)^m h(x) = 0$이고

$$f'(x) = (x - x^*)^m h'(x) + m(x - x^*)^{m-1} h(x)$$

이다.

$$g(x) = x - m\frac{f(x)}{f'(x)} = x - \frac{m(x - x^*)h(x)}{mh(x) + (x - x^*)h'(x)}$$ 을 미분하면

$$g'(x^*) = 1 - \frac{m}{m} = 0$$

이므로 이차적으로 수렴한다.

2장 연립방정식의 해

문제 1. (1) $x_1 = 2.6271$, $x_2 = -1.6102$, $x_3 = 2.8983$

```
>> A=[2 5 2; 4 1 -1; 1 2 4];
>> b=[3 6 11]';
>> x=gaussel(A,b)
```

---

(2) x_i $(1 \le i \le 100)$을 차례로 구하면 다음과 같다.

```
x=[-152.8   -300.7   -444.5   -585.4   -723.2   -858.0   -989.9   -1118.7  -1244.6
  -1367.4  -1487.3  -1604.1  -1717.9  -1828.8  -1936.6  -2041.5  -2143.3  -2242.1
  -2338.0  -2430.8  -2520.7  -2607.5  -2691.4  -2772.2  -2850.0  -2924.9  -2996.7
  -3065.6  -3131.4  -3194.2  -3254.1  -3310.9  -3364.8  -3415.6  -3463.5  -3508.3
  -3550.1  -3589.0  -3624.8  -3657.7  -3687.5  -3714.3  -3738.2  -3759.0  -3776.9
  -3791.7  -3803.6  -3812.4  -3818.2  -3821.1  -3820.9  -3817.8  -3811.6  -3802.4
  -3790.3  -3775.1  -3757.0  -3735.8  -3711.7  -3684.5  -3654.3  -3621.2  -3585.0
  -3545.9  -3503.7  -3458.5  -3410.4  -3359.2  -3305.1  -3247.9  -3187.8  -3124.6
  -3058.4  -2989.3  -2917.1  -2842.0  -2763.8  -2682.6  -2598.5  -2511.3  -2421.2
  -2328.0  -2231.9  -2132.7  -2030.5  -1925.4  -1817.2  -1706.1  -1591.9  -1474.7
  -1354.6  -1231.4  -1105.3   -976.1   -844.0   -708.8   -570.6   -429.5   -285.3
   -149.2]
```

문제 2. $x = (1.0000,\ 1.0000,\ 1.0002,\ 0.9955,\ 1.0511,\ 0.6617,\ 2.4032,\ -2.7667,\ 7.5244,$
$-5.8539,\ 4.2632,\ 2.2433,\ -1.7119,\ 2.4862,\ 0.7037)^T$

```
>> H=hilb(15);
>> x(1:15)=1;
>> b=H*x;
>> gausspivot(H, b)
```

문제 3. $x_1 = 2.8983$, $x_2 = 1.5649$, $x_3 = -2.9438$, $x_4 = -0.4309$

===

```
function x=gausspivot(A,b,n)
% 가우스 소거법-피봇팅 전략 (#2.3)
if nargin < 3
```

```
  [m,n]=size(A);
  if m~=n error('A는 정사각행렬이어야 한다'); end
end
n1=n+1;W=[A b]; %W는 첨가행렬
for k=1:n-1
    [maxw, i]=max(abs(W(k:n,k)));
    ip=i+k-1;
    if ip~=k
        W([k, ip], :)=W([ip,k],:);
    end
    for i=k+1:n
        m=W(i,k)/W(k,k);
        W(i,k:n1)=W(i,k:n1)-m*W(k, k:n1);
    end
end
x=zeros(n,1);
x(n)=W(n,n1)/W(n,n);
for i=n-1:-1:1
    x(i)=(W(i,n1)-W(i, i+1:n)*x(i+1:n))/W(i,i);
end
```

==

```
>> A=[0.4096 0.1234 0.3678 0.2943; 0.2246 0.3876 0.4015 0.1129;
0.3645 0.1920 0.3781 0.0643; 0.1784 0.4002 0.2786 0.3927];
>> b=[0.4043; 0.1550; 0.4240; 0.2557];
>> gausspivot(A,b)
```

문제 4. $x_1=1,\ x_2=2,\ x_3=3,\ x_4=4,\ x_5=5$

```
>> a=[0 -2 -2 -2 -2]';
>> d=[5 5 5 5 5]';
>> c=[-2 -2 -2 -2 0]';
>> b=[1 2 3 4 17]';
```

```
>> triad(a,d,c,b)
```

문제 5. $x_1 = 1,\ x_2 = -1,\ x_3 = 1,\ x_4 = -1,\ x_5 = 1,\ x_6 = -1$

```
% 3-대각행렬의 Gauss 소거법
>> a=[0 1 -1 1 1 1]';
>> d=[3 3 3 3 3 3]';
>> c=[1 -1 1 1 1 0]';
>> b=[2 -3 3 -1 1 -2]';
>> triad(a,d,c,b)
% LU 분해
>> A=[3 1 0 0 0 0;1 3 -1 0 0 0;0 -1 3 1 0 0;0 0 1 3 1 0;0 0 0 1 3 1;0 0 0 0
1 3];
>> b=[2 -3 3 -1 1 -2]';
>> x=lutrid(A,b)
```

문제 6. $x_1 = -1,\ x_i = 3\,(i = 2, 3, \ldots, 99),\ x_{100} = -5$

```
==============================================================
====
% abcd.m (#2.6)
a=[ ]; d=[ ]; c=[ ]; b=[ ];
a(1)=0; a(2:100)=1;
d(1:100)=-2;
c(1:99)=1; c(100)=0;
b(1)=5; b(2)=-4; b(99)=-8; b(100)=13;
for i=2:99
    b(i)=0;
end
b=b';
==============================================================
>> abcd;
>> triad(a,d,c,b)
```

문제 7. $\det A = 31 \neq 0$

```
>> A=[-3 1 0 0; 2 -3 1 0; 0 2 -3 1; 0 0 2 -3];
>> det(A)
```

문제 8. $A = \begin{bmatrix} 1 & 1 & -1 \\ 1 & -1 & 1 \\ -1 & 1 & 1 \end{bmatrix}$, $\det A = -4$ 이므로 Cramer공식을 써서 해를 구하면

$$x_1 = \frac{\begin{vmatrix} 2 & 1 & -1 \\ 0 & -1 & 1 \\ 0 & 1 & 1 \end{vmatrix}}{\det A} = 1 \quad , \quad x_2 = \frac{\begin{vmatrix} 1 & 2 & -1 \\ 1 & 0 & 1 \\ -1 & 0 & 1 \end{vmatrix}}{\det A} = 1 \quad , \quad x_3 = \frac{\begin{vmatrix} 1 & 1 & 2 \\ 1 & -1 & 0 \\ -1 & 1 & 0 \end{vmatrix}}{\det A} = 0$$

이다.

문제 9. 계수행렬 A의 행렬식은 $\det(A) = 192655$ 이고, Cramer 공식을 써서 해를 구하면 $x_1 = 2.2849$, $x_2 = 3.3569$, $x_3 = 5.1133$, $x_4 = 8.3930$, $x_5 = -0.7342$, $x_6 = 4.3828$이다.

문제 10. (1) 계수행렬 A의 행렬식은 $\det(A) = 256$이고, 정리 2.5에 의해 계수행렬의 행렬식이 0이 아니므로 유일한 해가 존재한다.

(2) 계수행렬 A의 행렬식 $\det(A) = 12 \neq 0$이므로 유일한 해가 존재한다.

문제 11. 계수행렬 A의 행렬식 $\det(A) = 924$이고, 행렬식이 0이 아니므로 역행렬이 존재한다.

3장 수치 선형대수

문제 1. (i) $\|x\|_\infty = \max_{1 \le i \le n}|x_i|$

(1) $x \neq 0 \Rightarrow$ 적어도 한 i에 대하여 $x_i \neq 0 \Rightarrow |x_i| > 0 \Rightarrow \|x\|_\infty > 0$

(2) 임의의 상수 c에 대하여

$\|cx\|_\infty = \max_{1 \le i \le n}|cx_i| = |c|\max_{1 \le i \le n}|x_i| = |c|\,\|x\|_\infty$

(3) $\|x+y\|_\infty = \max_{1 \le i \le n}|x_i + y_i| \le \max_{1 \le i \le n}(|x_i| + |y_i|)$

$\le \max_{1 \le i \le n}|x_i| + \max_{1 \le i \le n}|y_i| = \|x\|_\infty + \|y\|_\infty$

(ii) $\|x\|_1 = \sum_{i=1}^{n} |x_i|$

(1) $x \neq 0 \Rightarrow$ 적어도 한 i에 대하여 $x_i \neq 0 \Rightarrow |x_i| > 0 \Rightarrow \|x\|_1 > 0$

(2) 임의의 상수 c에 대하여 $\|cx\|_1 = \sum_{i=1}^{n} |c x_i| = |c| \sum_{i=1}^{n} |x_i| = |c| \, \|x\|_1$

(3) $\|x+y\|_1 = \sum_{i=1}^{n} |x_i + y_i| \le \sum_{i=1}^{n} (|x_i| + |y_i|) = \sum_{i=1}^{n} |x_i| + \sum_{i=1}^{n} |y_i| = \|x\|_1 + \|y\|_1$

그러므로 벡터의 노름을 각각 (i), (ii)로 정의하면 정리 3.1의 (1)−(3)이 성립한다.

문제 2. (1) $\rho(A) = |\alpha|$

(2) $\|A\| = |\alpha|$이므로 같다.

문제 3. (1) 고윳값 0.4486, 1.4268, 3.1246

(2) $\rho(A)$=3.1246

(3) Gershigorin의 원 정리에 의하면 모든 고윳값 λ는

$|3-\lambda| \le \frac{1}{2}, |1-\lambda| \le 1, |1-\lambda| \le \frac{1}{2}$, 즉 $\lambda \in [0,2] \cup [2.5, 3.5]$이다.

(1)에서 구한 고윳값은 모두 이 구간 안에 속한다.

문제 4. A의 고윳값은 $\lambda = 2, 4, 4, 6$이다. A의 특성반지름 $\rho(A) = 6 \ge 1$이므로 수렴하지 않는다.

문제 5. $A = (a_{ij})$에서 $a_{12} \neq 0, a_{21} \neq 0, a_{23} \neq 0, a_{32} \neq 0, a_{34} \neq 0, a_{43} \neq 0,$
$a_{11} \neq 0, a_{22} \neq 0, a_{33} \neq 0, a_{44} \neq 0$

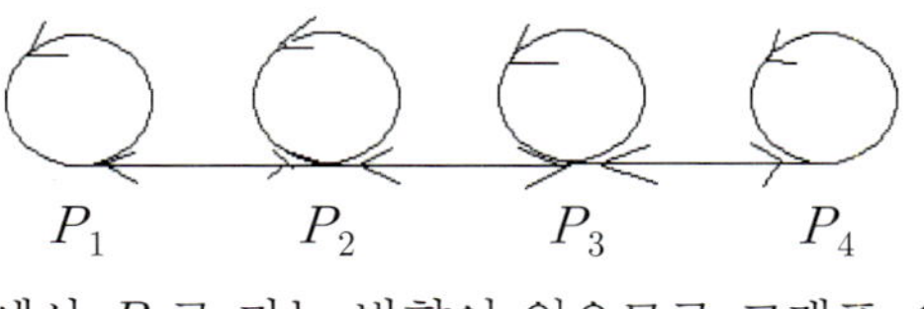

임의의 점 P_i에서 P_j로 가는 방향이 있으므로 그래프 $G(A)$는 강하게 연결되어 있다.

따라서 행렬 A는 분할 불가능이다.

문제 6. 계수행렬을 $A = (a_{ij})$라 하자.

(1) $\forall i\,(1 \le i \le 4)$, $|a_{ii}| = 1$, $\sum_{\substack{j=1 \\ j \ne i}}^{4} |a_{ij}| = \frac{1}{4} + \frac{1}{4} = \frac{1}{2}$ 이므로 $|a_{ii}| > \sum_{\substack{j=1 \\ j \ne i}}^{4} |a_{ij}|$

이다.

따라서 강대각지배행렬이다.

(2) $A = (a_{ij})$에서 $a_{13} \ne 0, a_{14} \ne 0,\ a_{23} \ne 0, a_{24} \ne 0,\ a_{31} \ne 0, a_{32} \ne 0,$
$a_{41} \ne 0,\ a_{42} \ne 0,\ a_{11} \ne 0,\ a_{22} \ne 0, a_{33} \ne 0,\ a_{44} \ne 0$

임의의 점 P_i 에서 P_j로 가는 방향이 있으므로 그래프 $G(A)$는 강하게 연결되어 있다.

따라서 행렬 A는 분할 불가능이다. 또한 행렬 A는 대각지배행렬이고, 적어도 한 i에 대하여 $|a_{ii}| > \sum_{\substack{j=1 \\ j \ne i}}^{4} |a_{ij}|$ 이므로 약대각지배행렬이다.

(3) 정리 2.9를 이용하면 (1)에 의하여 행렬 A는 가역이다.
(혹은 정리 3.11을 이용하면 (2)에 의하여 행렬 A는 가역이다.)

(4) 정리 3.12에 의하여 Jacobi 반복 수열은 수렴한다.

문제 7. 계수행렬이 강대각지배행렬이므로 정리 3.13에 의해 수렴한다.

문제 8. (1) $A = \begin{bmatrix} 1 & 2 & -2 \\ 1 & 1 & 1 \\ 2 & 2 & 1 \end{bmatrix}$, $D = \begin{bmatrix} 1 & 0 & 0 \\ 0 & 1 & 0 \\ 0 & 0 & 1 \end{bmatrix}$, $E = \begin{bmatrix} 0 & 0 & 0 \\ -1 & 0 & 0 \\ -2 & -2 & 0 \end{bmatrix}$, $F = \begin{bmatrix} 0 & -2 & 2 \\ 0 & 0 & -1 \\ 0 & 0 & 0 \end{bmatrix}$

(i) Jacobi 행렬 $B = D^{-1}(E+F) = \begin{bmatrix} 0 & -2 & 2 \\ -1 & 0 & -1 \\ -2 & -2 & 0 \end{bmatrix}$ 에 대하여

$\det(B - \lambda I) = 0 \Rightarrow \lambda = 0$ 이므로 $\rho(B) = 0 < 1$ 이다.

따라서 Jacobi 반복 수열은 수렴한다.

(ii) Gauss-Seidel 행렬

$$C = (D-E)^{-1}F = \begin{bmatrix} 1 & 0 & 0 \\ -1 & 1 & 0 \\ 0 & -2 & 1 \end{bmatrix} \begin{bmatrix} 0 & -2 & 2 \\ 0 & 0 & -1 \\ 0 & 0 & 0 \end{bmatrix} = \begin{bmatrix} 0 & -2 & 2 \\ 0 & 2 & -3 \\ 0 & 0 & 2 \end{bmatrix}$$ 에서

$\det(C - \lambda I) = 0 \Rightarrow \lambda = 0, 2, 2$ 이므로 $\rho(C) = 2 \ge 1$ 이다.

따라서 Gauss-Seidel 행렬은 수렴하지 않는다. 그러므로 Jacobi 행렬은 수렴하지만, Gauss-Seidel 행렬은 수렴하지 않는다.

(2) $A = \begin{bmatrix} 5 & 3 & 4 \\ 3 & 6 & 4 \\ 4 & 4 & 5 \end{bmatrix}$, $D = \begin{bmatrix} 5 & 0 & 0 \\ 0 & 6 & 0 \\ 0 & 0 & 5 \end{bmatrix}$, $E = \begin{bmatrix} 0 & 0 & 0 \\ -3 & 0 & 0 \\ -4 & -4 & 0 \end{bmatrix}$, $F = \begin{bmatrix} 0 & -3 & -4 \\ 0 & 0 & -4 \\ 0 & 0 & 0 \end{bmatrix}$

Jacobi 행렬 $B = D^{-1}(E+F)$과 Gauss-Seidel 행렬 $C = (D-E)^{-1}F$의 스

펙트럼 반지름을 각각 구해서 1과 비교해보면, $\rho(C)=0.6887<1$이므로 Gauss-Seidel 행렬은 수렴하지만 $\rho(B)=1.3905>1$이므로 Jacobi 행렬은 수렴하지 않는다.

(1)과 (2)로부터 Jacobi 행렬의 수렴성과 Gauss-Seidel 행렬의 수렴성은 서로 상관없다.

```
>> B=inv(D)*(E+F);  % Jacobi 행렬
>> eigs(B)
ans =
  -1.3905
   0.8474
   0.5431
>> C=inv(D-E)*F;  % Gauss-Seidel 행렬
>> eigs(C)
ans =
   0.6887
   0.4647
        0
```

문제 9. 아래 코드를 실행하면 ω값이 증가할수록 반복회수가 줄어드는 것을 확인할 수 있다.

ω	반복횟수
1.1	5899
1.2	4947
1.3	4114
1.4	3375
1.5	2710
1.6	2105
1.7	1546
1.8	1019
1.9	497

$\omega=1.3$일 때 $x_i\,(i=1,2,\ldots,100)$을 차례로 구하면 다음과 같다.

1.0000	0.9999	0.9999	0.9999	0.9999	0.9998	0.9998	0.9998
0.9998	0.9998	0.9997	0.9997	0.9997	0.9997	0.9996	0.9996
0.9996	0.9996	0.9996	0.9995	0.9995	0.9995	0.9995	0.9995
0.9994	0.9994	0.9994	0.9994	0.9994	0.9994	0.9993	0.9993

0.9993	0.9993	0.9993	0.9993	0.9993	0.9993	0.9993	0.9993
0.9992	0.9992	0.9992	0.9992	0.9992	0.9992	0.9992	0.9992
0.9992	0.9992	0.9992	0.9992	0.9992	0.9992	0.9992	0.9992
0.9992	0.9992	0.9993	0.9993	0.9993	0.9993	0.9993	0.9993
0.9993	0.9993	0.9993	0.9993	0.9994	0.9994	0.9994	0.9994
0.9994	0.9994	0.9994	0.9995	0.9995	0.9995	0.9995	0.9995
0.9996	0.9996	0.9996	0.9996	0.9996	0.9997	0.9997	0.9997
0.9997	0.9997	0.9998	0.9998	0.9998	0.9998	0.9999	0.9999
0.9999	0.9999	1.0000	1.0000				

```
==========================================================
% problem39.m (#3.9)
A = zeros(100,100);
b = zeros(100,1);
for i=1:100
  A(i,min(i+ 1, 100)) = 1;
  A(min(i+ 1, 100), i) =1;
  A(i,i)=-2;
  b(i) = 0;
end
b(1) = -1;
b(100) = -1;
x0 = zeros(size(b));
for omega = 1.1:0.1:1.9   % ω=1.1~1.9
  [ssol, sit ] = sor(A, b, omega, x0, 20000);
  omega, sit
end
==========================================================
```

문제 10. ω = 1.3일 때, 각 방법의 반복횟수는 다음과 같다.

Jacobi 방법 12571, Gauss-Seidel 방법 7003, SOR 방법 4114

(i) Jacobi 방법으로 구한 수치해 x_i $(1 \le i \le 100)$

0.9999	0.9998	0.9997	0.9996	0.9995	0.9995	0.9994	0.9993
0.9992	0.9991	0.9990	0.9989	0.9989	0.9988	0.9987	0.9986
0.9985	0.9985	0.9984	0.9983	0.9982	0.9982	0.9981	0.9980
0.9980	0.9979	0.9978	0.9978	0.9977	0.9977	0.9976	0.9976

```
0.9975  0.9975  0.9974  0.9974  0.9973  0.9973  0.9973  0.9972
0.9972  0.9972  0.9972  0.9972  0.9971  0.9971  0.9971  0.9971
0.9971  0.9971  0.9971  0.9971  0.9971  0.9971  0.9971  0.9971
0.9972  0.9972  0.9972  0.9972  0.9972  0.9973  0.9973  0.9973
0.9974  0.9974  0.9975  0.9975  0.9976  0.9976  0.9977  0.9977
0.9978  0.9978  0.9979  0.9980  0.9980  0.9981  0.9982  0.9982
0.9983  0.9984  0.9985  0.9985  0.9986  0.9987  0.9988  0.9989
0.9989  0.9990  0.9991  0.9992  0.9993  0.9994  0.9995  0.9995
0.9996  0.9997  0.9998  0.9999
```

(ii) Gauss-Seidel 방법으로 구한 수치해 x_i $(1 \le i \le 100)$

```
1.0000  0.9999  0.9999  0.9998  0.9998  0.9997  0.9997  0.9996
0.9996  0.9995  0.9995  0.9995  0.9994  0.9994  0.9993  0.9993
0.9993  0.9992  0.9992  0.9991  0.9991  0.9991  0.9990  0.9990
0.9990  0.9989  0.9989  0.9989  0.9988  0.9988  0.9988  0.9988
0.9987  0.9987  0.9987  0.9987  0.9987  0.9986  0.9986  0.9986
0.9986  0.9986  0.9986  0.9986  0.9986  0.9986  0.9986  0.9986
0.9985  0.9985  0.9985  0.9986  0.9986  0.9986  0.9986  0.9986
0.9986  0.9986  0.9986  0.9986  0.9986  0.9986  0.9987  0.9987
0.9987  0.9987  0.9987  0.9988  0.9988  0.9988  0.9988  0.9989
0.9989  0.9989  0.9990  0.9990  0.9990  0.9991  0.9991  0.9991
0.9992  0.9992  0.9992  0.9993  0.9993  0.9994  0.9994  0.9994
0.9995  0.9995  0.9996  0.9996  0.9996  0.9997  0.9997  0.9998
0.9998  0.9999  0.9999  1.0000
```

```
================================================================
% problem 310.m (#3.10)
A = zeros(100,100);
b = zeros(100,1);
for i=1:100
  A(i,min(i+ 1, 100)) = 1;
  A(min(i+ 1, 100), i) =1;
  A(i,i)=-2;
  b(i) = 0;
end
b(1) = -1;
b(100) = -1;
x0 = zeros(size(b));
```

```
[jsol, jit] = jacobi(A,b, x0, 20000);
[gsol, git] = gaussseidel(A, b, x0, 20000);
[ssol, sit] = sor(A, b, 1.3, x0, 20000);
jit, git, sit
jsol'  %Jacobi 방법 수치해
gsol' %Gauss-Seidel 방법 수치해
```
==

문제 11. $(x_1,x_2,x_3) \neq (0,0,0)$에 대하여

$$[x_1\ x_2\ x_3]\begin{bmatrix}5&3&4\\3&6&4\\4&4&5\end{bmatrix}\begin{bmatrix}x_1\\x_2\\x_3\end{bmatrix} = 5x_1^2+6x_2^2+5x_3^2+6x_1x_2+8x_2x_3+8x_1x_3$$
$$= 3(x_1+x_2+x_3)^2+(x_1+x_3)^2+(x_2+x_3)^2+x_1^2+2x_2^2 > 0$$

이므로 양의 정부호를 갖는다.

4장 곡선 그리기

문제 1. $p_3(x) = -954 - 84x + 35x^2 + 4x^3$

```
>> x=[5 -7 -6 0];
>> y=[1 -23 -54 -954];
>> p=polyfit(x, y, 3)
```

문제 2. $c_0 = 1.0000,\ c_1 = 2.0000,\ c_2 = 3.0000,\ c_3 = 4.0000$

```
>> p=[4 35 -84 -954]; %p3(x)
% 주어진 식의 양변에 x=0, 5, -7, -6을 대입하여 얻은 연립방정식을 푼다.
>> A=[1 -5 -35 -210; 1 0 0 0; 1 -12 0 0; 1 -11 -11 0];
>> b=[polyval(p,0) polyval(p,5) polyval(p,-7) polyval(p,-6)]';
>> x=A\b
```

문제 3. 서로 다른 $(n+1)$개의 점을 지나는 n차 다항함수가 존재하지 않을 수도 있다. 예를 들면, 세 점 $(0,3), (1,3), (2,3)$ 을 지나는 다항함수는 2차 함수가 아니라 상수함수이다.

문제 4. $p_{10}(x) = -\ 0.0099x^{10} + 0.3007x^9 - 3.8768x^8 + 27.7100x^7 - 120.0034x^6 + 323.1388x^5 - 533.7963x^4 + 512.6232x^3 - 254.0631x^2 + 48.3432x$

```
>> x=linspace(0, 2*pi, 11);
>> f=inline('sin(2*pi*x)','x');
>> y=f(x);
>> lagrangepoly(x, y)
```

문제 5. Lagrange 보간 다항식 $p_n(x) = 1$

오차: $\|f - p_n\|_\infty = \max_{0 \le x \le 16} |f(x) - p_n(x)| = 0$

```
>> x=0:16;
>> f=inline('x','x');
>> y(1:17)=1;
>> lagrangepoly(x, y)
```

문제 6. (1) $p_5(x) = 447700x^5 - 1220300x^4 + 1326100x^3 - 718100x^2 + 193700x - 20800$

```
>> x=[1.6 1.7 1.8 1.9 2.1 2.2];
>> f=inline('(4*x-7)./(x-2)','x');
>> y=f(x);
>> p5=lagrangepoly(x, y) %5차의 Lagrange 보간 다항식
```

(2) $f(1.75)$=0.7383, $f(1.95)$=-5.7461

```
>> polyval(p5, 1.75)
>> polyval(p5, 1.95)
```

(3) $f(1.75)$=-0.0625, $f(1.95)$=-5.0625

```
>> x2=x(1:3);
>> y=f(x2);
>> p2=lagrangepoly(x2, y); %2차의 Lagrange 보간 다항식
>> polyval(p2, 1.75)
>> polyval(p2, 1.95)
```

(4) $f(1.75)=0.0938$, $f(1.95)=-10.5312$

```
>> x3=x(1:4);
>> y=f(x3);
>> p3=lagrangepoly(x3, y); %3차의 Lagrange 보간 다항식
>> polyval(p3, 1.75)
>> polyval(p3, 1.95)
```

문제 7. $p_n(x) = -1.4874x^3 + 2.0980x^2 - 0.7173x + 0.1067$

$|f(\bar{x}) - p_n(\bar{x})| = -3.7377e-004 \fallingdotseq 0.0003$

$h = \frac{1}{3},\ n = 3,\ f^{(4)}(x) = -\frac{6}{x^4} \quad \|f^{(4)}\|_\infty = 6$

$$\|e_n\|_\infty = \|f - p_n\|_\infty \le \frac{\|f^{(n+1)}\|_\infty h^{n+1}}{4(n+1)} = \frac{1}{72} = 0.0139$$

```
>> x=[1 4/3 5/3 2];
>> f=inline('log(x)','x');
>> y=f(x);
>> p=lagrangepoly(x, y);
>> err=f(3/2)-polyval(p,3/2)
```

문제 8. $s(x) = \begin{cases} 0.1074 + 0.2183x + 0.1207x^2, & -1 \le x \le -0.5 \\ 6.1008 + 4.9735x + 1.0000x^2, & -0.5 \le x \le 0 \\ 6.1008 - 4.9735x + 1.0000x^2, & 0 \le x \le 0.5 \\ 0.1074 - 0.2183x + 0.1207x^2, & 0.5 \le x \le 1 \end{cases}$

```
>> x=linspace(-1, 1, 9);
```

```
>> f=inline('1./(1+100*x.^2)','x');
>> y=f(x);
>> x1=x(1:3);
>> y1=f(x1);
>> p21=lagrangepoly(x1, y1)  %a0, a1, a2
>> x2=x(3:5)
>> y2=f(x2);
>> p22=lagrangepoly(x2, y2)  %a3, a4, a5
>> x3=x(5:7)
>> y3=f(x3);
>> p23=lagrangepoly(x3, y3)  %a6, a7, a8
>> x4=x(7:9)
>> y4=f(x4);
>> p24=lagrangepoly(x4, y4)  %a9, a10, a11
```

문제 9. (i) 자연 spline함수 s(x)

```
>> x=linspace(-1, 1, 9);
>> f=inline('1./(1+100*x.^2)','x');
>> y=f(x);
>> xi=-1:0.1:1;
>> yi=cublicspline(x, y, xi)
S =
    1.4430          0    -0.0599    0.0099     %[-1.0000, -0.7500]
   -6.3557     1.0823     0.2106    0.0175     %[-0.7500, -0.5000]
   28.1427    -3.6845    -0.4399    0.0385     %[-0.5000, -0.2500]
  -62.4313    17.4226     2.9946    0.1379     %[-0.2500, 0]
   62.4313   -29.4009     0.0000    1.0000     %[0,      0.2500]
  -28.1427    17.4226    -2.9946    0.1379     %[0.2500,  0.5000]
    6.3557    -3.6845     0.4399    0.0385     %[0.5000,  0.7500]
   -1.4430     1.0823    -0.2106    0.0175     %[0.7500,  1.0000]
```

(ii) $s'(-1)=f'(-1)$, $s'(1)=f'(1)$ 의 경계조건을 갖는 3차의 spline 함수

```
==================================================================
function yi = cublicspline1(x, y, xi)
% 3차 clamped 스플라인 함수를 구하기 (#4.9(ii))
% input : (x,y)
% xi : interpolation 하려는 x
% yi : xi 에서 interpolation 값
% s'(-1)=f(-1)=200/(101^2), s'(1)=f(1)=-200/(101^2)
N = length(x)-1;
A = zeros(N+1, N+1);
b = zeros(N+1, 1);
z = zeros(N+1, 1);
k=1:N;
h(k) = x(k+1) -x(k);
b(1)=-6*200/(101^2) +  6*(y(2)-y(1))./h(1);
b(N+1)= -200/(101^2)-  6*(y(N+1)-y(N))./h(N)
k = 2:N-1;
b(k) = 6*(y(k+2)-y(k+1))./h(k+1) - 6*(y(k+1)-y(k))./h(k);
h,b
A(1,1)=2*h(1);
A(1,2)=h(1);
A(2,1)=A(1,2);
for i = 2:N-1
  A(i,i) = 2*(h(i)+h(i+1));
end
for i = 2:N-1
  A(i,i+1) = h(i+1);
  A(i+1,i) = A(i, i+1);
end
A(N,N+1)=h(N);
A(N+1,N)=A(N, N+1);
A(N+1,N+1)=2*h(N);
```

```
zt = A\b;
for i = 2:N+1
  z(i) = zt(i-1);
end
S = zeros(N, 4);
for i = 1:N
  i
  S(i,1) = (z(i+1)-z(i))/6/h(i)
  S(i,2) = z(i)/2
  S(i,3) = (y(i+1)-y(i))/h(i) - h(i)*(2*z(i)+z(i+1))/6
  S(i,4) = y(i)
end
pp = mkpp(x,S);
yi = ppval(pp, xi);
=====================================================================
```

```
>> yi = cublicspline1(x, y, xi)
S =
     2.7111          0    -0.1392     0.0099
    -7.9628     2.0333     0.0733     0.0175
    28.5699    -3.9388    -0.4030     0.0385
   -62.5326    17.4886     2.9844     0.1379
    62.4095   -29.4109     0.0038     1.0000
   -27.9543    17.3963    -2.9998     0.1379
     5.6237    -3.5695     0.4569     0.0385
     1.2964     0.6483    -0.2734     0.0175
---------------------------------------------------------------------
```

문제 10. $s(x) = c_{-1}B_{-1}(x) + c_0B_0(x) + \cdots + c_nB_n(x) + c_{n+1}B_{n+1}(x)$

```
>> x=0:pi/10:pi;   %h = π/10
>> y=cos(2*pi*x);
>> dy0=0;   dyf=1;
>> xcbi=linspace(0, pi, 100);
```

```
>> ycbi=bsplines(x,y,dy0, dyf, xcbi);  %c_i
c =
   -0.1220
    0.3110
   -0.1220
   -0.2153
    0.2909
   -0.0130
   -0.2805
    0.2324
    0.1008
   -0.3213
    0.1879
    0.0373
    0.2926
>> plot(xcbi, cos(2*pi*xcbi), '+', xcbi, ycbi)
```

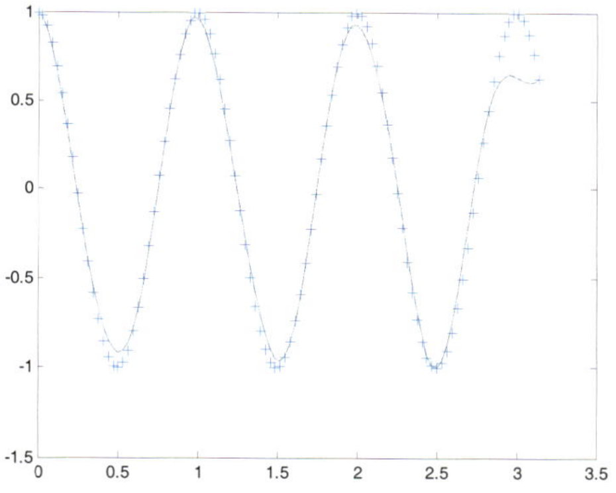

문제 11.

```
===================================================================
function ycbi = bsplines0(x, y, xcbi)
% B-spline을 이용하여 자연스플라인 함수를 구하는 함수
% (x,y): N개의 절점의 좌표 (x_1, y_1),...,(x_N, y_N)
% xcbi : x값
% ycbi : x 에서의 interpolation
```

```
% B-splines 함수들의 계수 구하기
N=size(x,2);
c = bspline0coef(x, y)
M=size(xcbi,2);
ycbi = zeros(1,M);
for j=1:M
for i=1:N+2
  ycbi(j) =  ycbi(j)+  c(i) * bs(i, x, xcbi(j));
end
end

function c = bspline0coef(x, y)
% cubic B-spline
% x : x_1, ... , X_N
% y : y_1, ... , y_N
% c : coefficients

N = size(x, 2);
A = zeros(N+2, N+2);
dx = x(2)-x(1);
b = zeros(N+2,1);
c = zeros(N+2,1);
dx2 = dx*dx;
% 계수 구하기
for i=2:N+1
  A(i,i) = 4;
  A(i-1, i) = 1;
  A(i, i-1) = 1;
  b(i) = y(i-1);
end
A(1,1) = 6/dx2;
A(1,2) =-12/dx2;
A(1,3) = 6/dx2;
A(N+2,N) = 6/dx2;
A(N+1,N+2) = 1;
```

```
A(N+2, N+1) =-12/dx2;
A(N+2, N+2) = 6/dx2;
b(1) = 0;
b(N+2) = 0;
c = A₩b;

function fval = bs(i, x, xval)
% B_i(xval)을 계산
N = size(x,2);
dx  = x(2) - x(1);
z = zeros(1,N+2);
z(1,2:N+1)=x(1:N);
z(1) = x(1) -dx;
z(N+2) = x(N)+dx;
zval = z(1,i);
zvaldx = zval + dx;
zval2dx = zval + 2*dx;
zval_dx = zval -dx;
zval_2dx = zval-2*dx;
if( xval >= zval2dx)
  fval = 0;
elseif (xval >= zvaldx)
  fval = (zval2dx  - xval).^3;
elseif (xval >= zval)
  fval = dx^3 + 3*dx^2*(zvaldx -xval) + 3*dx *(zvaldx -xval).^2 ...
        - 3*(zvaldx - xval).^3;
elseif (xval >= zval_dx)
  fval = dx^3 + 3*dx^2*(xval - zval_dx) + 3*dx*(xval - zval_dx).^2 ...
 - 3*(xval -zval_dx).^3;
elseif (xval >= zval_2dx)
  fval = (xval - zval_2dx).^3;
else
  fval = 0;
end
fval = fval/dx/dx/dx;
```

```
==============================================================
>> x = 1:1/10:2;
>> y = log(x);
>> xcbi = 1:0.01:2;
>> ycbi = bsplines0(x,y, xcbi);
c =
   -0.0162
         0
    0.0162
    0.0306
    0.0439
    0.0562
    0.0677
    0.0784
    0.0885
    0.0980
    0.1071
    0.1155
    0.1240
>>plot(xcbi,log(xcbi),'+',xcbi, ycbi)
```

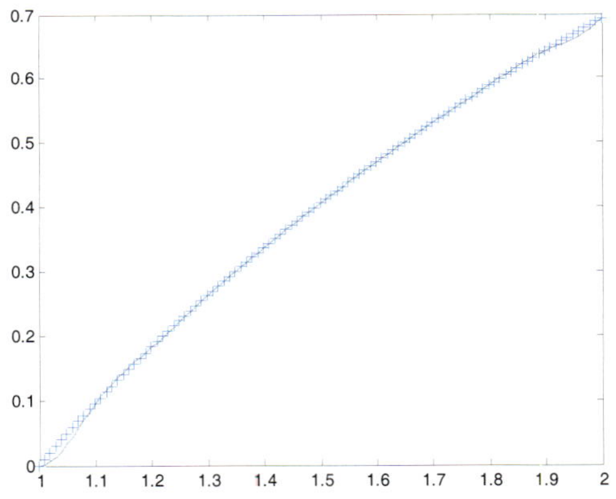

문제 12. $y = 0.8057 + 0.2032x - 0.1018x^2$

```
>> A=[7 0 28; 0 28 0; 28 0 196];
```

```
>> b=[2.79; 5.69; 2.61];
>> x=A\b
```

문제 13. $y = 1.3839\sin x - 1.6086\cos x + 2.2500\sin 2x - 4.0783\cos 2x$

```
>> A=[4 0 0 0; 0 5 0 1; 0 0 4 0; 0 1 0 5];
>> b=[2+5*sqrt(2)/2; -10-3*sqrt(2)/2; 9; -22];
>> x=A\b
```

문제 14. $f(x) = -2.8563e^{x} - 0.0069e^{2x}$

```
>> A=[466.4161 8527.6000; 8527.6000 165791.3461];
>> b=[-1391.1870; -25503.7472];
>> x=A\b
```

5장 수치적분

문제 1. 구간 $[0, 2]$을 n등분하면, 양 끝점을 포함한 각 등분점의 x좌표는 차례대로

$$0, \frac{2}{n}, \frac{4}{n}, \frac{6}{n}, \cdots, \frac{2n-2}{n}, 2$$

이다. 이들 각 소구간의 오른쪽 끝점에서의 함숫값을 차례대로 구하면,

$$(\frac{2}{n})^2+1, (\frac{4}{n})^2+1, \ldots, (\frac{2n-2}{n})^2, 2$$

이므로 구하는 적분값은 다음과 같다.

$$\int_0^2 (x^2+1)dx$$

$$= \lim_{n\to\infty}(\frac{2}{n}((\frac{2}{n})^2+1) + \frac{2}{n}((\frac{4}{n})^2+1) + \cdots + \frac{2}{n}((\frac{2n-2}{n})^2+1) + \cdots + \frac{2}{n}(2^2+1))$$

$$= \lim_{n\to\infty}(\frac{8}{n^3}\cdot\frac{n(n+1)(2n+1)}{6} + \frac{2}{n}\cdot n)$$

$$= \lim_{n\to\infty}\frac{4n(n+1)(2n+1)}{3n^3} + 2$$

$$= \frac{14}{3}$$

문제 2. (1) $\frac{9}{2}$ (2) 0 (3) 12 (4) $\frac{5}{2}$

문제 3. (1) 78 (2) $\frac{20}{3}$ (3) $\frac{9\pi}{4}$ (4) $\frac{\pi}{4}$

문제 4. (1) 정확한 적분값은 0.5708($=\frac{\pi}{2}-1$)이다. 적분의 근삿값은 N=1000일 때, 직사각형 방법을 이용하면 0.5704, 복합 중점방법을 이용하면 0.5708을 얻는다.

```
-----------------------------------------------------------------
>> x=linspace(0, pi/2, 9);
>> f=inline('x.*cos(x)','x');
% f(x)=xcosx 는 [0, 0.8603]에서 증가함수, [0.8603, pi/2]에서 감소함수
>> rectanglerule1(f, 0, 0.8603)+rectanglerule(f, 0.8603, pi/2)   % 직사각형 방법
(N=1000)
>> compmid(f, 0, pi/2)        % 복합 중점방법(N=1000)
-----------------------------------------------------------------
```

(2) 정확한 적분값은 1이다. 적분의 근삿값은 N=1000일 때, 직사각형 방법을 이용하면 0.9986, 복합 중점방법을 이용하면 1.0000을 얻는다.

```
-----------------------------------------------------------------
>> f=inline('x.*exp(x)','x');
>> rectanglerule1(f, 0, 1)  % 직사각형 방법(N=1000)
>> compmid(f, 0, 1)         % 복합 중점방법(N=1000)
-----------------------------------------------------------------
```

```
==========================================================
function [intval, iter] = rectanglerule1(f,a, b, TOL, MaxInt)
% 증가함수에 대한 직사각형 방법
if nargin < 5
  MaxInt = 1000;
end
if nargin < 4
  TOL = 1.e-5;
end
for k = 1:MaxInt
```

```
  lowersum = 0;uppersum = 0;
  dx = (b-a)/k;
  x = a + [0:k]*dx;
  fx = feval(f,x);
  uppersum = sum(fx(2:k+1))*dx;
  lowersum = sum(fx(1:k))*dx;
  if(abs(uppersum-lowersum)<TOL)
    intval = lowersum;
    return
  end
  clear x
  clear fx
end
intval = lowersum;
iter = k;
==================================================================
```

```
==================================================================
function intval = compmid(f, a, b, N)
% 복합 중점방법
if nargin < 4
  N = 1000;
end
if (mod(N,2) ~= 0)
  disp('N은 짝수가 아니다.');
  N=N+1 %N을 1 증가시켜 짝수로 만든다.
end
dx = (b-a)/(N+2);
x = a + [1:N+1]*dx;
sum=0;
for k=0:N/2
```

```
    sum = 2*dx*feval(f, x(2*k+1)) + sum;
end
intval=sum;
=============================================================
```

문제 5. 분할 $P = \{a = x_0, x_1, \ldots, x_n = b\}$에 대하여 $\Delta x_i = x_i - x_{i-1}$ $(i = 1, 2, \ldots, n)$이라 놓으면, 각 소구간 $[x_{i-1}, x_i]$에서 감소함수 $f(x)$의 최소상계는 $f(x_{i-1})$이고 최대하계는 $f(x_i)$이다. 따라서

$L(f:P) = \sum_{i=1}^{n} f(x_i)\Delta x_i$, $U(f:P) = \sum_{i=1}^{n} f(x_{i-1})\Delta x_i$ 이다. 그러므로

$$\frac{1}{2}\{L(f;P) + U(f;P)\} = \frac{1}{2}\sum_{i=1}^{n}\{f(x_i) + f(x_{i-1})\}\Delta x_i = T(f,P)$$

이 성립한다.

문제 6. (1) 정확한 적분값은 0.5708($=\frac{\pi}{2} - 1$)이다.

N에 따른 적분의 근삿값은 다음 표와 같다.

N	근삿값	N	근삿값
2	0.4362	20	0.5695
3	0.5116	30	0.5702
4	0.5376	40	0.5705
5	0.5496	50	0.5706
6	0.5561	60	0.5706
7	0.5600	70	0.5707
8	0.5625	80	0.5707
9	0.5643	90	0.5707
10	0.5655	100	0.5707

```
-------------------------------------------------------------
>> f=inline('x.*cos(x)', 'x');
>> traprule(f, 0, pi/2, N)   % N 지정
-------------------------------------------------------------
```

(2) 정확한 적분값 1이다.

N에 따른 적분의 근삿값은 다음 표와 같다. (N=86 이상이면 근삿값은 1.0000이다.)

N	근삿값	N	근삿값
2	1.0918	20	1.0009
3	1.0409	30	1.0004
4	1.0231	40	1.0002
5	1.0148	50	1.0001
6	1.0103	60	1.0001
7	1.0075	70	1.0001
8	1.0058	80	1.0001
9	1.0046	90	1.0000
10	1.0037	100	1.0000

```
>> f=inline('x.*exp(x)', 'x');
>> traprule(f, 0, 1, N)  % N 지정
```

문제 7. $y_2 = a + \sqrt{r^2 - x^2}$, $y_1 = a - \sqrt{r^2 - x^2}$ 일 때 회전체의 부피는

$$V = \int_{-r}^{r} \pi(y_2^2 - y_1^2)dx = 8\pi a \int_0^r \sqrt{r^2 - x^2}\, dx \ \ (=2\pi^2 r^2 a)$$

이다. 함수 $f(x) = \sqrt{r^2 - x^2}$ $(0 \le x \le r)$라 놓고, 구간 $[0, r]$을 n등분하면 소구간의 크기는 $h = \dfrac{r}{n}$이므로 사다리꼴 방법으로 부피의 근삿값을 구하면

$\dfrac{4\pi a r^2}{n}\left(1 + 2\sum_{k=1}^{n-1} \dfrac{\sqrt{n^2 - k^2}}{n}\right)$이다.

문제 8. 구간의 수를 N이라 놓으면, $a = 0,\ b = 2,\ h = \dfrac{b-a}{N} = \dfrac{2}{N}$이다.

함수 $f(x) = e^{-x^2}$에 대하여 $f'(x) = -2xe^{-x^2}$, $f''(x) = (4x^2 - 2)e^{-x^2}$이고, $0 \le x \le 2$ 인 x에 대하여 $|f''(x)| = |(4x^2-2)e^{-x^2}| \le 4e^{-\frac{3}{2}}$ 이므로 정리 5.5를 이용하여 오차의 한계를 구하면

$\max_{0 \le x \le 2} \left| \dfrac{b-a}{12} h^2 f''(x) \right| = \dfrac{8}{3N^2} e^{-\frac{3}{2}} \le \dfrac{8}{3N^2}$ 이다. 그러므로 오차가 10^{-6}보다 작게 하기 위한 구간의 수는 $\dfrac{8}{3N^2} < 10^{-6}$을 만족시키면 되므로 $N > \sqrt{\dfrac{8}{3}} \times 10^3 = 1633$이면 된다.

문제 9. 0.6468

```
>> f=inline('x.^2.*exp(-x)','x');
>> simson(f, 0, 2, 8)
```

문제 10. 10.9502

```
>> f=inline('exp(x)*sin(x)','x');
>> simson(f, 1, 3, N)  % TOL=1.e-4, N=22
```

문제 11. 4차 Legendre polynomial $p_4(x) = x^4 - \frac{6}{7}x^2 + \frac{3}{35}$ 의 네 개의 근 x가 구하는 x_i 이다.

$x^2 = \frac{15 \pm \sqrt{15^2 - 3 \times 35}}{35} = \frac{3}{7} \pm \frac{4\sqrt{0.3}}{7}$ 이고 $A_i = \int_{-1}^{1} (\prod_{\substack{j=1 \\ j \neq i}}^{4} \frac{x - x_j}{x_i - x_j})dx$

를 계산하면 된다.

문제 12. 3차 Legendre polynomial $p_3(x) = \frac{1}{2}(5x^3 - 3x)$의 세 개의 근은 각각 $x_1 = -\sqrt{\frac{3}{5}}$, $x_2 = 0$, $x_3 = \sqrt{\frac{3}{5}}$ 이고, $A_i = \int_{-1}^{1} (\prod_{\substack{j=1 \\ j \neq i}}^{3} \frac{x - x_j}{x_i - x_j})dx$ 을 계산하면 $\frac{5}{9}, \frac{8}{9}, \frac{5}{9}$ 이다.

(1) 1.2337

```
>> f=inline('x','x');
>> a=0; b=pi/2; N=3;
>> gaussint(f, a, b, N)
```

(2) 1.7580

```
>> f=inline('sin(x)./x','x');
>> a=0; b=4; N=3;
```

```
>> gaussint(f, a, b, N)
```

문제 13. 0.7468

```
>> f=inline('exp(-x.^2)','x');
>> gaussint(f, 0, 1, 5)
```

6장 초깃값 문제의 수치해

문제 1. 함수 $f(x,y) = x^2y + 1$는 $D = \{(x,y) | 0 \le x \le 1, -\infty < y < \infty\}$에서 연속이고, y에 대하여 Lipschitz 조건을 만족하므로($L = 1$) 정리 6.2에 의해 초깃값 문제는 잘 구성되어 있다.

문제 2. (1) N=10, h=0.1

i	x_i	exact	y_i(수치해)	error
1	0.100000	0.010000	0.000000	0.010000
2	0.200000	0.040000	0.019990	0.020010
3	0.300000	0.090000	0.059870	0.030130
4	0.400000	0.160000	0.119418	0.040582
5	0.500000	0.250000	0.198284	0.051716
6	0.600000	0.360000	0.295966	0.064034
7	0.700000	0.490000	0.411766	0.078234
8	0.800000	0.640000	0.544711	0.095289
9	0.900000	0.810000	0.693422	0.116578
10	1.000000	1.000000	0.855895	0.144105

```
==================================================================
% Euler621.m (#6.2(1))
% Euler 방법
% y' = y^2 +2x-x^4 , y(0) = 0
% exact solution : y = x^2
```

```
N = 10;
x = linspace(0,1,N+1);
y = zeros(1,N+1);
h = 1./ N;
y(1) = 0;
exact = 0;
error = 0;
disp(sprintf('x(i+1) exact\t\t y(i+1)\t\t error'))
for i = 1:N
  y(i+1) = y(i) + h*((y(i))^2+2*x(i)-(x(i))^4);
  exact = x(i+1)^2;
  error = abs(y(i+1) -  exact); % absolute error
  disp(sprintf('%f\t %f\t %f\t %f \n', x(i+1), exact, y(i+1),
error))
end
=============================================================
```

(2) N=10, h=0.1

i	x_i	exact	y_i(수치해)	error
1	0.200000	1.000000	1.000000	0.000000
2	0.400000	0.961538	0.920000	0.041538
3	0.600000	0.862069	0.784576	0.077493
4	0.800000	0.735294	0.636842	0.098452
5	1.000000	0.609756	0.507060	0.102696
6	1.200000	0.500000	0.404216	0.095784
7	1.400000	0.409836	0.325789	0.084047
8	1.600000	0.337838	0.266351	0.071487
9	1.800000	0.280899	0.220948	0.059951
10	2.000000	0.235849	0.185799	0.050050

```
=============================================================
% Euler622.m (#6.2(2))
% y' = -2*x*y^2, y(0) = 1
% exact solution: y = 1/(1+x^2)
```

```
N = 10;
x = linspace(0,2,N+1);
y = zeros(1,N+1);
h = 2./ N;
y(1) = 1;
exact = 0;
error = 0;
disp(sprintf('x(i+1) exact\t\t y(i+1)\t\t error'))
for i = 1:N
  y(i+1) = y(i) - h*2*x(i)*(y(i))^2;
  exact = 1/(1+(x(i))^2);
  error = abs(y(i+1) -  exact);  % absolute error
  disp(sprintf('%f\t %f\t %f\t %f \n', x(i+1), exact, y(i+1),
error))
end
==========================================================================
```

문제 3. N=10, h=0.2

i	x_i	y_i(수치해)
1	0.200000	0.200000
2	0.400000	0.401600
3	0.600000	0.614396
4	0.800000	0.857637
5	1.000000	1.159002
6	1.200000	1.542283
7	1.400000	1.972940
8	1.600000	2.276662
9	1.800000	2.322946
10	2.000000	2.212533

```
==========================================================================
% Euler63.m (#6.3)
% y' = 1+xsin(xy), y(0) = 0
```

```
N = 10;
x = linspace(0,2,N+1);
y = zeros(1,N+1);
h = 2./ N;
y(1) = 0;

disp(sprintf('x(i+1)\t\t  y(i+1)\t\t'))
for i = 1:N
  y(i+1) = y(i) + h*( 1+x(i)*sin(x(i)*y(i)));
  disp(sprintf('%f\t %f\t %f \n', x(i+1),  y(i+1)))
end
```

==

문제 4.

i	x_i	exact	y_i(수치해)	error
1	1.050000	-0.952381	-0.950000	0.002381
2	1.100000	-0.909091	-0.904535	0.004555
3	1.150000	-0.869565	-0.863007	0.006558
4	1.200000	-0.833333	-0.824917	0.008416
5	1.250000	-0.800000	-0.789848	0.010152
6	1.300000	-0.769231	-0.757447	0.011784
7	1.350000	-0.740741	-0.727415	0.013326
8	1.400000	-0.714286	-0.699495	0.014791
9	1.450000	-0.689655	-0.673467	0.016188
10	1.500000	-0.666667	-0.649141	0.017525
11	1.550000	-0.645161	-0.626350	0.018811
12	1.600000	-0.625000	-0.604949	0.020051
13	1.650000	-0.606061	-0.584812	0.021249
14	1.700000	-0.588235	-0.565825	0.022410
15	1.750000	-0.571429	-0.547890	0.023539
16	1.800000	-0.555556	-0.530918	0.024637
17	1.850000	-0.540541	-0.514832	0.025708
18	1.900000	-0.526316	-0.499561	0.026754
19	1.950000	-0.512821	-0.485043	0.027778
20	2.000000	-0.500000	-0.471220	0.028780

==

```
% Euler64.m (#6.4)
```

```
% y' = 1/x^2-y/x-y^2, y(1) = -1
% exact solution : y = -1/x
% Mesh size h=0.05

N = 20;
x = linspace(1,2,N+1);
y = zeros(1,N+1);
h = 1./ N;
y(1) = -1;
exact = -1;
error = 0;
disp(sprintf('x(i+1)\t\ty(i+1)\t\t  exact\t\t error'))
disp(sprintf('%f\t %f\t %f\t %f \n', x(1), exact, y(1), error))
for i = 1:N
  y(i+1) = y(i) + h*(1/x(i)^2-y(i)/x(i)-y(i)^2);
  exact = -1./x(i+1);
  error = abs(y(i+1) -  exact); % absolute error
  disp(sprintf('%f\t %f\t %f\t %f \n', x(i+1), exact, y(i+1),
error))
end
=====================================================================
```

문제 5. (1) Runge-Kutta 2차 방법(N=10)

i	x_i	y_i(수치해)
1	0.100000	0.910000
2	0.200000	0.838050
3	0.300000	0.782435
4	0.400000	0.741604
5	0.500000	0.714152
6	0.600000	0.698807
7	0.700000	0.694420
8	0.800000	0.699951
9	0.900000	0.714455
10	1.000000	0.737082

```
==================================================================
% rungekutta2_65.m (#6.5)
% 2차의 Runge-Kutta 방법
% y' = -y+x, y(0) = 1

N = 10;
x = linspace(0,1,N+1);
y = zeros(1,N+1);
h = 1./ N;
y(1) = 1;
disp(sprintf('x(i+1)\t\t  y(i+1)\t\t'))
for i = 1:N
  k1 = h*(x(i) - y(i));           %k1 = hf(x_n, y_n)
  k2 = h*(x(i)+h - y(i)-k1);   % k2 = hf(x+h, y+k1)
  y(i+1) = y(i) + 0.5*(k1+k2); % y_n+1 = y_n + 1/2(k1+k2)
  disp(sprintf('%f\t %f\t %f\t %f \n', x(i+1), y(i+1)))
end
==================================================================
```

(2) Runge-Kutta 4차 방법(N=10)

i	x_i	y_i(수치해)
1	0.100000	0.909675
2	0.200000	0.837462
3	0.300000	0.781637
4	0.400000	0.740641
5	0.500000	0.713062
6	0.600000	0.697624
7	0.700000	0.693171
8	0.800000	0.698659
9	0.900000	0.713140
10	1.000000	0.735760

문제 6. Runge-Kutta 4차 방법(N=10)

i	x_i	y_i(수치해)
1	0.100000	1.010017
2	0.200000	1.040265
3	0.300000	1.091330
4	0.400000	1.164155
5	0.500000	1.259996
6	0.600000	1.380360
7	0.700000	1.526939
8	0.800000	1.701532
9	0.900000	1.905969
10	1.000000	2.142040

```
=============================================================
% sysrungekutta4_66.m (#6.6)
% y' = f(x,y,z) = z, y(0) = 1
% z' = g(x,y,z) = -xz-y+3+5x^2, z(0) = 0

N = 10;
x = linspace(0,1,N+1);
y = zeros(1,N+1);
z = zeros(1,N+1);
h = 1./ N;
y(1) = 1;
z(1) = 0;
disp(sprintf('x(i+1)\t\t  numerical y \t numerical z \t'))
for i = 1:N
  k1 = h*(z(i));
  l1 = h*(-x(i)*z(i)-y(i)+3+5*(x(i))^2);
  k2 = h*(z(i)+l1/2);
  l2 =
h*(-(x(i)+h/2)*(z(i)+l1/2)-(y(i)+k1/2)+3+5*(x(i)+h/2)^2);
  k3 = h*(z(i)+l2/2);
```

```
  l3 =
h*(-(x(i)+h/2)*(z(i)+l2/2)-(y(i)+k2/2)+3+5*(x(i)+h/2)^2);
  k4 = h*(z(i)+l3);
  l4 = h*(-(x(i)+h)*(z(i)+l3)-(y(i)+k3)+3+5*(x(i)+h)^2);
  y(i+1) = y(i) + (k1+2*k2+2*k3+k4)/6;
  z(i+1) = z(i) + (l1+2*l2+2*l3+l4)/6;
  disp(sprintf('%f\t %f \t %f \t', x(i+1), y(i+1),z(i+1)))
end
==================================================================
```

문제 7. Runge-Kutta 4차 방법(N=10)

i	x_i	y_i(수치해)
1	0.100000	0.781900
2	0.200000	0.771563
3	0.300000	0.754655
4	0.400000	0.731483
5	0.500000	0.702391
6	0.600000	0.667763
7	0.700000	0.628020
8	0.800000	0.583615
9	0.900000	0.535039
10	1.000000	0.482813

```
==================================================================
% sysrungekutta4_67.m (#6.7)
% y' = f(x,y,z) = z, y(0) = pi/4
% z' = g(x,y,z) = -0.3z-siny, z(0) = 0

N = 10;
x = linspace(0,1,N+1);
y = zeros(1,N+1);
z = zeros(1,N+1);
h = 1./ N;
y(1) = pi/4;
```

```
disp(sprintf('x(i+1)\t\t  numerical y \t numerical z \t'))
for i = 1:N
  k1 = h*(z(i));
  l1 = h*(-0.3*z(i)-sin(y(i)));
  k2 = h*(z(i)+l1/2);
  l2 = h*(-0.3*(z(i)+l1/2)-sin(y(i)+ k1/2));
  k3 = h*(z(i)+l2/2);
  l3 = h*(-0.3*(z(i) + l2/2)-sin(y(i) + k2/2));
  k4 = h*(z(i)+l3);
  l4 = h*( -0.3*(z(i)+l3)-sin(y(i)) );
  y(i+1) = y(i) + (k1+2*k2+2*k3+k4)/6;
  z(i+1) = z(i) + (l1+2*l2+2*l3+l4)/6;
  disp(sprintf('%f\t %f \t %f \t', x(i+1), y(i+1),z(i+1)))
end
=============================================================
```

문제 8. $y' = z$, $v' = w$로 치환하여 얻은 연립미분방정식을 Runge-Kutta 4차 방법으로 푼다.

$x \in [0, 10]$에서 $h = 0.01$로 계산하면 $x > 1.8$일 때 발산한다.

>> [x,y,v] = chap6exercise8;

다음 표는 $h = 0.1$을 사용하여 계산한 수치해이다.

x_i	y_i	z_i
0.1000	0.9982	0.9982
0.2000	0.9929	0.9929
0.3000	0.9840	0.9840
0.4000	0.9714	0.9714
0.5000	0.9551	0.9551
0.6000	0.9349	0.9349
0.7000	0.9107	0.9107
0.8000	0.8822	0.8822
0.9000	0.8491	0.8491
1.0000	0.8112	0.8112

```
=============================================================
function [t, y, v] = chap6exercise8(t0, tf, N)
```

```
% Runge-Kutta 4차 방법 (#6.8)
if nargin <3
  N = 1000;
end
if nargin<2
  tf = 10;
end
if nargin<1
  t0 = 0;
end

% 다음 연립미분방정식을 Runge-Kutta 4차 방법으로 해결한다.
% y''= - y/(y^2 + v^2)^{3/2), y(0) = 1 , y'(0) = 0
% v'' = - v/(y^2 + v^2)^{3/2), v(0) = 1, v'(0) = 0
% 이 방정식에서 y' = z , v' = w로 치환하여 다음의 연립미분방정식을
얻는다.
% y ' = z , y(0) = 1
% z ' = - y/(y^2 + v^2)^{3/2) z(0) = 0
% v ' = w,  v(0) = 1
% w' = - v/(y^2 + v^2)^{3/2) w'(0) = 0
% sol = [y z v w]

sol = [1 0 1 0];
t = linspace ( t0, tf, N+1 );
y = zeros(1, N+1);
v = zeros(1, N+1);
y(1) = sol(1);
v(1) = sol(3);
h = ( tf - t0 ) / N;

% Runge-Kutta 4차 방법을 Matrix형태로 간결하게 다음과 같이 나타낼 수
있다.
```

```
for i = 1:N
  k1 = h * feval ( @DefDE,  sol );
  k2 = h * feval ( @DefDE,  sol + k1/2 );
  k3 = h * feval ( @DefDE,  sol + k2/2 );
  k4 = h * feval ( @DefDE,  sol + k3 );
% k1,k2,k3,k4, pause()
% sol, sol+k1/2, sol+k2/2, pause()
  sol = sol + ( k1 + 2*k2 + 2*k3 + k4 ) / 6;
  y(i+1) = sol(1);
  v(i+1) = sol(3);
end

function yval =  DefDE(x)
yval=zeros(1,4);
yval(1) = x(2);
yval(2) = - x(1)/(x(1)^2 + x(3)^2)^(1.5);
yval(3) = x(4);
yval(4) = - x(3)/(x(1)^2 + x(3)^2)^(1.5);
=================================================================
>> [t, y, v] = chap6exercise8(0, 1, 10);
>> plot(t, y, '-', t, v, 'o')
```

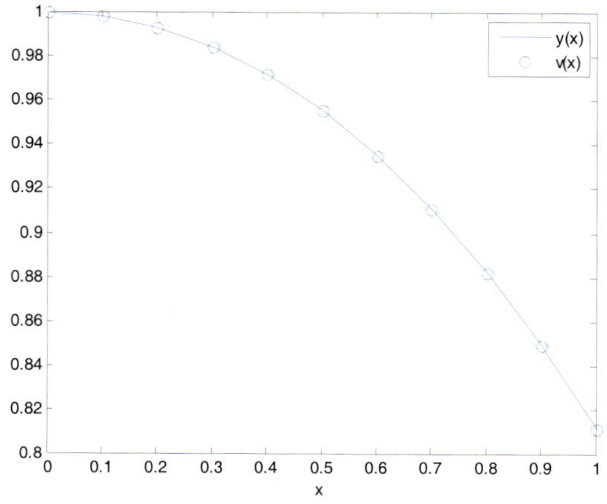

문제 9. Heun 방법(N=20, TOL=1e-5)

i	x_i	y_i
1	0.100000	1.100437
2	0.200000	1.202455
3	0.300000	1.307284
4	0.400000	1.415845
5	0.500000	1.528864
6	0.600000	1.646928
7	0.700000	1.770527
8	0.800000	1.900082
9	0.900000	2.035955
10	1.000000	2.178466
11	1.100000	2.327896
12	1.200000	2.484500
13	1.300000	2.648503
14	1.400000	2.820111
15	1.500000	2.999510
16	1.600000	3.186869
17	1.700000	3.382341
18	1.800000	3.586067
19	1.900000	3.798174
20	2.000000	4.018779

```
=============================================================
% heun69.m (#6.9)
% y' = x+1/y, y(0) = 1

N = 20;
TOL = 1e-5;
x = linspace(0,2,N+1);
y = zeros(1,N+1);
h = 2./ N;
y(1) = 1;
error = 1;
for i = 1:N
  error = 1;
  ytemp = y(i) + h*(x(i) + 1/(y(i)));
```

```
  while(error > TOL)
    y(i+1) = y(i) + h*((x(i) + 1/(y(i)))+(x(i+1)+1/ytemp))/2;
    error = abs((y(i+1)-ytemp)/y(i+1));
    ytemp = y(i+1);
  end
disp(sprintf('%f\t %f\t %f\t %f \n', x(i+1), y(i+1)))
end
==========================================================
```

문제 10.

i	x_i	y_i (3차)	$\tilde{y}_i$ (4차)
1	0.050000	1.051313	1.051313
2	0.100000	1.105513	1.105513
3	0.150000	1.168578	1.163003
4	0.200000	1.237455	1.227758
5	0.250000	1.312426	1.298437
6	0.300000	1.393805	1.375328
7	0.350000	1.481920	1.458752
8	0.400000	1.577116	1.549043
9	0.450000	1.679757	1.646556
10	0.500000	1.790224	1.751662
11	0.550000	1.908918	1.864752
12	0.600000	2.036261	1.986237
13	0.650000	2.172697	2.116549
14	0.700000	2.318692	2.256143
15	0.750000	2.474735	2.405496
16	0.800000	2.641343	2.565111
17	0.850000	2.819056	2.735516
18	0.900000	3.008445	2.917267
19	0.950000	3.210107	3.110947
20	1.000000	3.424673	3.317170

(1) 3차의 Adams-Bashford-Moulton 예측-수정 방법($h = 0.05$)

```
==========================================================
% ABM3.m (#6.10(1))
% y' = x^2+ y , y(0) = 1

N = 20;
```

```
TOL = 1e-5;
x = linspace(0,1,N+1);
y = zeros(1,N+1);
h = 1./ N;
y(1) = 1;
error = 1;

% y(2), y(3)을 계산하기 위한 4차 Runge-Kutta 방법
for i = 1:2
k1 = h*(x(i)^2 + y(i));
k2 = h*((x(i)+0.5*h)^2 + y(i)+0.5*k1);
k3 = h*((x(i)+ 0.5*h)^2 + y(i) + 0.5*k2);
k4 = h*((x(i)+h)^2 + y(i)+k3);
y(i+1) = y(i) + (k1+2*k2+2*k3+k4)/6;
end

% Admas-Bashforth-Moulton 방법
disp(sprintf('x(i+1)\t\ty(i+1)\t\t'))
for i=2:3
disp(sprintf('%f\t %f\t %f\t %f \n', x(i),  y(i)))
end
for i = 3:N
  error = 1;
  fn = x(i) + y(i);
  fn_1 = x(i-1) + y(i-1);
  fn_2 = x(i-2) + y(i-2);
  ytemp = y(i) + h*(23*fn - 16*fn_1 + 5*fn_2 )/12;
  while(error > TOL)
    fnntemp = x(i+1) + ytemp;
    fn = x(i) + y(i);
    fn_1 = x(i-1) + y(i-1);
```

```
    y(i+1) = y(i) + h*(5*fnntemp + 8*fn - fn_1)/12;
    error = abs((y(i+1)-ytemp)/y(i+1));
    ytemp = y(i+1);
  end
disp(sprintf('%f\t %f\t %f\t %f \n', x(i+1),  y(i+1)))
end
```

===

(2) 4차의 Adams-Bashford-Moulton 예측-수정 방법($h = 0.05$)

===

```
% ABM4.m  (#6.10(2))
% y' = x^2+ y, y(0) = 1

N = 20;
TOL = 1e-5;
x = linspace(0,1,N+1);
y = zeros(1,N+1);
h = 1./ N;
y(1) = 1;
error = 1;

% y(2), y(3), y(4)을 계산하기 위한 4차 Runge Kutta 방법
for i = 1:3
  k1 = h*(x(i)^2 + y(i));
  k2 = h*((x(i)+0.5*h)^2 + y(i)+0.5*k1);
  k3 = h*((x(i)+ 0.5*h)^2 + y(i) + 0.5*k2);
  k4 = h*((x(i)+h)^2 + y(i)+k3);
  y(i+1) = y(i) + (k1+2*k2+2*k3+k4)/6;
end

% Admas-Bashforth-Moulton 방법
disp(sprintf('x(i+1)\t\ty(i+1)\t\t'))
for i=2:4
```

```
  disp(sprintf('%f\t %f\t %f\t %f \n', x(i),  y(i)))
end
for i = 4:N
  error = 1;
  fn = x(i) + y(i);
  fn_1 = x(i-1) + y(i-1);
  fn_2 = x(i-2) + y(i-2);
  fn_3 = x(i-3) + y(i-3);
  ytemp = y(i) + h*(55*fn - 59*fn_1 + 37*fn_2 -9*fn_3)/24;
  while(error > TOL)
    fnntemp = x(i+1) + ytemp;
    fn = x(i) + y(i);
    fn_1 = x(i-1) + y(i-1);
    fn_2 = x(i-2) + y(i-2);
    y(i+1) = y(i) + h*(9*fnntemp + 19*fn -5* fn_1 + fn-2)/24;
    error = abs((y(i+1)-ytemp)/y(i+1));
    ytemp = y(i+1);
  end
disp(sprintf('%f\t %f\t %f\t %f \n', x(i+1), y(i+1)))
end
=================================================================
```

문제 11. 특성방정식 $\beta^2-\beta-h\lambda(\beta^2-\frac{1}{2}\beta+\frac{1}{2})=0$을 $\rho(\beta)+h\lambda\sigma(\beta)=0$, $\rho(\beta)=\beta^2-\beta$, $\sigma(\beta)=-(\beta^2-\frac{1}{2}\beta+\frac{1}{2})$으로 나타내면, $\rho(\beta)=0$의 근은 $\beta_1=1$, $\beta_2=0$이다. 단순근 $\beta_1=1$을 제외한 $\rho(\beta)=0$의 근의 절댓값이 1보다 작으므로 $-\infty<h\lambda<0$에서 강하게 안정적이다.

문제 12. $0<h<0.02$

문제 13. 실행결과를 그림으로 나타내면 다음과 같고 Milne 방법은 안정적이지 않다.

\>> milne

```
>> plot(x,y)
```

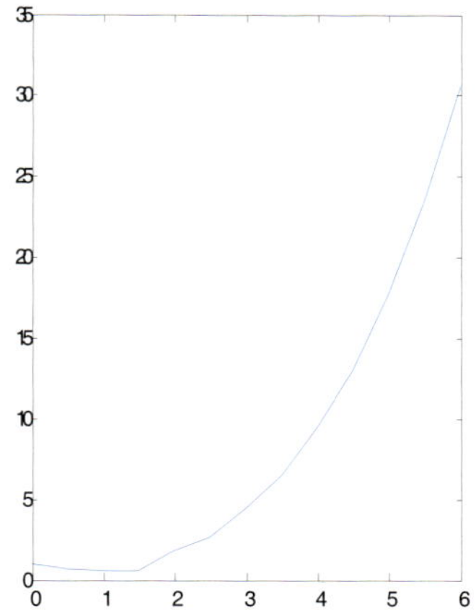


```
======================================================================
% milne.m (#6.13)
% Milne method
% y' = -2y +1 , y(0)=1

TOL = 1e-5;
N=12;
x = linspace(0,6,N+1);
y = zeros(1,N+1);
h = x(2)-x(1); %h = 1/2
y(1) = 1; %y(0)=1

% 4차의 Runge-Kutta 방법을 사용하여 y2, y3, y4값 구하기
for i = 1:3
  k1 = h*(-2*y(i)+1);
  k2 = h*(-2* (y(i) +0.5*k1)+1);
  k3 = h*(-2*(y(i) + 0.5*k2)+1);
  k4 = h*(-2*(y(i)+k3)+1);% k4 = hf(x+h, y+k3)
  y(i+1) = y(i) + (k1+2*k2+2*k3+k4)/6;
end
```

```
% Milne method
for i = 4: N
  error = 1;
  fn = x(i) + y(i);
  fn_1 = x(i-1) + y(i-1);
  fn_2 = x(i-2) + y(i-2);
  ytemp = y(i-3) + 4*h/3*(2*fn - fn_1 +2*fn_2);
  while(error > TOL)
    fnntemp = -2*ytemp +1;
    y(i+1) = y(i-1) + h/3*(fnntemp + 4*fn+fn_1);
    error = abs((y(i+1)-ytemp)/y(i+1));
    ytemp = y(i+1);
  end
end
==================================================================
```

7장 경곗값 문제의 수치해

문제 1. (1) λ = -1.0000

i	x_i	y_i(수치해)	$y_i'(=z_i)$
1	1.100000	0.909095	-0.826442
2	1.200000	0.833340	-0.694436
3	1.300000	0.769239	-0.591703
4	1.400000	0.714296	-0.510188
5	1.500000	0.666680	-0.444424
6	1.600000	0.625016	-0.390601
7	1.700000	0.588254	-0.345993
8	1.800000	0.555577	-0.308610
9	1.900000	0.526341	-0.276972
10	2.000000	0.500029	-0.249960

```
=====================================================================
% shooting1.m (#7.1(1))
% y'' = 2*y^3
% y(1) = 1, y(2) =1/2

N = 10;
x = linspace(1,2,N+1);
h = 1./ N;
TOL = 1e-5;
error = 0;

% 4차 Runge Kutta 방법
% y' = f(y,z) = z, y(1) = 1
% z' = g(y,z) = 2*y^3, z(1) = r
y = zeros(1,N+1);
z = zeros(1,N+1);
y(1) = 1;
r1 = 1;
z(1) = r1 ;
yendexact = 1/2 ;
error = 1
r2=r1
iter = 1;

while(error > TOL)
% 4차 Runge Kutta 방법
% y' = f(y,z) = z, y(1) = 1
% z' = g(y,z) = 2*y^3, z(1) = r
  y = zeros(1,N+1);
  z = zeros(1,N+1);
  y(1) = 1;
  z(1) = r2 ;
```

```
for i = 1:N
  fn = z(i);
  k1 = h*fn;
  gn =  2*y(i)^3;
  l1 = h*gn;
  fnn = z(i)+l1/2;
  k2 = h*fnn;
  gnn = 2*(y(i) + k1/2)^3;
  l2 = h*gnn;
  fnnn = z(i)+l2/2;
  k3 = h*fnnn;
  gnnn =2*( y(i) + k2/2)^3;
  l3 = h*gnnn;
  fnnnn = z(i)+l3;
  k4 = h*fnnnn;
  gnnnn =2*(y(i) + k3)^3;
  l4 = h*gnnnn;

  y(i+1) = y(i) + (k1+2*k2+2*k3+k4)/6;
  z(i+1) = z(i) + (l1+2*l2+2*l3+l4)/6;
end
if( iter == 1)
  if(abs(y(N+1)- yendexact)<TOL)
    break
  else
    yend1 = y(N+1);
    r2 = 1/2;
  end
else
  yend2 = y(N+1);
  rtemp = r2;
```

```
    r2 =r1 + (r2-r1)*(yendexact - yend1)/(yend2-yend1);
    r1 = rtemp;
    error = abs(yend2 - yendexact);
    yend1 = yend2;
  end
  r2
  iter = iter+1
end
=====================================================================

=====================================================================
% sysrungekutta4_71.m  (#7.1(1))
% 연립미분방정식에 대한 4차의 Runge-Kutta 방법
% y' = f(x,y,z) = z, y(1) = 1
% z' = g(x,y,z) = 2y^3, z(1) = -1

N = 10;
x = linspace(1,2,N+1);
y = zeros(1,N+1);
z = zeros(1,N+1);
h = 1./ N;
y(1) = 1;
z(1) = -1; %r2 = -1
disp(sprintf('x(i+1)\t\t  numerical y \t numerical z \t'))
for i = 1:N
  k1 = h*(z(i));
  l1 = h*(2*(y(i)^3));
  k2 = h*(z(i)+l1/2);
  l2 = h*(2*(y(i)+ k1/2)^3);
  k3 = h*(z(i)+l2/2);
  l3 = h*(2*(y(i) + k2/2)^3);
  k4 = h*(z(i)+l3);
```

```
  l4 = h*(2*(y(i)+k3)^3);
  y(i+1) = y(i) + (k1+2*k2+2*k3+k4)/6;
  z(i+1) = z(i) + (l1+2*l2+2*l3+l4)/6;
  disp(sprintf('%f\t %f \t %f \t', x(i+1), y(i+1),z(i+1)))
end
```

==

>> shooting1

>> sysrungekutta4_71

----

(2) λ = -0.4636

i	x_i	y_i(수치해)	$y_i' = z_i$
1	0.100000	-0.041432	-0.365723
2	0.200000	-0.073262	-0.271367
3	0.300000	-0.095790	-0.179540
4	0.400000	-0.109224	-0.089350
5	0.500000	-0.113687	0.000036
6	0.600000	-0.109217	0.089423
7	0.700000	-0.095775	0.179614
8	0.800000	-0.073240	0.271442
9	0.900000	-0.041402	0.365801
10	1.000000	0.000038	0.463682

==

```
% shooting2.m (#7.1(2))
% y'' = exp(y)
% y(0) = 0, y(1) = 0

N = 10;
x = linspace(0,1,N+1);
h = 1./ N;
TOL = 1e-5;
error = 0;

% 4차 Runge Kutta 방법
% y' = f(y,z) = z, y(0) = 0
```

```
% z' = g(y,z) = exp(y), z(0) = r
y = zeros(1,N+1);
z = zeros(1,N+1);
y(1) = 0;
r1 = 1;
z(1) = r1 ;
yendexact = 0 ;
error = 1
r2=r1
iter = 1;

while(error > TOL)
% 4차 Runge Kutta 방법
% y' = f(y,z) = z, y(0) = 1
% z' = g(y,z) = exp(y), z(0) = r
y = zeros(1,N+1);
z = zeros(1,N+1);
y(1) = 0;
z(1) = r2 ;
for i = 1:N
  fn = z(i);
  k1 = h*fn;
  gn = exp(y(i));
  l1 = h*gn;
  fnn = z(i)+l1/2;
  k2 = h*fnn;
  gnn = exp(y(i)+ k1/2) ;
  l2 = h*gnn;
  fnnn = z(i)+l2/2;
  k3 = h*fnnn;
  gnnn = exp(y(i) + k2/2) ;
```

```
  l3 = h*gnnn;
  fnnnn = z(i)+l3;
  k4 = h*fnnnn;
  gnnnn = exp(y(i) + k3);
  l4 = h*gnnnn;
  y(i+1) = y(i) + (k1+2*k2+2*k3+k4)/6;
  z(i+1) = z(i) + (l1+2*l2+2*l3+l4)/6;
end
if( iter == 1)
  if(abs(y(N+1)- yendexact)<TOL)
    break
  else
    yend1 = y(N+1);
    r2 = 0;
  end
else
  yend2 = y(N+1);
  rtemp = r2;
  r2 =r1 + (r2-r1)*(yendexact - yend1)/(yend2-yend1)
  r1 = rtemp;
  error = abs(yend2 - yendexact);
  yend1 = yend2;
end
iter = iter+1
end
=============================================================

=============================================================
% sysrungekutta4_712.m  (#7.1(2))
% y' = f(x,y,z) = z, y(0) = 0
% z' = g(x,y,z) =exp(y), z(0) = -0.4636
```

```
N = 10;
x = linspace(0,1,N+1);
y = zeros(1,N+1);
z = zeros(1,N+1);
h = 1./ N;
y(1) = 0;
z(1) = r2; %r2= -0.4636
disp(sprintf('x(i+1)\t\t  numerical y \t numerical z \t'))
disp(sprintf('%f\t %f \t %f \t', x(1), y(1),z(1)))
for i = 1:N
  k1 = h*(z(i));
  l1 = h*(exp(y(i)));
  k2 = h*(z(i)+l1/2);
  l2 = h*(exp(y(i)+k1/2));
  k3 = h*(z(i)+l2/2);
  l3 = h*(exp(y(i) + k2/2));
  k4 = h*(z(i)+l3);
  l4 = h*(exp(y(i)+k3));

  y(i+1) = y(i) + (k1+2*k2+2*k3+k4)/6;
  z(i+1) = z(i) + (l1+2*l2+2*l3+l4)/6;
  disp(sprintf('%f\t %f \t %f \t', x(i+1), y(i+1),z(i+1)))
end
```

==

```
>> shooting2
>> sysrungekutta4_712
```

문제 2. $2yy'' - (y')^2 + 4y^2 = 0, \quad \frac{\pi}{6} < x < \frac{\pi}{2}$

사격방법(N=10)

i	x_i	y_i(수치해)
1	0.6283	0.3455
2	0.7330	0.4477
3	0.8378	0.5523
4	0.9425	0.6545
5	1.0472	0.7500
6	1.1519	0.8346
7	1.2566	0.9045
8	1.3614	0.9568
9	1.4661	0.9891

```
=================================================================
function [x,y] = chap7exercise2(N)
% 사격방법( shooting method) (#7.2)
% y'' = ((y')^2-4y^2)/2y = (y')^2/2y - 2y
% y(pi/6) = 1/4, y(pi/2) =1

if nargin <1
  N = 10;
end
xa = pi/6;
xb = pi/2;
x = linspace(xa,xb,N+1);
h = (xa-xb)/ N;
TOL = 1e-5;
exact = 0;
error = 0;

% 4차 Runge Kutta 방법
% r1 = lambda , initial guess
% y' = f(y,z) = z , y(pi/6) = 1/4
% z' = g(y, z) =  z^2/2y - 2y , z(pi/6) = r1

f = inline('z','y', 'z');
```

```
g = inline('z^2/(2*y)-2*y','y','z');

% lambda 1 구하기
y = zeros(1,N+1);
z = zeros(1,N+1);
y(1) = 1/4; %initial value
r1 = 0.5; % intial guess
z(1) = r1 ; %lambda
yendexact = 1 ;% boundary value y(pi/2) = 1
error = 1;
r2=r1;
iter = 1;

while(error > TOL)
% 4차 Runge Kutta 방법
% y' = f(y,z) = z , y(0) = 1
% z' = g(y,z) =  y+1 , z(0) = r

% lambda 1 구하기
  y = zeros(1,N+1);
  z = zeros(1,N+1);
  y(1) = 1/4;
  z(1) = r2 ; %lambda
  for i = 1:N
    fn = f(y(i), z(i));
    k1 = h*fn;
    gn = g(y(i), z(i));
    l1 = h*gn;
    fnn = f(y(i)+k1/2, z(i)+l1/2);
    k2 = h*fnn;
    gnn = g(y(i)+k1/2, z(i)+l1/2);
```

```
    l2 = h*gnn;
    fnnn = f(y(i)+k2/2, z(i)+l2/2);
    k3 = h*fnnn;
    gnnn = g(y(i)+k2/2, z(i)+l2/2);
    l3 = h*gnnn;
    fnnnn = f(y(i)+k3, z(i)+l3);
    k4 = h*fnnnn;
    gnnnn = g(y(i)+k3, z(i)+l3);
    l4 = h*gnnnn;

    y(i+1) = y(i) + (k1+2*k2+2*k3+k4)/6;
    z(i+1) = z(i) + (l1+2*l2+2*l3+l4)/6;
  end
  if( iter == 1)
    if(abs(y(N+1)- yendexact)<TOL)
      break
    else
      yend1 = y(N+1);
      r2 = 0.8; %lambda2
    end
  else
    yend2 = y(N+1);
    rtemp = r2;
    r2 =r1 + (r2-r1)*(yendexact - yend1)/(yend2-yend1);
    r1 = rtemp;
    error = abs(yend2 - yendexact);
    yend1 = yend2;
  end
  iter = iter+1;
end
yexact = sin(x).^2;
```

```
fprintf('Maximum error : %f \n ', norm(yexact - y, 1));
```

==

```
>> chap7exercise2
Maximum error : 0.000038
>> plot(x, yexact, '+', x, y, 'o')
```

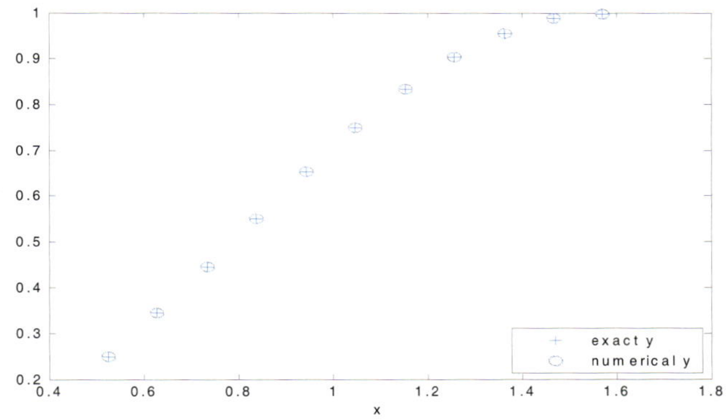

문제 3. (1) N=10

i	x_i	y_i
1	0.3000	0.5001
2	0.6000	0.1881
3	0.9000	-0.0934
4	1.2000	-0.3211
5	1.5000	-0.4606
6	1.8000	-0.4721
7	2.1000	-0.3211
8	2.4000	0.0123
9	2.7000	0.5258

==

```
% fdm731.m (#7.3(1))
% 4y'' + x^2 y' = 3x^2+1, y(0) = 1, y(3) = 2

xa = 0; xb = 3;
N = 10;
x = linspace(xa,xb,N+1);
```

```
h = 3./ N;
TOL = 1e-5;

% 유한 차분법을 사용하여 미분방정식을 Ay=b꼴로 바꾼다.
A = zeros(N-1, N-1);
y = zeros(N+1,1);
y(1) = 1; y(N+1)=2;
b = zeros(N-1,1);
A(1,1)=-8;
A(1,2)=4+h*x(1)^2/2;
for i =2:N-2
  A(i,i) = -8;
  A(i,i-1) = 4-h*x(i)^2/2;
  A(i,i+1) =4+h*x(i)^2/2;
  b(i,1) = h^2*(3*x(i)^2+1);
end
A(N-1,N-1)=-8;
A(N-1,N-2)=4-h*x(1)^2/2;
b(1,1) = h^2*3*x(1)^2+h^2-y(1)*(4-h*x(i)^2/2);
b(N-1,1) =  h^2*3*x(N+1)^2+ h^2-y(N+1)*(4-h*x(i)^2/2);
y(2:N,1)=A\b
===================================================================
```

(2) N=10

i	x_i	y_i
1	0.1571	0.0268
2	0.3142	0.0563
3	0.4712	0.0906
4	0.6283	0.1332
5	0.7854	0.1905
6	0.9425	0.2747
7	1.0996	0.4092
8	1.2566	0.6405
9	1.4137	1.0609

```
=====================================================================
% fdm732.m (#7.3(2))
% 4y" + 4 y'sinx -4ycosx = -sinx, y(0) = 0, y(pi/2) = 1

xa = 0; xb = pi/2;
N = 10;
x = linspace(xa,xb,N+1);
y(1)=0;
y(N+1)=pi/2;
h=(xb-xa)./N;
TOL = 1e-5;

% 유한 차분법을 사용하여 미분방정식을 Ay=b꼴로 바꾼다.
A = zeros(N-1, N-1);
y = zeros(N+1,1);
y(1)  = 0; y(N+1)=1;
b = zeros(N-1,1);
A(1,1)  = -2-4*h^2*cos(x(1));
A(1,2)  = 1+2*h*sin(x(1));
for i =2:N-2
  A(i,i)  = -2-4*h^2*cos(x(i));
  A(i,i-1)  = 1-2*h*sin(x(i));
  A(i,i+1)  = 1+2*h*sin(x(i));
  b(i,1)  = -h^2*sin(x(i));
end
A(N-1,N-1)=-2-4*h^2*cos(x(N-1));
A(N-1,N-2)=1-2*h*sin(x(N-1));
b(1,1)  = -h^2*sin(x(1))-y(1)*(1-2*h*sin(x(1)));
b(N-1,1)  =  -h^2*sin(x(N-1))-y(N+1)*(1-2*h*sin(x(N-1)));
y(2:N,1)=A\b
=====================================================================
```

(3) N=10

i	x_i	y_i
1	0.1000	-0.0451
2	0.2000	0.0202
3	0.3000	-0.0803
4	0.4000	0.0681
5	0.5000	-0.1573
6	0.6000	0.1787
7	0.7000	-0.3282
8	0.8000	0.4304
9	0.9000	-0.7114

```
=================================================================
function [x,y] = fdm733(N, MaxIter)
% 유한차분법 (#7.3(3))
% y'' - 100y' = exp(y), y(0) = y(1) = 1
% exp(y) 를 아는 값으로 간주하고 반복법을 이용하여 해를 구한다.
% y'' - 100y' = exp(y0), y(0) = y(1) = 1을 풀어 y1을 구한다.
% y'' - 100y' = exp(y1), y(0) = y(1) = 1을 풀어 y2를 구한다.
% 이 과정을 반복하여 yn의 수렴값이 방정식의 해가 된다.

if nargin <2
  MaxIter = 100;
end
if nargin <1
  N = 10;
end
xa = 0; xb = 1;
x = linspace(xa,xb,N+1);
h = 1./ N;
h2 = h*h;
TOL = 1e-5;

% 유한 차분법을 사용하여 미분방정식을 Ay=b꼴로 바꾼다.
```

```
A = zeros(N-1, N-1);
y = zeros(N+1,1);
y0 = zeros(N+1,1);
y(1) = 0 ; y(N+1)=1;
b = zeros(N-1,1);
y0(:,1)= y(1) + [0:N]*(y(N+1)-y(1))/N;
for iter = 1:MaxIter
  for i =1:N-1
    A(i,i) = -2;
    b(i,1) =h2*exp(y0(i+1));
  end
  b(1,1) =  h2*exp(y0(2)) -(1+50*h)*y(1);
  b(N-1,1) = h2*exp(y0(N)) -(1-50*h)*y(N+1);
  for i =2:N-1
    A(i, i-1)=1+50*h;
    A(i-1,i)=1-50*h;
  end
  y(2:N,1)=A\b;
  if(norm(y-y0) <TOL)
    break
  end
  y0 = y;
  iter;
end
=================================================================
```

(4) N=10

i	x_i	y_i
0	0	-1.3344
1	0.1000	-1.4013
2	0.2000	-1.4740
3	0.3000	-1.5580
4	0.4000	-1.6601
5	0.5000	-1.7884

6	0.6000	-1.9525
7	0.7000	-2.1642
8	0.8000	-2.4371
9	0.9000	-2.7874
10	1.0000	-3.2343

```
=================================================================
% fdm734.m (#7.3(4))
% y" - y'= -4xexp(x), y(0) =y'(0)-1, y(1) =-y'(1)-exp(1)

xa = 0; xb = 1;
N = 10;
x = linspace(xa,xb,N+1);
h=(xb-xa)./N;
TOL = 1e-5;

% 유한 차분법을 사용하여 미분방정식을 Ay=b꼴로 바꾼다.
A = zeros(N+1, N+1);
y = zeros(N+1,1);
b = zeros(N+1,1);
A(1,1) = -2*h-1;
A(1,2) =1;
for i =2:N
  A(i,i) = -2;
  A(i,i-1) = 1+(h^2);
  A(i,i+1) = 1-(h^2);
  b(i,1) = -4*h^2*x(i)*exp(x(i));
end
A(N+1,N)=1;
A(N+1,N+1)= 2*h-1;
b(1,1) = 2*h;
b(N+1,1) =  -2*h;
b(2,1)= -4*h^2*x(2)*exp(x(2))-(1+h/2)*y(1);
```

```
b(N,1)= -4*h^2*x(N)*exp(x(N))-(1-h/2)*y(N+1);
y(:,1)=A\b
===================================================================
```

문제 4. 유한차분법($h=\frac{1}{2}$)

i	x_i	y_i
1	0.5000	0.9577
2	1.0000	0.9706
3	1.5000	1.0754

```
===================================================================
% fdm74.m (#7.4)
% y"-y' = x^2, y(0) = 1, y(2) = 2

xa = 0; xb = 2;
N = 4;
x = linspace(xa,xb,N+1);
h = (xb-xa)/ N;
TOL = 1e-5;
A = zeros(N-1, N-1);
y = zeros(N+1,1);
y(1) = 1; y(N+1)=2;
b = zeros(N-1,1);
for i =1:N-1
  A(i,i) = -2;
  b(i,1) = h^2*x(i)^2;
end
for i =2:N-2
  A(i,i-1) = 1+h/2;
  A(i,i+1) = 1-h/2;
end
A(1,2)=1-h/2;
```

```
A(N-1,N-2)= 1+h/2;
b(1,1) = h^2*x(2)^2-(1+h/2)*y(1);
b(N-1,1) =  h^2*x(N)^2- (1-h/2)*y(N+1);
y(2:N,1)=A\b
=====================================================================
```

문제 5. $y(0)=1,\ y(1)=2$일 때

$h=\dfrac{1}{2}$인 유한차분법을 이용하면 x_1=0.5000에서 수치해 y_1= -0.1429를 얻는다.

$h=\dfrac{1}{10}$을 사용하여 유한차분법으로 구하면 다음과 같다.

i	x_i	y_i
1	0.1000	-0.0939
2	0.2000	-0.1076
3	0.3000	-0.1117
4	0.4000	-0.1045
5	0.5000	-0.0852
6	0.6000	-0.0540
7	0.7000	-0.0122
8	0.8000	0.0378
9	0.9000	0.0932

```
=====================================================================
% fdm75.m (#7.5)
% y'' + (4x-2) y' +y= 1, y(0) = 1, y(1) = 2

xa = 0; xb = 1;
N = 10;
x = linspace(xa,xb,N+1);
h = (xb-xa)/ N;
TOL = 1e-5;
A = zeros(N-1, N-1);
y = zeros(N+1,1);
y(1) = 1; y(N+1)=2;
b = zeros(N-1,1);
```

```
for i =1:N-1
  A(i,i) = -2+h*h;
  b(i,1) = h*h;
end
b(1,1) =   h^2-y(1)*(4*x(2)-2)*h/2;
b(N-1,1) = h^2-y(N+1)*(4*x(N)-2)*h/2;
for i =2:N-1
  A(i, i-1)=1-(4*x(i)-2)*h/2;
  A(i-1,i)=1+(4*x(i-1)-2)*h/2;
end
x=x';
y(2:N,1)=A\b
=============================================================
```

문제 6. 유한차분법(N=10)

i	x_i	y_i(수치해)
1	0.1000	2.1935
2	0.2000	2.3389
3	0.3000	2.4581
4	0.4000	2.5605
5	0.5000	2.6510
6	0.6000	2.7325
7	0.7000	2.8070
8	0.8000	2.8758
9	0.9000	2.9399

```
=============================================================
function [x,y] = fdm76(N, MaxIter)
% 유한차분법 (#7.6)
% (y-1)^2y'' + 2y(-1)(y')^2 = 0, y(0)=2, y(1) = 3
% 비선형 부분을 아는 값으로 간주하고 반복법을 이용하여 해를 구한다.
% y'' + 2(y0')^2/(y0-1), y(0) =2,  y(1) = 3 을 풀어 y1을 구한다.
% y'' + 2(y1')^2/(y1-1), y(0) =2,  y(1) = 3 을 풀어 y2를 구한다.
% 이 과정을 반복하여 yn의 수렴값이 방정식의 해가 된다.
```

```
if nargin <2
  MaxIter = 100;
end
if nargin <1
  N = 10;
end
xa = 0; xb = 1;
x = linspace(xa,xb,N+1);
h = 1./ N;
h2 = h*h;
TOL = 1e-5;

% 유한 차분법을 사용하여 미분방정식을 Ay=b꼴로 바꾼다.
A = zeros(N-1, N-1);
y = zeros(N+1,1);
y0 = zeros(N+1,1);
y(1) = 2 ; y(N+1)=3;
b = zeros(N-1,1);
y0(:,1)= y(1) + [0:N]*(y(N+1)-y(1))/N;
for iter = 1:MaxIter
  for i =1:N-1
    A(i,i) = -2;
    b(i,1) =-h2*2*((y0(i+2)-y0(i))/2/h)^2/(y0(i+1)-1);
  end
  b(1,1) =  b(1,1) - y(1);
  b(N-1,1) = b(N-1, 1) - y(N+1);
  for i =2:N-1
    A(i, i-1)=1;
    A(i-1,i)=1;
  end
```

```
  y(2:N,1)=A\b;
  if(norm(y-y0, 1) <TOL)
    break
  end
  y0 = y;
end
yexact = 1+(7*x+1).^(1/3);
fprintf('Maximum error : %f\n',norm(yexact' - y, 1));
plot(x, yexact, '+', x,  y, 'o');
legend('exact y', 'numerical',4);
```

==

>> fdm76

Maximum error : 0.000025

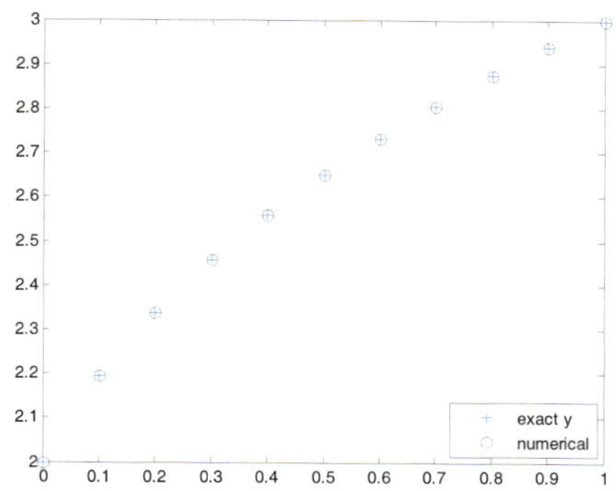

문제 7. (1) 사격 방법(N=10, TOL=10^{-4})

i	x_i	exact	y_i(수치해)	error
1	0.157080	-0.165572	-0.165575	0.000004
2	0.314159	-0.284892	-0.284900	0.000007
3	0.471239	-0.361153	-0.361165	0.000011
4	0.628319	-0.397717	-0.397733	0.000015
5	0.785398	-0.398162	-0.398181	0.000019
6	0.942478	-0.366302	-0.366325	0.000023
7	1.099557	-0.306194	-0.306221	0.000027
8	1.256637	-0.222113	-0.222142	0.000030
9	1.256637	-0.118517	-0.118549	0.000032
10	1.570796	-0.000000	-0.000034	0.000034

```
==================================================================
% shooting77.m (#7.7)
% y''+y= 2*exp(-x)
% y(0) = 0, y(pi/2) =0

N = 10;
x = linspace(0,0.5*pi,N+1);
h = (0.5*pi)/ N;
TOL = 1e-4;
error = 0;

% 4차 Runge Kutta 방법
% y' = f(y,z) = z, y(0) = 0
% z' = g(y,z) = 2*y^3, z(0.5*pi) = r
y = zeros(1,N+1);
z = zeros(1,N+1);
y(1) = 0;
r1 = 1;
z(1) = r1 ;
yendexact = 0 ;
error = 1
r2=r1
iter = 1;

while(error > TOL)
% 4차 Runge Kutta 방법
% y' = f(y,z) = z, y(1) = 1
% z' = g(y,z) = -y+2*exp(-x), z(1) = r
  y = zeros(1,N+1);
  z = zeros(1,N+1);
  y(1) = 0;
  z(1) = r2 ;
```

```
for i = 1:N
  fn = z(i);
  k1 = h*fn;
  gn = -y(i)+2*exp(-x(i));
  l1 = h*gn;
  fnn = z(i)+l1/2;
  k2 = h*fnn;
  gnn = -(y(i) + k1/2)+2*exp(-x(i)-h/2);
  l2 = h*gnn;
  fnnn = z(i)+l2/2;
  k3 = h*fnnn;
  gnnn =-(y(i) + k2/2)+2*exp(-x(i)-h/2);
  l3 = h*gnnn;
  fnnnn = z(i)+l3;
  k4 = h*fnnnn;
  gnnnn =-(y(i) + k3)+2*exp(-x(i)-h);
  l4 = h*gnnnn;

  y(i+1) = y(i) + (k1+2*k2+2*k3+k4)/6;
  z(i+1) = z(i) + (l1+2*l2+2*l3+l4)/6;
end
if( iter == 1)
  if(abs(y(N+1)- yendexact)<TOL)
    break
  else
    yend1 = y(N+1);
    r2 = 0;
  end
else
  yend2 = y(N+1);
  rtemp = r2;
```

```
      r2 =r1 + (r2-r1)*(yendexact - yend1)/(yend2-yend1);
      r1 = rtemp;
      error = abs(yend2 - yendexact);
      yend1 = yend2;
    end
    r2;
    iter = iter+1;
end
==================================================================

==================================================================
% sysrungekutta4_77.m  (#7.7(1))
% y' = f(x,y,z) = z, y(0) = 0
% z' = g(x,y,z) = -y+2*exp(-x), z(0) = -1.2079
N = 10;
x = linspace(0,0.5*pi,N+1);
y = zeros(1,N+1);
z = zeros(1,N+1);
h = 0.5*pi./ N;
y(1) = 0;
z(1) = r2; %r2=-1.2079
disp(sprintf('x(i+1)\t\t  numerical y \t numerical z \t'))
disp(sprintf('%f\t %f \t %f \t', x(1), y(1),z(1)))
for i = 1:N
  k1 = h*(z(i));
  l1 = h*(-y(i)+2*exp(-x(i)));
  k2 = h*(z(i)+l1/2);
  l2 = h*(-y(i)-k1/2+2*exp(-x(i)-h/2));
  k3 = h*(z(i)+l2/2);
  l3 = h*(-y(i)-k2/2+2*exp(-x(i)-h/2));
  k4 = h*(z(i)+l3);
```

```
  l4 = h*(-y(i)-k3+2*exp(-x(i)-h));
  y(i+1) = y(i) + (k1+2*k2+2*k3+k4)/6;
  z(i+1) = z(i) + (l1+2*l2+2*l3+l4)/6;
  disp(sprintf('%f\t %f \t %f \t', x(i+1), y(i+1),z(i+1)))
end
=================================================================
>> shooting
>> sysrungekutta4_77
-----------------------------------------------------------------
```

(2) 유한차분법(N=10)

i	x_i	exact	y_i(수치해)	error
1	0.1571	-0.1656	-0.1613	-0.0042
2	0.3142	-0.2849	-0.3022	0.0173
3	0.4712	-0.3612	-0.3935	0.0324
4	0.6283	-0.3977	-0.4390	0.0413
5	0.7854	-0.3982	-0.4429	0.0448
6	0.9425	-0.3663	-0.4096	0.0433
7	1.0996	-0.3062	-0.3436	0.0374
8	1.2566	-0.2221	-0.2499	0.0278
9	1.4137	-0.1185	-0.1336	0.0151

```
=================================================================
% fdm5.m (#7.7(2))
% y'' + y = 2exp(-x), y(0) = 0, y(pi/2) = 0

xa = 0;
xb = pi/2;
N=10;
x = linspace(xa,xb,N+1);
y(1)=0;
y(N+1)=pi/2;
h=(xb-xa)./N;

A = zeros(N-1, N-1);
```

```
y = zeros(N+1,1);
y(1) = 0; y(N+1)=0;
b = zeros(N-1,1);
exact=zeros(N-1,1);

A(1,1) = -2+h*h;
A(1,2) = 1;
for i =2:N-2
  A(i,i) = -2+h*h;
  A(i,i-1) = 1;
  A(i,i+1) = 1;
  b(i,1) = 2*h*h*exp(-x(i));
end
A(N-1,N-1)=-2+h*h;
A(N-1,N-2)=1;
b(1,1) = 2*h*h*exp(-x(i))-y(1);
b(N-1,1) =  2*h*h*exp(-x(N-1))-y(N+1);

y(2:N,1)=A\b
for i=1:N

exact(i+1,1)=-exp(-pi/2)*sin(x(i+1))-cos(x(i+1))+exp(-x(i+1));
  error(i+1,1)=abs(exact(i+1,1)-y(i+1));
end
x, y, exact,error
=================================================================
```

(3) 유한요소법(N=10)

i	x_i	exact	y_i(수치해)	error(절대오차)
1	0.1571	-0.1656	-0.1651	0.0004
2	0.3142	-0.2849	-0.2841	0.0008
3	0.4712	-0.3612	-0.3602	0.0010
4	0.6283	-0.3977	-0.3966	0.0011
5	0.7854	-0.3982	-0.3971	0.0011

i	x_i	exact	y_i(수치해)	error(절대오차)
6	0.9425	-0.3663	-0.3653	0.0010
7	1.0996	-0.3062	-0.3053	0.0009
8	1.2566	-0.2221	-0.2215	0.0006
9	1.4137	-0.1185	-0.1182	0.0003

```
=====================================================================
function [x, y] = fem773(N)
% Galerkin 방법 (#7.7(3))
% y'' +  y = 2*exp(-x) , y(0) =0, y(pi/2) = 0;

xa = 0;
xb= pi/2;
if nargin <1
  N = 20;
end
x = linspace(xa,xb,N+1);
h = (xb-xa)/ N;
TOL = 1e-5;

% 유한 요소법을 사용하여 미분방정식을 Ay=b꼴로 바꾼다.
A = zeros(N-1, N-1);
y = zeros(N+1,1); %numerical solution
y(1) = 0; y(N+1)=0;
yexact = zeros(N+1, 1); %exact solution
b = zeros(N-1,1);

for i =1:N-1
  A(i,i) = -2 + 2*h*h/3;
% syms t; % variable for symbolic integration
% b(i,1) = h* int_{x_i^{x_i+2} 2exp(-t)*phi_i(t) dt
%   = int_{x_i^{x_i+1} 2exp(-t)*(t - x_i) dt
%   + int_{x_i+1^{x_i+2} 2exp(-t)*(x_i+2 - t) dt
```

```
% b(i,1) = int(2*exp(-t)*(t - x(i)), x(i), x(i+1))...
%          +int(2*exp(-t)*(x(i+2)-t), x(i+1), x(i+2));
% 위와 같이 적분을 계산해도 되나 실행시간이 오래 걸린다.
% 위 적분을 직접 계산하여 아래와 같이 계산하면 실행시간이 단축된다.
  b(i, 1) = 2*(exp(-x(i))-2*exp(-x(i+1)) + exp(-x(i+2)));
end
for i =2:N-1
  A(i, i-1)=1 + h*h/6;
  A(i-1,i)=1 + h*h/6;
end

y(2:N,1)=A\b

% yexact(:) = -exp(-pi/2)*sin(x(:))-cos(x(:))+exp(-x(:));
yexact = -exp(-pi/2)*sin(x)-cos(x)+exp(-x);
for i=1:N

exact(i+1,1)=-exp(-pi/2)*sin(x(i+1))-cos(x(i+1))+exp(-x(i+1));
  error(i+1,1)=abs(exact(i+1,1)-y(i+1)); %absolute error
end
fprintf('Maximum error : %f \n ', norm(yexact' - y, 1));
==============================================================
>> fem773(10)
Maximum error : 0.007143
--------------------------------------------------------------
```

(4) N=10일 때 오차 비교

i	x_i	exact	y_i(FDM)	error(FDM)	$\tilde{y}_i$(FEM)	error(FEM)
1	0.1571	-0.1656	-0.1613	0.0042	-0.1651	0.0004
2	0.3142	-0.2849	-0.3022	0.0173	-0.2841	0.0008
3	0.4712	-0.3612	-0.3935	0.0324	-0.3602	0.0010
4	0.6283	-0.3977	-0.4390	0.0413	-0.3966	0.0011
5	0.7854	-0.3982	-0.4429	0.0448	-0.3971	0.0011
6	0.9425	-0.3663	-0.4096	0.0433	-0.3653	0.0010

i	x_i	exact	y_i(FDM)	error(FDM)	$\tilde{y}_i$(FEM)	error(FEM)
7	1.0996	-0.3062	-0.3436	0.0374	-0.3053	0.0009
8	1.2566	-0.2221	-0.2499	0.0278	-0.2215	0.0006
9	1.4137	-0.1185	-0.1336	0.0151	-0.1182	0.0003

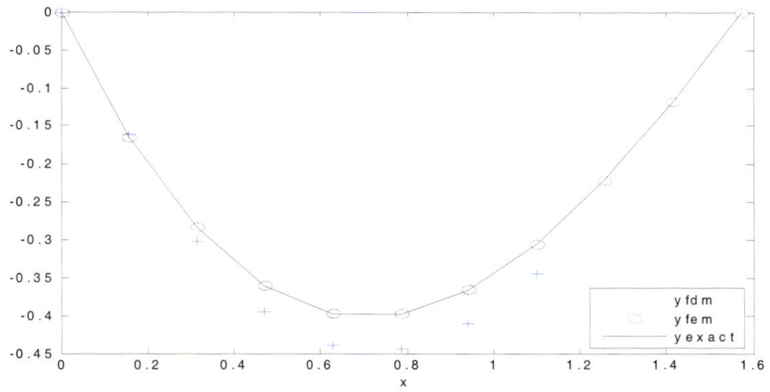

8장 편미분방정식의 수치해

문제 1 (1) $B^2 - AC = 0$이므로 포물형

(2) $B^2 - AC = 1 > 0$이므로 쌍곡형

(3) $B^2 - AC = 0$이므로 포물형

(4) $B^2 - AC = 4 - 3 \cdot (-5) > 0$이므로 쌍곡형

(5) $B^2 - AC = x^2 + y^2 - 1$ 이다.

$x^2 + y^2 < 1$이면 타원형, $x^2 + y^2 = 1$이면 포물형, $x^2 + y^2 > 1$이면 쌍곡형

(6) $B^2 - AC = -1 - u_x^2 - u_y^2 < 0$ 이므로 타원형

문제 2. forwardfdm함수를 이용하여 해를 구한다. 이때 x축은 10등분할 경우 $h = 0.2$이므로 $k \leqq \frac{1}{2}k^2 = 0.02$이어야 한다. 즉 $M \geqq 100$이다.

```
>> f = inline('sin(pi/2*x)','x'); % u(x,0) = f(x)를 입력
>> g1 = inline('0',t);             % u(0,t) = g1(t)를 입력
>> g2 = inline('0',t);             % u(2,t) = g2(t)를 입력
```

```
>> [u, x, t] = heatforwardfdm(2, 2, f, g1, g2, 10, 100)
>> mesh(u)
```

문제 3. backwardfdm을 이용하여 해를 구한다.

```
>> f=inline('(x -x^2)*exp(x)','x'); % u(x,0)=f(x)를 입력
>> g1=inline('0',t);                % u(0,t)=g1(t)를 입력
>> g2=inline('0',t);                % u(2,t)=g2(t)를 입력
>> [u,x,t]=heatbackwardfdm(1, 1, f, g1, g2, 10, 10)
>> mesh(x, t, u)
```

문제 4. (284쪽)

(i) 후진 Euler 차분법

```
================================================================
function [x, t, u] = chap8exercise401(M, N)
% solve u_t = u_xx+ xu_x - 3u , u(x,0) = f(x), u(0, t) =g1(t),
% u(1,t)=g2(t)
% where f(x) = x^2 + 1 , g1(t) = exp(-t), g2(t) = 2exp(-t)
% 0 <= x <= xf=1 , 0<= t <= tf
% f : initial condition
% g1, g2 : boundary condition
% M : x축의 분할개수
% N : t축의 분할개수
% 전진차분법

TOL = 1e-5 ;
if nargin < 2
  M = 20;
end
if nargin <1
  N = M;
end
xf = 1;
```

```
tf = 1;
dx = xf/M;
dt = tf/N;
x = [0:M]'*dx;
t = [0:N]*dt;
u = zeros(M+1, N+1);

% 초기 조건 및 경계 조건 함수 지정하기
f = inline('x^2 + 1','x');
g1 = inline('exp(-t)','t');
g2 = inline('2*exp(-t)','t');
% 초기조건
for i = 1:M+1
  u(i, 1) = f(x(i));
end
% 경계조건
for j = 1 :N+1
  u([1 M+1], j) = [g1(t(j)); g2(t(j))];
end
r = dt/dx/dx;
s = dt/dx/2;
% implicit scheme
% solve Ax = b
for i = 1:M-1
  A(i, i) = 1+2*r + 3*dt;
end
for i = 2:M-1
  A(i, i-1) = -r + s*x(i+1);
  A(i-1, i) = -r - s*x(i+1);
end
for j = 2:N+1
  b = [-(-r+s*x(1))*u(1,j); zeros(M-3,1);-(-r-s*x(M+1))*u(M+1,j)]+u(2:M,
j-1);
  u(2:M, j) = A₩b;
end
```

```
for j= 1:N+1
  uexact(:,j) = (x(:).^2 + 1).*exp(-t(j));
end
fprintf('Maximum error : %f₩n',max(max(abs(uexact-u))));
mesh(x, t, u)
========================================================
>>[x, t, u] = chap8exercise401;
Maximum error : 0.051494
```

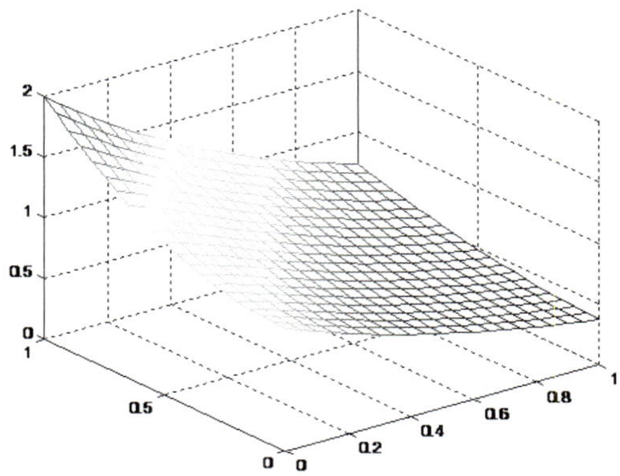

(ii) Crank-Nicolson 방법

```
========================================================
function [x, t, u] = chap8exercise402(M, N)
% solve u_t = u_xx+ xu_x - 3u , u(x,0) = f(x), u(0, t) =g1(t),
% u(1,t)=g2(t)
% where f(x) = x^2 + 1 , g1(t) = exp(-t), g2(t) = 2exp(-t)
% 0 <= x <= xf=1 , 0<= t <= tf
% f : initial condition
% g1, g2 : boundary condition
% M : x축의 분할개수
% N : t축의 분할개수
% 전진차분법

TOL = 1e-5 ;
if nargin < 2
  M = 20;
```

```
end
if nargin <1
  N = M;
end
xf = 1;
tf = 1;
dx = xf/M;
dt = tf/N;
x = [0:M]'*dx;
t = [0:N]*dt;
u = zeros(M+1, N+1);

% 초기 조건 및 경계 조건 함수 지정하기
f = inline('x^2 +1','x');
g1 = inline('exp(-t)','t');
g2 = inline('2*exp(-t)','t');

% 초기조건
for i = 1:M+1
  u(i, 1) = f(x(i));
end

% 경계조건
for j = 1 :N+1
  u([1 M+1], j) = [g1(t(j)); g2(t(j))];
end
r = dt/dx/dx/2;
s = dt/dx/4;

% implicit scheme
% solve Ax = b
for i = 1:M-1
  A(i, i) = 1+2*r + 1.5*dt;
end
for i = 2:M-1
```

```
    A(i, i-1) = -r + s*x(i+1);
    A(i-1, i) = -r - s*x(i+1);
end
for j = 2:N+1
  b = [-(-r + s*x(1))*u(1,j); zeros(M-3,1);-(-r - s*x(M+1))*u(M+1,j)]+
...
   (1-2*r-1.5*dt)*u(2:M, j-1)+(r-x(i+1)*s)*u(1:M-1,j-1)+...
    (r+x(i+1)*s)*u(3:M+1,j-1);
  u(2:M, j) = A₩b;
end
for j= 1:N+1
  uexact(:,j) = (x(:).^2 + 1).*exp(-t(j));
end
fprintf('Maximum error : %f₩n',max(max(abs(uexact-u))));
mesh(x, t, u)
==================================================================
>> [x, t, u] = chap8exercise402;
Maximum error : 0.040180
```

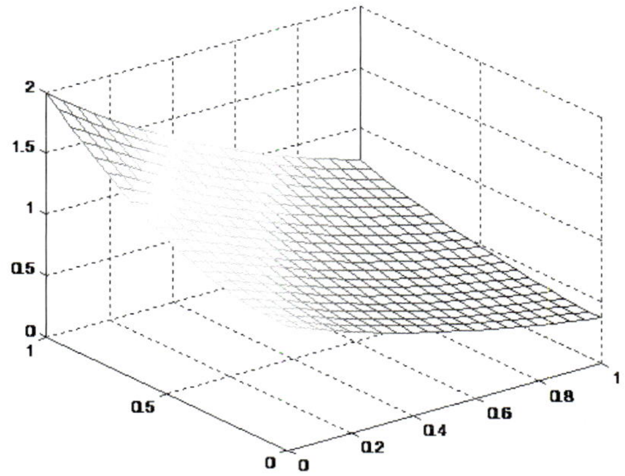

문제 4. (290쪽) 오차가 8×10^{-5}이하임을 알 수 있다.

```
==================================================================
% chap8exercise4.m .m (#8.4)
% 정의역 설정
```

```
x0 = 0;
xf = 1;
y0 = 0;
yf = 1;
% 경계조건
bx0 = inline('0','x');
bxf = inline('x','x');
by0 = inline('0','x');
byf = inline('y','y');
f = inline('0','x', 'y'); %f(x,y)
M = 20;
N = 20;
[u, x, y] = poissonfdm(x0, xf, y0, yf, f, bx0, bxf, by0, byf, M, N);
exactu = x'*y; u(x,y)=xy
mesh(x, y, u-exactu)
===================================================================
```

문제 5. 오차가 1×10^{-4}이하임을 알 수 있다.

```
===================================================================
% chap8exercise5.m .m (#8.5)
% 정의역 설정
x0 = 0;
xf = 2;
y0 = 0;
yf = 1;
% 경계조건
bx0 = inline('1','y');
bxf = inline('exp(2*y)','y');
by0 = inline('1','x');
byf = inline('exp(x)','x');
f = inline('(x^2+ y^2)*exp(x*y)','x', 'y'); %f(x,y)
M = 20;
N = 20;
[u, x, y] = poissonfdm(x0, xf, y0, yf,f, bx0, bxf, by0, byf, M,N);
exactu = exp(x'*y); %u(x,y)=e^xy
```

```
mesh(x, y, u - exactu)
==============================================================
```

문제 6.

```
==============================================================
function [u, x, y] = secondelliptic(M, N)
% solve u_xx + u_yy +pu_x + qu_y+ ru +s(x,y) = 0
% x0 <= x <= xf , y0<= y<= yf
% bx0, bxf, by0, byf : boundary condition
% u(x0, y) = bx0(y), u(xf, y) = bxf(y)
% u(x, y0)=by0(x), u(x, yf) = byf(x)
% M : x축의 분할개수
% N : t축의 분할개수

% 변수 및 함수 정의
x0 = 0; xf = 1;
y0 = 0; yf = 1;
bx0= inline('3','y');
bxf = inline('4', 'y');
by0 = inline('x+3','x');
byf = inline('x+3','x');
s = inline('0','x','y');

TOL = 1e-5 ;
omega = 0.7;
dx = (xf-x0)/M;
dy = (yf-y0)/N;
x = x0+ [0:M]*dx;
y = y0 + [0:N]*dy;
u = ones(M+1, N+1);

% 경계조건
for i = 1:M+1
  u(i, [1 N+1]) = [by0(x(i)) byf(x(i))];
end
```

```
for j = 1:N+1
  u([1 M+1], j) = [bx0(y(j));bxf(y(j))];
end
for j = 1:N
  for i = 1:M
    F(i,j) = s(x(i), y(j));
  end
end

% SOR method
% solve Ax = b
dx2 = dx*dx; dy2 = dy*dy; dxy2 = dx2*dy2;
error = 1;
while(error>TOL)
utemp = u;
for j = 2:N
  for i = 2:M
    p = 0;
    r = 0;
    q = -1/y(j);
    east = u(i+1,j); west = u(i-1,j);
    north = u(i,j+1); south = u(i, j-1);
    u(i,j) = u(i,j) - omega*(dx2*(2-dy*q)*south+dy2*(2-dx*p)*west-...
    2*(2*dx2+2*dy2-dx2*dy2*r)*u(i,j) + dy2*(2+dx*p)*east + ...
    dx2*(2+dy*q)*north+2*dx2*dy2*F(i,j))...
    /(-2*(2*dx2 +2*dy2-dx2*dy2*r));
  end
end
error = norm(utemp - u);
end
=================================================================
>>[u, x, y]=secondelliptic(20, 20)
>>mesh(x,y,u)
```

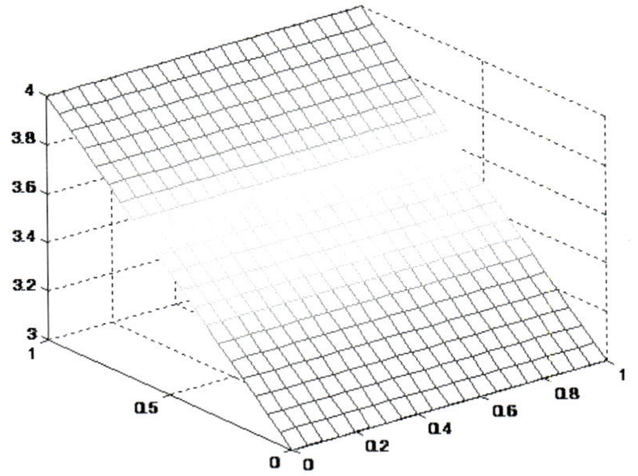

문제 7. (i) 전진차분법

```
=============================================================
function [exactu, u, x, t] = chap8exercise701(M,N)
% 전진차분법에 의한 파동 방정식 해 (#9.7(i))
% solve u_xx - u_yy = 0
% x0 <= x <= xf , y0<= y<= yf
% bx0, bxf, by0, byf : boundary condition
% u(x0, y) = bx0(y), u(xf, y) = bxf(y)
% u(x, y0)=by0(x), u(x, yf) = byf(x)
% M : x축의 분할개수
% N : t축의 분할개수

x0 =0; xf = 1;
t0 =0; tf = 1;
TOL = 1e-5 ;
omega = 0.7;
if nargin < 1
  M = 20; N=20;
end
if nargin <2
  N=M;
end
dx = (xf-x0)/M;dt = (tf-t0)/N;
dx2 = dx*dx;dt2 = dt*dt;
```

```
x = x0+ [0:M]*dx;t = t0 + [0:N]*dt;
u = ones(M+1, N+1);
f1 = inline('2*x+exp(x)','x');f2 = inline('-exp(x)','x');
bx0 = inline('exp(-t)','t');bxf = inline('2+exp(1-t)','t');

% 초기조건
for i = 1:M+1
  u(i, 1) = f1(x(i)) ;
end
for i = 2:M
  u(i, 2) = f1(x(i))+dt*f2(x(i))+dt2*(f1(x(i+1))-2*f1(x(i))+f1(x(i-1)))/dx2/2 ;
end

% 경계조건
for j = 1:N+1
  u([1 M+1], j) = [bx0(t(j)); bxf(t(j))] ;
end
for j = 2:N
  for i = 2:M
    u(i,j+1) = 2*u(i,j) - u(i, j-1) + dx2*(u(i+1,j)-2*u(i,j) + u(i-1,j))/dt2;
  end
end
for i = 1:M+1
  for j = 1:N+1
    exactu(i,j) = 2*x(i) + exp(x(i)- t(j));
  end
end
=========================================================
>> [exactu, u, x, t] = chap8exercise701
>> max(max(u - exactu))
ans =
  8.9487e-005
>> mesh(x, t, u)  %전진차분법의 의한 수치해
```

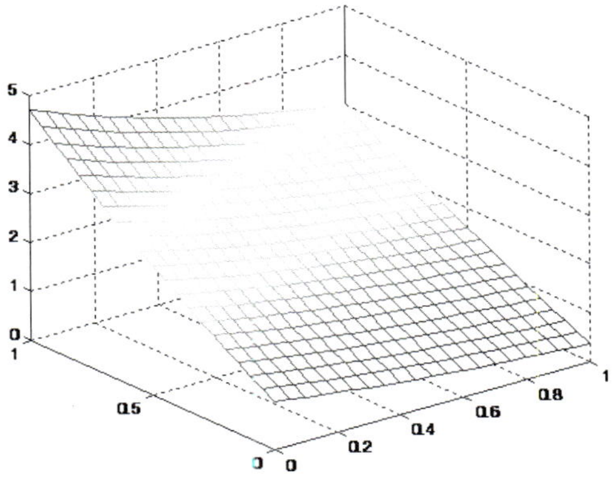

문제 7 전진차분법의 의한 수치해

```
>> mesh(x, t, abs(u-exactu))  %전진차분법의 오차
```

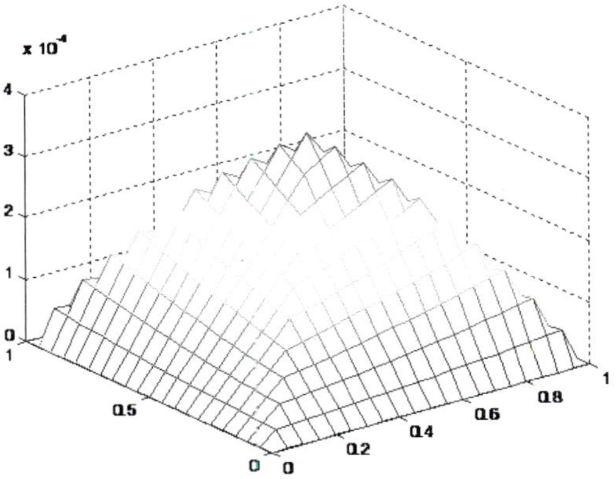

문제 7 전진차분법의 오차

(ii) Crank-Nicolson 방법

```
==========================================================================
function [exactu, u, x, t] = chap8exercise8702(M,N)
% Crank-Nicolson 방법에 의한 파동 방정식 해 (#8.7(ii))
% solve u_xx - u_yy = 0
% x0 <= x <= xf , y0<= y<= yf
% bx0, bxf, by0, byf : boundary condition
% u(x0, y) = bx0(y), u(xf, y) = bxf(y)
% u(x, y0)=by0(x), u(x, yf) = byf(x)
% M : x축의 분할개수
```

```
% N : t축의 분할개수

x0 =0; xf = 1;
t0 =0; tf = 1;
TOL = 1e-5 ;
omega = 0.7;
if nargin < 1
  M = 20; N=20;
end
if nargin <2
  N=M;
end

dx = (xf-x0)/M;
dt = (tf-t0)/N;
dx2 = dx*dx;
dt2 = dt*dt;
x = x0+  [0:M]*dx;
t = t0 +  [0:N]*dt;
u = ones(M+1, N+1);
f1 = inline('2*x+exp(x)','x');
f2 = inline('-exp(x)','x');
bx0 = inline('exp(-t)','t');
bxf = inline('2+exp(1-t)','t');

% 초기조건
for i = 1:M+1
  u(i, 1) = f1(x(i)) ;
end
for i = 2:M
  u(i, 2) = f1(x(i)) +dt*f2(x(i)) +dt2*(f1(x(i+1))-2*f1(x(i))+f1(x(i-1)))/dx2/2;
end

% 경계조건
for j = 1:N+1
```

```
  u([1 M+1], j) = [bx0(t(j)); bxf(t(j))] ;
end

% 방정식의 해 구하기
alpha = dx2/dt2;
for j = 2:N

% 2장의 3대각 행렬 소거법을 사용하여 해 구하기
  a = zeros(M-1,1);
  d = zeros(M-1,1);
  c = zeros(M-1,1);
  b = zeros(M-1,1);
  for i = 1:M-1
    a(i, 1) = 1;
    d(i, 1) = -2*(1+alpha);
    c(i, 1) = 1;
    b(i, 1) = -u(i, j-1)-u(i+2, j-1) - 4*alpha*u(i+1, j)...
        +2*(1+alpha)*u(i+1, j-1);
  end
  b (1, 1) = -u(1,j+1)-u(1, j-1)-u(3, j-1) - 4*alpha*u(2, j)...
     +2*(1+alpha)*u(2, j-1);
  b(M-1, 1) = -u(M+1,j+1)-u(M-1, j-1)-u(M+1, j-1) - 4*alpha*u(M, j)...
     +2*(1+alpha)*u(M, j-1);
  u(2:M, j+1) = triad(a, d, c, b);
end

% exact solution
for i = 1:M+1
  for j = 1:N+1
    exactu(i,j) = 2*x(i) + exp(x(i)- t(j));
  end
end
============================================================
>> [exactu, u, x, t] = chap8exercise8702(20, 20)
>> mesh(x, t, u)  %Crank-Nicolson 방법의 의한 수치해
```

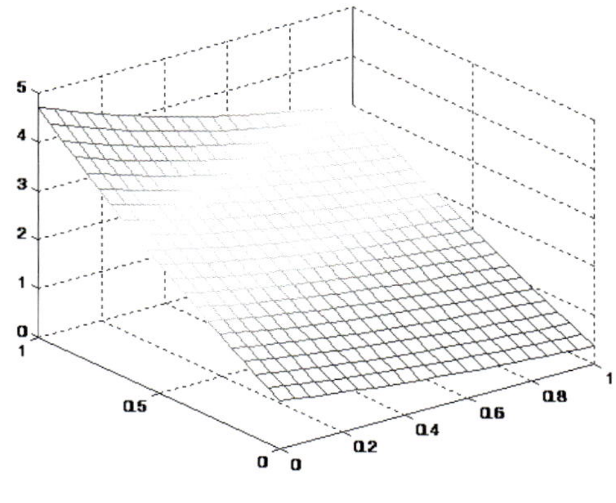

문제 7 Crank-Nicolson 방법의 의한 수치해

```
>> mesh(x, t, abs(u-exactu)) %Crank-Nicolson 방법의 오차
```

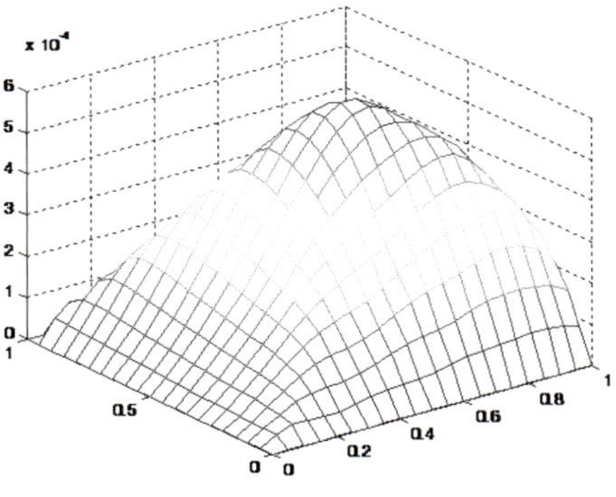

문제 7 Crank-Nicolson 방법의 오차

9장 최적문제

문제 1. (1) $\nabla f(x_1, x_2) = (3x_1^2 - 4x_1, 3x_2^2 + 6x_2)^T$

(2) $x_1 = 0$ 또는 $x_1 = \frac{4}{3}$, $x_2 = 0$ 또는 $x_2 = -2$

(3) 극값 없음

문제 2-3. 극솟값이 없음

문제 4. $x_1 = 1,\ x_2 = 1,\ x_3 = 1$

```
==============================================================
function [xm, fxm] = conjugategradmethod(H, b, c, x0)
% 공액그래디언트 방법 (#9.4, #9.5)
% H : symmetric positive definite matrix
% H : f(x) = 1/2 x^t Hx - b^t*x +c
% b : 열벡터
% x0 : 열벡터
% x0 : 초기 추측
% fxm : 함수의 최솟값
% xm : 최솟값을 갖는 위치
% 연립방정식 Ax = b의 해를 구하기
% f(x) = 1/22 x^t Ax - b^t*x 의 극솟점을 찾는 문제로 바꾸어 해결한다.
% 연립방정식의 경우 최종적으로 구해지는 xm이 방정식의 해가 된다.

TOL = 1e-5;
N = size(b,1);

% 교재 내용에서 g, d의 위치 수정
g = H*x0 - b;
d = -g;
for iter = 1: N
  if (norm(g, 1)<TOL)
    break;
  end
  gtemp = g;
  tau = (g'*g)/(d'*H*d);
  x0 =x0 + tau*d;
  g = g + tau*H*d;
  beta =(g'*g)/(gtemp'*gtemp);
  d = -g + beta*d;
end
xm = x0;
fxm = 0.5*xm'*H*xm -b'*xm +c;
==============================================================
```

```
==========================================================
% chap9exercise4.m (#9.4)
A=[2 0 -1; -2 -10 0;-1 -1 4];
b=[1 -12 2]';
c=[0 0 0]';
x0=[0 0 0]';

% 계수 행렬을 대칭행렬로 만들어 준다.
% A'(Ax-b)
B=A'*A;
b=A'*b;
[xm, fxm] = conjugategradmethod(B, b, c, x0);
==========================================================
>> chap9exercise4
>> xm
----------------------------------------------------------
```

문제 5. $x_1 = 1$, $x_2 = -2$, $x_3 = 3$, $x_4 = -2$, $x_5 = 1$

```
==========================================================
% chap9exercise5.m (#9.5)
A=[ 10 1 2 3 4;1 9 -1 2 -3;2 -1 7 3 -5;3 2 3 12 -1;4 -3 -5 -1 15];
b=[12 -27 14 -17 12]';
c=[ 0 0 0 0 0]';
x0=[ 0 0 0 0 0]';
[xm, fxm]=conjugategradmethod(A, b, c, x0);
==========================================================
>> chap9exercise5
>> xm
----------------------------------------------------------
```

찾아보기

| 가 |

| 나 |

| 다 |

| 마 |

| 바 |

| 사 |

| 아 |

| H |

| J |

| L |

| P |

| R |

| S |

| V |

| 3 |

(개정판) 수치해석 -과학계산의 수학

초판발행 2012년 02월 15일
개정판 1쇄 발행 2023년 06월 20일

지은이 정상권 · 김영희 · 최홍원
펴낸이 오판근
펴낸곳 (주) 교우
주 소 서울시 동대문구 약령시로 8 교우빌딩 2층 (주)교우
전 화 02-925-2861 / **팩 스** 02-925-2860, **편집부** 02-925-2825
홈페이지&북스토어 www.kyowoo.co.kr / **이메일** kyowoo@kyowoo.co.kr

등 록 1994년 3월 24일 제1994-000013호
ISBN 979-11-251-0252-6 (93310)

Published by Kyowoo Co., Ltd. Printed in Korea

(주) 교우는 보다 혁신적이고 참신한 도서를 다양하게 기획하고 있습니다.
책으로 펴내고자 하는 아이디어나 원고는 메일로 보내주세요.
(주) 교우는 전과정을 책임지고 최선을 다하겠습니다.

값 37,000원

교우미디어는 (주) 교우의 Imprint 사입니다.
수학정원·과학정원은 (주) 교우의 새로운 브랜드명입니다.

잘못된 책은 구입하신 서점에서 교환해 드립니다.